U0158960

主编◎周世中

副主编◎彭涛

烹饪工艺

（第二版）（智媒体版）

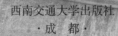

西南交通大学出版社

·成 都·

图书在版编目（ＣＩＰ）数据

烹饪工艺：智媒体版 / 周世中主编. —2 版. —
成都：西南交通大学出版社，2022.3（2024.6 重印）
　　ISBN 978-7-5643-8348-0

　　Ⅰ. ①烹… Ⅱ. ①周… Ⅲ. ①烹饪 – 方法 – 高等职业
教育 – 教材 Ⅳ. ①TS972.11

　　中国版本图书馆 CIP 数据核字（2021）第 231479 号

Pengren Gongyi (Dier Ban) (Zhimeiti Ban)

烹饪工艺（第二版）（智媒体版）

主编　周世中

责任编辑	吴启威
封面设计	原谋书装

出版发行	西南交通大学出版社
	（四川省成都市金牛区二环路北一段 111 号
	西南交通大学创新大厦 21 楼）
邮政编码	610031
发行部电话	028-87600564　　　028-87600533
网址	http://www.xnjdcbs.com
印刷	四川玖艺呈现印刷有限公司

成品尺寸	185 mm × 260 mm
印张	17.25
字数	428 千
版次	2010 年 12 月第 1 版　　2022 年 3 月第 2 版
印次	2024 年 6 月第 17 次
书号	ISBN 978-7-5643-8348-0
定价	52.00 元

课件咨询电话：028-81435775

周世中 教授，中国烹饪大师，国家级评委，四川旅游学院继续教育学院院长，国家职业技能鉴定所所长，培训中心主任。先后担任四川烹饪高等专科学校就业实习指导中心主任，烹饪系主任，四川旅游学院烹饪学院院长，世界中餐业联合会国际烹饪教育分会秘书长，中国健康管理协会膳食营养管理分会副会长，四川营养学会烹饪专委会副主任，教育部餐旅行指委专家，中国烹饪协会小吃委员会专家，中国教育后勤协会伙食管理委员会专家，全国多家企业和协会顾问，数次担任全国、省级各类烹饪大赛裁判。

彭 涛 四川旅游学院教授，中式烹调高级技师，国家职业技能鉴定高级考评员，四川省职业技能鉴定质量督导员，人力资源社会保障部"职业培训包"特聘专家，四川省对口招生职业技能考试专家组组长。主要从事烹饪研究、川菜研发等工作，先后主编了本科、专科、社会培训等多层次教材，并出版了其他专著6部，发表多篇专业论文，主持多项省级科研。

尹 敏 四川旅游学院教授，中式烹调高级技师,中式烹调国家级考评员，国家级技能竞赛一级裁判员。长期从事烹饪技术、烹饪文化研究，能独立组织、管理烹饪各种层次的专业教学、课程设计，教学运行。熟悉餐饮业态，具备独立完成连锁餐饮企业的产品管理、产品分析、产品工业化转换、中央厨房规划和传统食品的工业开发能力。

冯 飞 副教授，中式烹调高级技师，中国烹饪大师，国家职业技能鉴定高级考评员，四川旅游学院烹饪学院副院长（挂职）。全国餐饮职业院校优秀教师，全国高职院校技能大赛优秀指导教师，第45届世界技能大赛选拔赛糖艺西点赛项评委，全国职业技能竞赛（烹饪赛项）注册裁判员，福建农林大学食品科学院硕士研究生校外导师，世界中餐业联合会教育分会副秘书长，第31届世界大学生运动会食材服务组专家。

卢 黎 四川旅游学院副教授，中国烹饪名师，中国川菜大师。主研《四川复合味型的标准化研究》《中国川菜烹饪工艺规范》标准（四川省质量技术监督局2011年发布）等科研课题，主编《成都军区大锅菜·春季篇》，参编《烹饪工艺》《山东菜烹饪教程》《菜肴制作技术标准化教程·川菜篇》等教材，创作的葫芦宴获得"中国川菜名宴-金鼎奖"，其成果先后获得中餐科技进步二等奖和一等奖。

乔学彬 四川旅游学院副教授,中国烹饪名师,中式烹调高级技师,国家职业技能鉴定高级评委,主要从事烹饪理论教学、菜品设计和研究,主编和参编教材 3 部,主研和参研地厅级科研项目 5 项,发表核心文章及省级论文 15 篇,参与 2 门省级烹饪专业精品课程建设。

乔 兴 四川旅游学院副教授,烹饪高级技师,中国烹饪大师。世界厨师联合会大使,人社部烹饪专业专家 ,世界厨师联合会 B 级竞赛裁判,国家职业技能鉴定中式烹调、西式烹调高级考评员,四川省总厨俱乐部理事。世界中餐烹饪大赛金奖 1 项,国家级协会金奖 6 项,先后发表论文 14 篇,获得国家相关专利 5 项。主编国家中式烹调师技能等级（中级）认证培训教材一部和国家烹饪专业本科教材三部。

童光森 四川旅游学院烹饪教研室主任,副教授,四川省老龄健康发展中心特聘专家,第31 届世界大学生运动会餐饮服务专家,遂宁绿苗中央厨房特聘专家,学校烹饪学院利和味道研究院执行院长。主持省级科研项目和横向课题 10 余项,参与国家级、省级科研项目 20 余项,发表论文 30 余篇,曾获 2012 年中餐科技进步二等奖、2016年四川省社会科学学术期刊优秀论文二等奖、2020 年第二届全国烹饪微课大赛二等奖等。主编教材《超市生鲜食品》《阿坝州美食》《烹饪工艺学》等,参与编制四川省地方标准 1 部。

江祖彬 四川旅游学院专任讲师,中国注册烹饪大师,国家烹饪高级技师,国际青年学生烹饪艺术节优秀裁判。长期从事烹饪教学科研工作,参与编写多部教材,多次被省外办指派到国外参加川菜美食表演。

欧阳灿 四川旅游学院讲师,中式烹调高级技师、高级考评员。首届成都川菜青年烹饪名厨,四川省第四、第五届烹饪技能大赛个人热菜金奖,四川省第二届地方旅游特色菜大赛个人银奖。参与编写烹饪专业教材和图书 10 部,担任副主编 4 部;参与科研项目 20 余项,主持 4 项;发表学术论文 20 余篇。

张小东 中式烹调高级技师,现任眉山职业技术学院烹饪工艺与营养专业带头人,曾获得市级烹饪技能大赛一等奖,省级烹饪技能大赛二等奖。

序

我国已全面建成小康社会，社会的基本矛盾已发生变化，人民对美好生活的追求成为我们奋斗的目标。这对我国餐饮业带来深刻而长远的影响，一方面产业规模不断扩大，另一方面产业形态发生急剧变化，行业对技能人才的要求也随之变化，烹饪教育必须适应这种需求。

我国经济社会发展进入新时代，人工智能成为新的风口，中餐的人工智能将迎来大发展。无论是烹饪加工、菜品销售、餐饮服务还是餐饮供应链，都将受到人工智能的洗礼。无论是商业烹饪、家庭烹调、团餐还是预制菜点，都将有大量的人工劳动被机器，特别是智能机器人所取代。许多传统技艺和传统菜因费工费时而逐渐消失，"川菜传统技艺"被列为国家非物质文化遗产保护名录。守正创新、继承弘扬成为烹饪教育的重要任务。

经济全球化和技术进步将不以人的意志为转移，无论你喜欢或不喜欢，经济全球化的实质是资本的全球化，资本推动的技术进步将会改变中餐业态。"00后"的消费习惯又会催生许多新业态，如奶茶、烧烤、烘焙餐饮、火锅及外卖业的市场份额迅速扩大，连锁经营来势凶猛，餐饮的中西融合更是前景广阔。烹饪教育的人才培养模式、课程体系、教学内容及教学手段都面临严峻考验。

新冠疫情给餐饮业带来巨大挑战，市场受到严重冲击，以技能教学为重点的烹饪职业教学更是受到巨大影响。网上销售、线上教学迅速发展，全息教室、智慧教室应运而生。

是为序。

卢一

（教育部餐饮职业教育教学指导委员会副主任、世界中餐业联合会国际烹饪教育委员会主席）

二〇二二年元月八日于青城山院读味书房

本书资源目录

第一章

概述

一、烹饪工艺概述

烹饪一词最早出现在《周易·鼎》"以木巽火，亨饪也"。意为将食物原料放于顺风点燃的柴草上加热制熟的过程。亨通烹，意为加热，饪意为制熟。

烹饪工艺是指利用一定的设备和工具，通过初加工、切割、组配、调味、烹制、美化等方式，将烹饪原料或半成品制成符合预期风味要求的菜肴的基础理论和基本技术。

1. 烹饪工艺的学科属性

烹饪工艺是集理论与实践为一体的学科，以中国菜制作工艺为主要研究对象，揭示中国菜制作工艺知识体系。

2. 烹饪工艺研究的内容

（1）原料的选择。根据原料的类别，正确鉴别原料的产地、品质，并恰当保管贮存。

（2）原料的加工工艺。烹饪原料品种多样，性质差异较大，要根据原料的组织结构进行正确的加工，包括鲜活原料的清洗、部位取料、整料出骨、干货原料的涨发等。

（3）原料的分解切割工艺。即对初加工后的原料按照烹制和成菜的要求，熟练准确地进行刀工处理。

（4）菜肴的组配工艺。按需要将原料进行适当搭配，使其符合营养要求、成菜要求。

（5）菜肴的保护与优化工艺。对烹饪原料进行适当处理，优化其品质，使其具有更好的成菜效果，包括对原料进行码味、挂糊、上浆、勾芡、制汤、初步熟处理等。

（6）菜肴的烹调工艺。包括制作菜肴的调味技艺、临灶技艺等。

（7）菜肴的美化工艺。包括菜肴的盛器选择、造型设计装饰、上菜形式等。

3. 烹饪工艺的基本功

（1）选料得当。根据烹调与成菜的要求选择恰当的原料，是制作一份合格菜肴的物质基础。

（2）刀工娴熟。指熟练运用各种刀法，将原料加工成规格、大小适度的符合菜品需求的各种形状。

（3）投料适当。要求掌握原料的搭配要领和投料的先后顺序，投料适时准确、数量恰当。

（4）火候调节恰当。指根据原料特点和成菜要求，掌握火力大小的运用，控制加热时间，正确调节油温、水温，使原料的成熟度达到所需要的状态。

（5）挂糊、上浆、勾芡适度。指挂糊、上浆、勾芡均匀，稀薄得当，温度适宜。

（6）调味准确。要求掌握基本味、复合味的调制机理、运用方法及要领，并能调制各种复合味。

（7）勺工熟练。指熟练掌握各种勺工，并灵活运用于菜肴制作中。

（8）造型美观。根据菜肴需要体现的寓意，设计和烹制造型美观的菜品。

二、中餐厨房岗位设置及职责

中餐厨房工作岗位是根据厨房工作的实际情况设置的。大中型厨房一般设有下列岗位：

（1）水案。主要负责烹饪原料的初加工，向切配岗位按时、保质、保量提供净料，负责本区域的日常卫生工作。

（2）切配。负责各种原料的切配、腌制工作，与采购部拟定厨房所需购买的原料，做好各类原料（包括半成品原料、熟制品原料）的整理和保管工作，负责原料卫生和质量安全，负责本区域日常卫生工作。

（3）蒸炖。负责加工各种海珍原料和各类干货原料如鲍鱼、鱼翅、鹅掌、干贝等的涨发，准备和加工各种蒸鱼、蒸虾的调味品，制作各种蒸菜、炖品，为炉灶提供上汤、二汤，负责本区域日常卫生工作。

（4）炉灶。此区域是制作菜肴成品的地方，也是厨房工作的重点。此区域负责菜肴的制作和出品质量，加工、调配制作各种菜肴所需的半成品、调味料，完成原料初步熟处理及制汤工作，按需领用调味料并负责保管，负责本区域日常卫生工作。

（5）荷台。荷台是原料加工成菜的最后一道工序，工作机动性较大，既可以配合切配岗位工作，又可以配合炉灶岗位工作。此区域负责切配菜肴的小配料，如青红椒丝、葱丝、姜丝等；准备菜肴的装饰物，如果蔬、花草装饰物，雕刻作品，果酱画盘饰等；将炉灶区域烹调所用的调味品准备齐全，如生抽、蚝油、西红柿酱、淀粉、精盐、酱油、料酒等；负责菜品最后成形、组配、围边点缀工作；负责本区域日常卫生工作。

（6）凉菜组。准备、加工凉菜所需的原料，负责各种凉菜的加工制作。负责本区域日常卫生工作，定时做好消毒工作。

（7）面点组。负责各类面点及风味小吃的制作，负责面点区域的日常卫生工作。

（8）传菜组。传菜区域在厨房中起调度作用，是连接后厨与前台的纽带。工作内容包括：及时将厨房加工好的菜点传送到前台，及时将前台顾客反映的情况反馈给厨房，同时将厨房菜点供应情况反映到前台，使前台和后厨信息传递及时准确。

三、餐饮行业烹调师职业规范

餐饮行业是服务性行业，要求每一位烹调师必须遵守职业规范。

（1）要具有良好的职业道德。德是才之师，是成就事业的基础，要想做成事必先做好人。没有良好职业道德的烹调师，即使有再好的厨艺，也称不上是一位好烹调师，当然也不会受到同事及消费者的信赖与尊敬。良好的职业道德是烹调师的做人之本。

（2）要具有丰富的文化理论知识。作为现代烹调师，应该具有丰富的文化理论知识，要掌握与烹饪有关的原料学、营养学、烹饪化学、烹饪美学等知识，同时还应具有一定的英语水平、计算机应用能力。只有具备较深的文化内涵和较高的素养，才能更好地掌握相关技术，增强市场竞争力。

（3）要有扎实的基本功。烹调师是一种非常强调技术的职业，要求掌握原料初加工、刀工、配菜、火候、原料涨发、烹调、装盘等多项专业技能，如果基本功不扎实，就无法烹制出色、香、味、形俱佳的菜点。因此，具备扎实的基本功，是对烹调师的基本要求。

（4）要有团队协作精神。随着餐饮业的发展，厨房的分工越来越细化，烹调师也越来越专业化。厨房的工作就像是"流水线"作业，某一个环节出了问题，整个厨房就有可能陷入瘫痪状态，这就要求现代烹调师树立团队意识，要有团队协作精神。

（5）要牢固树立食品安全意识。烹调师所从事的工作是食品工作，直接关系到消费者的身体健康。因此，烹调师要牢固树立食品安全意识，具备良好的卫生习惯，保持服饰得体、鞋袜清洁，以及发型整齐美观、修饰得当，毛发不外露，不留长指甲。女性烹调师上岗时间不得涂抹指甲油、佩戴戒指等饰物。原料质量要可靠，及时丢弃腐烂变质原料，确保食品卫生安全。同时注意水电气和设备的正确使用，防止安全事故发生。

四、厨房工作人员上岗着装要求

厨房工作人员上岗着装有严格要求，具体如下：

（1）按要求穿好工作服，戴好工作帽，系好围腰，佩戴好胸牌。

（2）禁止穿拖鞋、凉鞋、短裤等进入厨房。

（3）工作服应保持干净整洁，扣好纽扣。

（4）严禁烹调师穿工作服违规进入前厅。

厨房工作人员上岗着装示范见图 1-1。

图 1-1　厨房工作人员上岗着装示范

叠汗巾教学

五、烹饪实验室实验（实训）要求

烹饪实验室是学生观摩教师实验演示以及自己动手实验（实训）的场地。烹饪实验有别于其他实验，进入烹饪实验室实验（实训）应遵守下列要求：

（1）根据《中华人民共和国食品安全法》的规定，进入烹饪实验室进行实验活动的相关人员必须具备健康证，凭健康证提前到烹饪实验室办公室办理烹饪实验室准入证。

（2）实验计划在学期前必须纳入烹饪实验管理系统。因各种原因取消实验计划，必须提前一周取得相关系部的批准，否则将承担相应费用。

（3）实验人员必须提前十分钟进入烹饪实验室，对实验室卫生、工具和实验原料进行确认，做好各项实验准备。严禁迟到、早退。

（4）实验人员进入烹饪实验室前必须按着装规范穿戴统一的、干净的工作服、工作帽、汗巾、围腰，携带干净的操作毛巾，佩戴"烹饪实验室准入证"。严禁穿便衣、背心、短裤、裙子、拖鞋、凉鞋进入烹饪实验室。进入烹饪实验室后要规范持刀，防止刀具伤人。

（5）实验人员进入烹饪实验室后，应有序地到指定场所进行实验活动，严禁乱窜；严格遵守实验时间，服从实验室管理人员的安排；自觉遵守烹饪实验室的各项规章制度。

（6）实验人员在实验期间严禁随意进出实验室，严禁在实验室内嬉笑、打闹、打架，严禁打电话、发信息、玩游戏，严禁随意品尝（教师对实验产品点评后才能按秩序品尝）。

（7）严禁实验人员自带餐盒等盛具进入烹饪实验室，实验结束后实验室将提供一次性餐盒供实验人员使用。

（8）实验人员进入烹饪实验室后，必须按照使用规范操作相关工具、设备，如有疑问应主动咨询实验室管理人员；实验过程中要爱护工具、设备，若有损坏，必须及时向实验教师（员）报告，由实验教师（员）酌情处理；严禁将实验原料、设备、器皿或工具带出实验室。

（9）实验人员要爱护烹饪实验室内的环境卫生，严禁吸烟，禁止乱扔垃圾、随地吐痰。

（10）实验人员应按要求规范操作，认真实验，耐心细致地观察，做好实验记录和报告，严禁浪费原材料。

（11）实验人员实验时要注意用气、用电、用水、用火，确保实验安全；严禁擅自打开配电箱，严禁擅自使用、挪动消防设备。

（12）实验人员实验活动结束后，要及时关好水、电、气开关，归类整理好各类实验工具、设备，做好清洁卫生，经实验教师（员）验收合格后才能离开实验室。

（13）实验人员开展实验活动必须严格遵守以上各项规定，若有违背，将视情节轻重酌情处理，直至取消其实验资格。

第二章

烹饪原料及初加工

通过本章的学习，了解烹饪原料在烹饪领域中的地位和重要性，熟悉烹饪原料分类的方法并能根据烹调要求准确使用烹饪原料。熟练掌握常见烹饪原料的产地、产季、品种特点、初加工方法、烹调用途及品质鉴别、储存保鲜等相关知识。

原料是烹饪的基础，我国烹饪用料广博，自古以来，黍、粟、稻、麦、豆、干鲜果蔬、禽、畜、鸟、兽、鱼、鳖、虾、蟹、蛋、奶、菌、藻，甚至花卉、昆虫，都能用于烹饪。在《现代汉语词典》中，"原料"是指没有经过加工制造的材料，"烹饪原料"是指符合饮食需求，能满足人体需要，并可通过烹饪手段制作食品的可食性原料的总称。烹饪原料主要来源于天然动植物，也有少量来源于矿产和人工合成，但无论来自何处，都应具备安全性、营养性和良好的感官性。这些动植物性原料，有鲜活的，也有干制的，在不同程度上都带有泥沙、污物、腥膻气味和不能食用的部分，不能直接用来烹调，而必须根据不同的原料品种，进行恰当的初步加工。烹饪原料的初加工是指在正式进行刀工操作前，需要对新鲜的蔬菜、水产品、家畜、家禽及干制原料进行宰杀、摘剔、剖剥、拆卸、洗涤、涨发等加工处理。这一过程也称清理加工。这样做一方面能清除不符合食用要求的部位或对人体有害的部分，另一方面有利于下一步烹饪加工。

第一节　烹饪原料基础知识

一、烹饪原料的分类

（一）烹饪原料分类的意义

我国幅员辽阔、地大物博，多样的地理和气候条件为各种动植物原料生长、繁衍提供了良好的环境，加上在漫长的历史长河中我们的先辈创造性地开发了各种干制品、腌渍品，使我国常用的烹饪原料多达上千种。在利用我国原产原料的同时，我们历来重视对外交流引进新的食物品种，从汉代至今，我们引进了数量众多的优质烹饪原料，如胡瓜、胡葱、胡豆、南瓜、黄瓜、茄子、辣椒、西红柿、洋葱，新的食物品种不断拿来为我所用，促进了我国烹饪的发展。当然，对如此多的烹饪原料进行分类也就有了重要的意义。

1. 熟悉原料的性质及用途

想要做到合理使用原料，使制成的菜点物美价廉、营养丰富，并能充分发挥原料的最大用途，达到物尽其用的目的，就必须熟悉常用原料的性质、营养成分和烹饪用途。合理地对原料进行分类，找到同一类原料中的共性与不同原料的特性，有利于我们了解烹饪原料的内涵，掌握其在运用过程中的内在规律。

2．熟悉原料的质量鉴别

在烹饪中，需要对各种原料的质量进行鉴定选择，这不仅关系到烹饪菜点的质量，还关系到顾客的身体健康和安全，这也是烹饪者的职责所在。通过对原料进行分类，可以避免选用有病菌或病毒的蕈类、水产类原料，或者通过烹饪初加工处理，对其生物毒素进行消除。

3．熟悉原料的加工及处理方法

烹饪原料大部分在制作前要经过初步的处理，而制作不同的菜点品种，其原料的加工和处理方法也不尽相同。例如：在制作滑炒类菜肴时，往往选用无骨动物肌肉作为主料，常见的有猪肉类、鸡肉类、鱼肉类、牛肉类。不同的食材在刀工处理、上浆及烹制时的操作也不一样，最终导致菜肴的造型、口感不同。

4．熟悉原料季节供应情况

烹饪中所用到的原料，不管是主料、辅料还是调料，大多随季节的变化而变化。熟悉烹饪原料的类型，可保证菜点品种能在一年四季做到各不相同，且按照季节、时令有所增加、更换，更进一步满足广大消费者的需求。随着社会的不断发展，人们在种植、养殖及保鲜技术方面有大幅度的提升，很多食材原料一年四季都能供应。但是从烹饪角度来讲，应季性的食材往往在烹调后的色泽、香味、口感等方面较好。例如：冬季的白萝卜由于生长时外界环境温度较低，有利于淀粉酶的生成，成熟后口感脆嫩，略带甜味，这是夏季生长的白萝卜所不及的。因此，烹饪人员必须熟悉和了解常用原料的上市季节，以利于原料的合理选用和产品质量的提高。

（二）烹饪原料的分类方法

从不同的角度出发，采用不同的分类方法，烹饪原料的分类也不尽相同。常见的分类方法有以下几种。

1．按原料性质分类

（1）植物性原料：粮食、蔬菜、果品等。

（2）动物性原料：禽、畜、水产品等。

（3）矿物性原料：盐、碱、矾等。

（4）人工合成原料：色素、复合香料等。

2．按原料加工程度分类

（1）鲜活原料：鲜肉、鲜菜、鲜果、禽、活鱼等。

（2）干货原料：动物性干货、植物性干货等。

（3）复制品原料：腌腊制品、罐头制品、速冻制品等。

3．按原料商品学分类

可将原料分为粮食、肉及肉制品、蛋奶、野味、水产品、蔬菜、果品、干货、调味品等。

4．按原料在烹饪中的作用分类

（1）主料：构成菜肴的主要原料，如京酱肉丝中的猪肉。

（2）辅料：又称配料，在菜肴中居辅助地位、衬托主料，如青笋肉丝中的青笋。

（3）调料：在菜肴中起调味作用，如精盐、酱油、料酒、姜、葱、蒜、泡红辣椒等。

5. 其他分类方法

按食品资源，分为农产食品、畜产食品、水产食品、林产食品、其他食品等。中国疾病预防控制中心营养与食品安全所编著的《中国食物成分表标准版（第6版）》对原料及食物进行的分类：谷类及制品，薯类、淀粉及制品，干豆类及制品，蔬菜类及制品，菌藻类，水果类及制品，坚果、种子类，畜肉类及制品，乳类及制品，蛋类及制品，鱼虾蟹贝类，婴幼儿食品，小吃、甜饼，快餐食品，饮料类，含酒精饮料，糖、蜜饯类，油脂类，调味品类，药食两用食物及其他，共21种。

二、烹饪原料的选择与品质鉴别

（一）选择的目的与意义

1. 烹饪原料选择的目的

高质量的烹饪原料是高质量菜品的基础，烹饪原料选择的目的就是通过对原料品种、品质、产地、部位、卫生状况等多方面的挑选，为特定的烹调方法和菜点提供优质的原料。

2. 烹饪原料选择的意义

（1）为菜点提供安全保障。选择安全、卫生的原料是烹饪过程中首先要遵循的原则。烹饪原料在种植和养殖、采摘和宰杀、存储过程中会遇到各种食品安全的挑战，例如种植、养殖过程中的农药、兽药残留；采摘、宰杀过程中微生物引起的污染；存储过程中的腐败、变质等。所以必须对烹饪原料进行选择，以满足菜点三大属性（卫生性、营养性、食用性）之一的卫生性。

（2）为菜点提供营养支持。菜品中的各种营养素来源于原料，合理地选择原料，去除原料中的有害物质，最大限度地保护原料的营养价值，考虑进餐者的健康状况有针对性地选择适合的烹饪原料，以满足菜点三大属性之一的营养性。

（3）为菜点提供质量保证。每个菜点均有不同的烹调方法和质量标准，根据菜点的要求选择合适的烹饪原料，充分发挥不同原料在色泽、香气、味道、形状、质地、营养等某个方面的优势，通过最佳的烹调方法，将原料变成成品，以满足菜点三大属性之一的食用性。

（二）烹饪原料选择的基本原则

选择烹饪原料时，必须遵守国家相关法律法规，根据菜点的要求和烹饪的需求，遵循以下几点原则：

1. 具有安全、卫生性

选择安全、卫生的烹饪原料，需要充分了解原料在种植、养殖、加工过程中各个环节的情况，目的是为烹饪提供安全卫生的烹饪原料，防止食物中毒。在选择烹饪原料的过程中，要求从业人员必须具备相应的卫生学和原料学的知识，必须了解食品安全法律法规，选用经卫生检疫部门检疫认可的各类原料，杜绝腐败、变质的原料。

2. 具有营养性

烹饪原料的营养价值受很多因素的影响，如原料的品种、部位、不同生长时期以及不同的加工方法等。根据进餐者的营养需要，选择合适的主料，再根据主料科学合理地搭配辅料，真正达到合理膳食、均衡营养的要求，充分发挥原料的营养作用。

3. 具有风味性

广义的风味是指食物特有的化学成分或食物形态给人的综合感受，除了包括味觉、触觉、嗅觉、视觉以外，还包括心理方面的感受。影响原料风味的因素包括进餐者的民族属性、宗教信仰、个人喜好等，也包括某些原料选择的时限性，如：某些蔬菜水果在相应的采摘季节风味最好，俗话所说的"七荷八藕九芋头""九月韭，佛开口"等，就是食用最佳时期的体现；某些水产品在特定捕捞季节风味最佳，如"桃花流水鳜鱼肥，赏菊吟诗啖蟹时"等，也体现了食用的最佳季节。因此，一定要根据食客情况、烹调方法和菜肴要求来选择风味最适合的烹饪原料。

4. 具有实用性

选择实用的烹饪原料除了要考虑营养、风味等因素以外，还要考虑原料的形状、大小、色泽、产地等因素。形状、大小的选择主要是根据菜点的要求，在烹调的过程中要尽量提高原料的利用率，做到物尽其用。色泽的选择主要是为了满足菜肴的美观。产地的选择主要考虑两个因素，一是价格，二是质量。非本地产的价格一般要高于本地产的价格；而质量则会因地区的不同而出现品质的差异，如山东的大葱、东北的大米、四川的蔬菜、云南的水果等均是相应类别原料中的佼佼者。

（三）烹饪原料品质鉴别的方法

烹调工艺中，对原料进行鉴别检验的重要性高于烹饪工艺中的任何一个流程。掌握烹饪原料的鉴别方法，客观、准确、快速地识别原料品质的优劣，对保证烹饪菜点的使用安全性具有十分重要的意义。所谓的烹饪原料鉴别是指依据一定的标准，运用一定的方法，对烹饪原料的特点、品种、性质等方面进行判断或检测，确定烹饪原料的优劣，从而正确地选择和利用优质烹饪原料。

烹饪原料品质鉴别的方法主要有三种：感官鉴别法、理化鉴定法和生物鉴定法。理化鉴定法和生物鉴定法在食品加工过程中使用较多，烹饪中最常用的是感官鉴别法。感官鉴别法是指通过人的感觉器官，对烹饪原料的色、香、味、形、质等方面进行综合的判断和评价，进而判断烹饪原料的质量好坏的评价方法。感官鉴别的具体方法包括视觉鉴别法、嗅觉鉴别法、味觉鉴别法、听觉鉴别法和触觉鉴别法。

1. 视觉鉴别法

视觉鉴别法是利用人的眼睛对原料的外观、形态、色泽、清洁程度等进行观察，然后判断原料质量优劣的方法。此方法适合所有原料，也是感官鉴别中必须使用的方法。我们可以通过原料的外观、形态、色泽来判断原料的成熟程度、新鲜程度以及原料是否有不良的改变。视觉鉴别法一般要在白天自然光的照射下进行，以免其他光线对鉴别产生影响。

2. 嗅觉鉴别法

嗅觉鉴别法是利用人的嗅觉对原料的气味进行辨别，然后判断原料质量优劣的方法。每种原料都具有自身的味道，如牛羊肉的膻味、鱼肉的腥味、乳制品的香味等。我们可以通过嗅觉来辨别原料的品质。当原料的质量发生变化，其气味也会随之发生改变，如糖分含量较多的原料变质会产生酸味，蛋白质含量较多的原料变质会产生臭味，脂肪含量较多的原料变质会产生哈喇味等。因挥发性物质的浓度会随温度的变化而变化，所以嗅觉鉴别法最好在 15 ℃ ~ 25 ℃ 常温下进行。

3. 味觉鉴别法

味觉鉴别法是利用人的味觉对原料的味道进行辨别，然后判断原料质量优劣的方法。可溶性物质作用于味觉器官所产生的感觉称为味觉。不同的原料具有不同的味道，如盐的咸味、糖的甜味和醋的酸味。变质的原料味道会发生相应的变化，如米饭刚变质时会出现微甜的味道，继续变质会产生酸味；肉变质会产生苦味等。对不同烹饪原料进行味觉鉴别时，一般按照味道由弱到强的顺序进行，同时要注意保持恒温。为了防止味觉疲劳，中间应漱口和休息。

4. 听觉鉴别法

听觉鉴别法是利用人的听觉对原料被摇晃、拍打时所发出的声音进行辨别，然后判断原料内部结构的改变及品质情况。此种方法仅适用于部分原料，如鸡蛋、西瓜、香瓜等。

5. 触觉鉴别法

触觉鉴别法是利用人的触觉对原料的质地、重量进行辨别，然后判断原料质量优劣的方法。如新鲜动物性原料的弹性、黏性，新鲜植物的脆嫩程度，优质面粉的细腻程度等。触觉鉴别法要求原料的温度在 15 ℃ ~ 25 ℃，因为温度的变化会影响原料的质地。

在实际生活中，往往需要把几种鉴别方法组合在一起，以求对烹饪原料的质量进行公正的评判，选择符合标准的原料。

三、烹饪原料的保藏

烹饪原料绝大部分来自动物、植物，这些原料在运输、储存、加工等过程中，仍在进行着新陈代谢，从而影响到原料的品质。烹饪原料在储存保管过程中的质量变化和影响因素主要分为原料自身因素和外界因素。烹饪原料品类繁多，性质不一样，有的怕高温，有的怕低温，有的则怕风干。因此，保藏烹饪原料要根据其不同性质，采取不同保藏方法，才能保证原料新鲜而不变质，从而延长原料可供食用的期限。烹饪原料的保藏是指在一定条件下，通过一定的手段和方法保存烹饪原料以保证其品质的过程。常用的保藏方法有低温保藏、干燥保藏、腌渍保藏、烟熏保藏、高温保藏和辐射保藏等。

（一）低温保藏

低温保藏可分为冷藏和冻藏。低温保藏的原理是通过维持烹饪原料的低温水平或冰冻状态，以阻止和延缓其腐败变质的进程，从而达到保藏的目的。冷藏一般适用于新鲜蔬菜、水果、蛋奶、禽畜肉、水产品等，保藏温度应根据原料的特点来选择，通常在 0 ℃ ~ 10 ℃，保藏时间不宜过长，最长不超过一个星期。冻藏适用于各类动物性原料和一些组织致密的果蔬类原料，也适用于一些烹饪加工的半成品。冻藏过程中要尽量做到速冻，这样对原料品质的影响较小。

（二）干燥保藏

干燥保藏又叫干燥储存、干藏，是指采取各种措施降低原料的含水量，从而保持原料品质的方法。其原理是使烹饪原料中的水分含量降低，微生物和酶的活性受到抑制，原料成分的化学变化也趋于缓慢，故而能较长时间地贮存。干燥保藏法多用晒干、风干、热风、减压、冻结等方法去除原料中的水分，近年来采用的真空冷冻干燥技术是干藏技术中最先进的。适合干藏的原料较多，如菌类、豆类、部分蔬菜、鱼翅、鱼肚、墨鱼干、干贝等，但在保藏中要注意保持干燥和通风。

（三）腌渍保藏

腌渍保藏的原理是利用食盐、食糖或醋等渗入烹饪原料组织中，提高渗漏压，降低水分活性，以控制微生物的生长与繁殖，从而防止烹饪原料腐败变质。腌渍常用的方法有糖渍、盐渍、酸渍，适用于各类蔬菜、水果、肉类等原料。我国很早就开始使用这种保藏方法，原料在保藏的过程中还会产生独特的风味，如蜜饯、泡菜、腌肉等。

（四）烟熏保藏

烟熏保藏通常是原料在腌渍的基础上，利用木材或其他可燃原料不完全燃烧时产生的烟雾对原料进行加工的方法。其原理是烟雾中含有醛类、酚类等物质，可以起到杀菌的作用，同时熏制过程中的高温和腌渍时的高渗透压也可消灭或抑制部分微生物的生长，从而达到原料保藏的目的。烟熏保藏主要适用于肉类、笋类等。

（五）高温保藏

高温保藏的原理是利用高温杀灭引起原料腐败变质和使人致病、中毒的有害微生物，并且使原料中的酶失去活性，从而保证原料安全卫生，延长原料的保藏期。在烹饪中我们常将各类动植物原料进行卤制、加热制熟等，即属于此方法。除此以外，食品加工中经常用到的巴氏消毒、高温瞬时消毒等均是利用高温延长原料保藏期的方法。

（六）辐射保藏

辐射保藏的原理是利用原子能射线的辐射能量，对烹饪原料进行杀菌、杀虫、酶活性钝化等处理。此种保藏方法具有较高的科技含量和设备要求，常在大批原料食品工业化保藏时使用，如粮食类、薯类、花生等。

除了上述原料保藏的方法以外，我们还经常对家禽、家畜、水产品等采用活养的方式进行保藏，但因烹饪前仍需进行宰杀才能得到烹饪中的原料，故活养的方法请同学们自己查找资料学习掌握。

第二节 植物性原料及初加工工艺

植物性原料是来自植物界用于烹饪的一切原料及其制品的总称，主要包括粮谷类原料、蔬菜类原料和果品类原料。在烹饪原料中，它既可以作为主料，也可以作为配料，有的还是重要的调味品。在我国的菜肴中，植物性原料不仅是不可或缺的配料，而且还是某些高档菜肴中的主料，例如川菜的"金钩凤尾""鸡蒙葵菜"等。作为配料时，还可以增加菜肴的色、香、味、形。植物性原料在我国的膳食结构中所占比例极大，合理对其初加工，去劣存优，在烹饪中有着非常重要的意义。

一、粮谷类原料及初加工

粮食与饮食业的关系非常密切，是重要的烹饪原材料，是人类最基本的营养物质。它既可以制作主食品种，又能制作面点、小吃；既是菜肴的主料或辅料，还是制作复制调味品的重要原料。粮谷类食物是我国居民的主食，在膳食中占有非常重要的地位，主要供给人们每天所需要的能量、碳水化合物和蛋白质，同时也是矿物质、B族维生素的重要来源。

（一）粮谷类原料的分类及常见品种

按照食品用途和植物学系统分类，我们通常把粮谷类原料分为三大类：

（1）谷类：谷类通称粮食，是植物的种子。谷类是世界上大多数居民的主要食物，种类很多。谷类属于单子叶植物纲禾本科植物，包含稻米（包括粳米、籼米、糯米等）、小麦、玉米、小米、大麦、燕麦、高粱、荞麦等。在我国主要是稻米、小麦、玉米、高粱和小米（见图2-1）。

（2）豆类：以成熟的种子供食，主要分为大豆和杂豆。杂豆又主要有蚕豆、豌豆、绿豆、黑豆、红豆、扁豆等（见图2-2）。

（3）薯类：以植物膨胀的变态根或变态茎供食，常用的品种有马铃薯（又称土豆、洋芋）、甘薯（又称红薯、白薯、山芋、地瓜等）、木薯（又称树薯、木番薯）和芋薯（芋头、山药）等（见图2-3）。

图 2-1 谷类

图 2-2 豆类

图 2-3 薯类

（二）粮谷类原料的营养特点

1. 谷类原料的营养特点

谷类原料结构因品种不同而略有差异，但基本结构大致相同，主要由谷皮、糊粉层、胚乳和胚芽四部分组成。谷皮的主要成分是纤维素、半纤维素和木质素，同时含有少量的蛋白质，因口感粗糙，在食用前均要去除；糊粉层含有比较多的维生素和矿物质，但加工程度越高，糊粉层损失率越高，相应的营养素损失率也越高；胚乳的主要成分为淀粉，同时含有大量的蛋白质，是谷类最主要的食用部分；胚芽中含有丰富的脂肪、蛋白质、矿物质和维生素，营养价值高，但加工时一般会采用一定的工艺将其分离，用于营养强化食品和保健食品。

谷类原料蛋白质含量一般为 7%~15%，因常作为主食，人们每天摄入量较大，故提供的蛋白质总量较高，可占到人们每天摄入总量的 30% 以上，但因加工的成品粮中赖氨酸含量较低，所以蛋白质的质量并不高。谷类原料营养成分中含量最多的是碳水化合物，占 70% 左右，而碳水化合物中含量最多的是淀粉。淀粉根据结构又分为两种，一种是直链淀粉，另一种是支链淀粉。一般谷类直链淀粉占 20%~25%，糯米中的淀粉几乎都是支链淀粉。脂肪在大多数谷类原料中仅占 1%~2%，以不饱和脂肪酸为主。从矿物质的含量来看，谷类原料含有较为丰富的磷、钙、铁、锌、镁、铜等，但质量较差。对我国居民来说，人体所需 B 族维生素主要来源于谷类原料，它主要集中在谷类原料的糊粉层和胚芽中，加工越精细，其损失率越高。

2. 豆类原料的营养特点

豆类原料营养物质丰富，是优质蛋白质的"仓库"，同时还含有丰富的碳水化合物、脂肪、维生素、矿物质，是古今公认的食疗佳品。

大豆的蛋白质含量为 40% 左右，是一般谷类的 3~5 倍，且高于绝大多数禽畜肉类。大豆蛋白必需氨基酸的组成除蛋氨酸含量略低以外，其余与动物蛋白相似，是优质的植物蛋白，同时赖氨酸含量比较丰富，是米、面非常好的互补食品。大豆中碳水化合物与谷类原料相比含量较低，约占 25%，其中含有的多糖是引起人们胀气的主要成分。大豆脂肪含量为 20% 左右，其中大多数为不饱和脂肪酸。大豆中 B 族维生素和钙、磷、铁等矿物质的含量明显高于谷类，但人体对其中钙、铁的消化吸收率并不高。

豌豆、蚕豆、绿豆等杂豆的营养素组成和含量与大豆有很大的区别，从整体来看，蛋白质的含量比大豆低，约占 25%，但高于谷类原料；碳水化合物的含量比大豆要高，占 50%~60%；脂肪含量较低，约为 1%；维生素与矿物质的含量与大豆比较接近。

豆制品中豆腐、豆干、豆浆因其含水量的不同，营养组成也不同，含水量越高，所含各种营养素的比例会相应地略有降低，但在加工过程中去除了大豆中的抗营养因子，故各种营养素的消化吸收率都得到了较大的提高。而发酵类豆制品如豆豉、豆瓣酱、豆腐乳等，因经过发酵工艺，蛋白质部分变性和水解，也提高了消化吸收率；B 族维生素在发酵的过程中含量也有所增加。豆芽在生长的过程中会产生豆类所没有的维生素 C，在特殊气候与环境条件下是维生素 C 的非常好的来源。

3. 薯类原料的营养特点

薯类原料淀粉和膳食纤维含量较高，可促进胃肠蠕动，防止便秘；蛋白质含量较低，儿童如果长期过多食用，会影响发育。甘薯和马铃薯的维生素和矿物质含量较高，是非常好的食物原料。

（三）粮谷类原料的初加工

对于粮谷类原料，在烹饪中大多选用加工好的净料，初加工比较简单。大多数谷类的初加工仅为淘洗。但要注意淘洗的次数越多，淘洗得越干净，其营养素的损失率就越高；某些谷类如薏仁、高粱米、西米，在烹饪前需要提前用水浸泡 3 ~ 4 小时后再进行加工，口感更加软糯。豆类的初加工首先要进行挑选、清洗，大豆、雪豆、绿豆等熬煮时，可提前用清水浸泡后再进行。薯类的初加工要注意必须清洗干净，同时去除变质部分，防止中毒，根据菜肴的需要选择去皮等合适的初加工方法。

（四）粮谷类原料的品质选择与保管

大米在选择时要注意形状均匀、饱满，有光泽，色泽自然，腹白少。面粉要根据制作的品种来选择合适的加工精度，优质面粉的标准为面筋质含量多，色泽洁白，含水量低，无杂质、霉味、生虫等现象。其他谷类在选择时要注意形状均匀、饱满，新鲜程度高，色泽自然，等等。豆类在选择时要注意形状饱满，有光泽，无虫眼、霉变等现象；豆制品在选择时要看是否新鲜，色泽是否自然，有无酸败等现象。薯类的选择，主要看是否新鲜，有无腐烂、虫蛀现象。

粮谷类原料除豆制品和其他制品外，在保管过程中主要注意通风、干燥。长时间储藏时，每间隔一段时间要对原料进行晾晒。

二、蔬菜类原料及初加工

蔬菜是指可以做菜或加工成其他食品的除粮食以外的其他植物，其中草本植物较多。蔬菜是我国居民膳食结构中每日平均摄入量最多的食物，提供人体所必需的多种营养素，在烹饪过程中常作为主料、辅料、调料和装饰性原料，具有重要的作用。

（一）蔬菜类原料的分类及常见品种

1. 叶菜类

叶菜类指以植物的叶片、叶柄和叶鞘作为食用对象的蔬菜，按其农业栽培特点又分为结球叶菜、普通叶菜、香辛叶菜、鳞茎叶菜。常见的品种有大白菜、甘蓝（又称包菜、莲白、卷心菜、椰菜）、菊苣、苦苣、小白菜、芥菜、苋菜、落葵（又称木耳菜、软浆叶、豆腐菜）、藤菜（又称空心菜、竹叶菜）、生菜、菠菜、豌豆苗、茼蒿、叶用甜菜（又称牛皮菜、厚皮菜）、芦荟、蕺菜（又称折耳根、鱼腥草）、荠菜（又称护生草、菱角菜）、香椿（又称椿芽）、芹菜、韭菜、香菜（又称芫荽）、葱、番芫荽（又称荷兰芹、法香、洋芫荽）等（见图 2-4）。

（1）大白菜

（2）菠菜

（3）莲白 （4）瓢儿白

（5）香菜 （6）韭黄

（7）生菜 （8）蒜苗

（9）西芹 （10）油麦菜

图 2-4 叶菜类

2. 茎菜类

茎菜类指以植物的嫩茎或变态茎为主要食用对象的蔬菜。按其生长环境可分为地上茎类和地下茎类。地上茎类蔬菜主要包括嫩茎类蔬菜和肉质茎类蔬菜。嫩茎类蔬菜主要以植物柔嫩的茎或芽作为食用对象，肉质茎类则以植物变态的肥大而肉质化的茎供食用。地上茎类蔬菜主要有：茭白、茎用青笋、竹笋、芦笋、菜薹、球茎甘蓝、蒲菜等。地下茎类蔬菜包括球茎类蔬菜、块茎类蔬菜、根状茎类蔬菜和鳞茎类蔬菜，它们均为茎的变态类型。地下茎类蔬菜主要有：荸荠、慈姑、芋、魔芋、马铃薯、山药、藕、姜、洋葱、大蒜、百合等（见图2-5）。

（1）芦笋　　　　　　　　　　　　（2）仔姜

（3）茭白　　　　　　　　　　　　（4）青笋

（5）马铃薯　　　　　　　　　　　（6）莲藕

（7）铁棍山药

（8）洋葱

（9）独蒜

图 2-5　茎菜类

3. 根菜类

　　根菜类指以植物膨大的根为主要食用对象的蔬菜。常见的品种有萝卜、胡萝卜、芜菁、根用芥菜（又称大头菜、辣疙瘩）、豆薯（又称凉薯、地瓜）、根用甜菜（又称甜菜头、红菜头）、牛蒡、辣根等（见图 2-6）。

（1）胡萝卜

（2）长白萝卜

图 2-6　根菜类

4. 果菜类

　　果菜类指以植物的果实或幼嫩的种子作为食用对象的蔬菜。常见的品种有茄子、西红柿（又称西红柿）、辣椒、四季豆、豇豆、刀豆、嫩豌豆（又称青元）、扁豆、嫩蚕豆、青豆（又称毛豆）、黄瓜、丝瓜、苦瓜、西葫芦（又称角瓜）、菜瓜、冬瓜、南瓜（又称倭瓜）等（见图 2-7）。

（1）西红柿　　　　　　　　　　　（2）黄瓜

（3）茄子　　　　　　　　　　　（4）小南瓜

（5）青椒　　　　　　　　　　　（6）甜椒

（7）四季豆　　　　　　　　　　　（8）豌豆

图 2-7　果菜类

5. 花菜类

花菜类指以植物的花冠、花柄、花茎等作为食用对象的蔬菜。常见的品种有花椰菜（又称花菜、菜花）、金针菜（又称黄花菜、忘忧草）、茎椰菜（又称西兰花、青花菜）、紫菜蔓、朝鲜蓟等（见图 2-8）。

（1）花椰菜　　　　　　　　　　　　（2）西兰花

图2-8　花菜类

6. 菌藻类

菌藻类主要包括食用菌和藻类。食用菌是指子实体硕大、可供食用的蕈菌（大型真菌），它们多属担子菌亚门。常见的食用菌有：香菇、草菇、蘑菇、木耳、银耳、猴头、竹荪、松口蘑（松茸）、口蘑、红菇、灵芝、虫草、松露、白灵菇和牛肝菌等；有少数属于子囊菌亚门，主要有：羊肚菌、马鞍菌、块菌等。食用藻类是指无胚并以孢子进行繁殖的可食用低等植物的总称。它们没有根、茎、叶的分化，有单细胞，也有多细胞，且大多生活在水中。可供人类食用的藻类有：海带、紫菜、发菜、裙带菜、石花菜等（见图2-9）。

（1）白蘑菇　　　　　　　　　　　　（2）虫草花

（3）金针菇　　　　　　（4）香菇　　　　　　（5）杏鲍菇

图2-9　菌藻类

（二）蔬菜类原料的营养特点

蔬菜类原料在膳食中主要供给我们人体所需的维生素、矿物质和膳食纤维，其成分中含量最多的是水分。蛋白质、脂肪、碳水化合物的含量与蔬菜种类有很大关系，根菜、茎菜类蔬菜中如马铃薯、山药、慈姑、莲藕、红薯、豆薯等，碳水化合物含量较高，钙、磷、铁等元素含量也比较丰富；茎菜、叶菜类蔬菜一般含有丰富的多种维生素、矿物质和膳食纤维；花菜、果菜类蔬菜除含有丰富的维生素和矿物质外，还含有较多的生物活性物质，如天然的抗氧化物质、植物化学物质等；低等植物蔬菜中的菌藻类则含有丰富的蛋白质、多糖、铁、锌、硒等，海产菌藻类中碘的含量也比较丰富。从颜色来看，一般深色蔬菜中的胡萝卜素、核黄素和维生素 C 的含量明显高于浅色的蔬菜。

（三）蔬菜类原料的初加工

对蔬菜类原料的初加工主要是摘剔加工和清洗加工。摘剔加工的主要方法有摘、削、剥、刨、撕、剜等；清洗加工的常用方法有流水冲洗、盐水洗涤、高锰酸钾溶液浸泡等。初加工的过程应根据蔬菜的基本特性、烹调和食用的要求来进行，时刻保持原料的清洁卫生，以保障食用安全。

（1）叶菜类原料的初加工主要是去除老叶、枯叶、老根、杂物等不可食部分，并清除泥沙等污物，然后再对原料进行洗涤。常用的洗涤方法有冷水冲洗、盐水洗涤、高锰酸钾溶液浸泡、洗涤剂清洗等。其中直接生食的原料一般要用 0.3% 的高锰酸钾溶液浸泡 5 分钟，再用清水冲洗。

（2）茎菜类和根菜类原料的初加工主要是去掉头尾和根须，需要去皮的原料一般用削、剔的方法去皮。处理好的原料要注意防止原料氧化，通常采用的方法是用冷水浸泡，使用的时候从水中取出即可。

（3）果菜类原料的初加工主要是根据菜品的需要去掉皮和籽瓤。去皮的方法主要是刨、削，个别的原料如西红柿、辣椒则采用沸水烫制后再剥去外皮的方法。

（4）花菜类原料的初加工要根据花形大小和成菜的要求去掉花菜的花柄和蒂，以及一些花菜的花心，然后进行清洗即可。

（5）低等植物蔬菜类原料很多时候使用的是干制品，初加工一般采用水发的方法，要注意去除泥沙等杂质。

（四）蔬菜类原料的品质选择与保管

在选择蔬菜类原料时主要观察原料的新鲜程度。由于蔬菜类原料水分含量较高，质地比较脆嫩，细胞生命力旺盛，所以要选择没有碰伤的原料，同时尽量选择应季的优质原料品种。

新鲜的蔬菜类原料主要采用冷藏的方式保管，维持低温水平，以阻止和延缓其腐败变质。冷藏温度一般为 4 ℃~8 ℃，但也要根据具体品种灵活控制，如黄瓜、茄子、甜椒在长时间保管的过程中温度低于 7 ℃~10 ℃时，表面会出现水浸状凹斑的现象。经过初加工处理后的蔬菜容易发生变色、变味等反应，在短时间保管过程中要注意护色和保鲜，例如容易发生褐变的原料，处理好后应立即浸入稀酸溶液或稀释的盐水中护色；绿色的蔬菜焯水要放入沸水锅中短时间烫制，然后迅速放凉水中漂凉，或者在焯水时放入少量的碱，使原料的绿色更加稳定，但加碱会破坏蔬菜中的营养素，故较少应用。洗涤好的蔬菜在保管过程中要沥干水分，低温保管，注意不要堆放得过紧、过多，不能将沾水的原料放入塑料袋中，否则很容易发生腐败、变质。

三、果品类原料及初加工

果品类原料是指果树或某些草本植物所产的可以直接生食的果实，通常是水果和干果的统称。

（一）果品类原料的分类及常见品种

果品类原料的分类方法有很多，例如根据果实的含水量和加工程度，可分为鲜果、干果和果品制品；根据果实的自身特点，可分为仁果、核果、坚果、浆果、瓜果、柑橘、复果、什果等。常见的品种有苹果、梨、海棠、沙果、山楂、木瓜、桃、李、杏、梅、樱桃、栗子、核桃、山核桃、榛子、开心果、银杏、松子、葡萄、醋栗、树莓、猕猴桃、草莓、番木瓜、石榴、人参果、柑、橘、橙、柚、柠檬、香蕉、凤梨、龙眼、荔枝、橄榄、杨梅、椰子、番石榴、阳桃、枣子、柿子、无花果、葡萄干、蜜枣、柿饼、蜜饯、果脯、果酱等。

（二）果品类原料的营养特点

鲜果的营养特点和蔬菜类原料比较接近，它含有多种维生素，特别是维生素 C 的含量较高；热能含量低，多含单糖，易被人体吸收；含有丰富的有机酸，能刺激消化液的分泌，可以帮助消化；为碱性食物，矿物质含量高，对维持人体的酸碱平衡有重要的意义；富含膳食纤维，尤其是可溶性膳食纤维，有利于体内废物和毒素的排出。

干果类原料大多含有丰富的蛋白质、脂肪或淀粉，同时还含有丰富的矿物质。干果在干制的过程中对维生素尤其是维生素 C 的破坏比较严重。部分坚果还含有较多的硫胺素和核黄素。干果中的脂肪以不饱和脂肪酸为主，质量较好。

果品制品一般是经过干制、用糖煮制或腌渍得来，大多糖多味重。由于在加工过程中维生素损失率较高，同时糖的用量较大，故果品制品大多热量高，维生素、矿物质、膳食纤维含量低，营养价值不高。

（三）果品类原料的初加工

果品类原料的初加工主要是清洗、去皮或去壳，无特殊工艺，但因水果的主要食用方式是生食，在清洗的过程中要注意卫生和去除虫卵等。例如杨梅和草莓用清水冲洗干净后，最好用淡盐水浸泡 20～30 分钟，再用清水冲洗后食用，这样可以有效地去除虫卵和有害物质；葡萄表面的一层白霜和灰尘不太容易去除，可以在水中放入少量的面粉或淀粉不断地涮洗，去除杂质后再用清水冲洗即可；苹果、桃子在清洗的过程中可以先用水冲洗，然后用食盐搓洗，再用清水冲洗即可食用；其他水果根据其特点可以采用剥皮、削皮、反复搓洗等方式进行初加工。

（四）果品类原料的品质选择与保管

果品类原料中的鲜果在选择过程中要注意原料是否色泽自然、形状美观、成熟度适中、无虫蛀，常用的保管方式为冷藏保管。干果类原料在选择过程中要注意其水分含量，是否颗粒饱满、完整，有无霉变、虫蛀、变味等现象；保管时要注意通风、干燥。果品制品中的果干、果脯、蜜饯在选择时要注意色泽自然、形状完整、果香味足，在保管过程中注意密封，最好真空保管。

第三节 动物性原料及初加工工艺

动物性原料是来自动物界用于烹饪的一切原料及其制品的总称，主要包括畜类原料、禽类原料和水产品原料。动物性原料是中国烹饪的主体原料之一，是烹调师们施展烹饪技艺的主要加工对象，在膳食中给人们提供了丰富的蛋白质、动物性脂肪、维生素和矿物质，对人体有着非常重要的作用。

一、畜类原料及初加工

畜肉是指屠宰后的牲畜经加工整理后的整个肉体。包括：畜体的肌肉组织、脂肪组织、结缔组织、骨骼组织血管、神经和淋巴结等。它们之间的比例，取决于牲畜的种类、品种、年龄、性别、部位和饲养情况等。在烹饪中，畜类原料主要是指以猪、牛、羊等畜类动物的肌肉、内脏及其制品为主要食用对象的一类原料，是我们日常食用最多的动物性原料。

（一）常见的畜类原料

根据动物学的分类，畜类原料的常见品种有猪、牛、羊、马、兔、驴、狗、骆驼和一些可以食用的人工驯养的野生动物的肌肉、内脏及其制品。在烹饪中根据所取的部位通常可以分为头、颈、躯干、尾、四肢、内脏等。

（二）畜类原料的营养特点

畜类原料由于品种的不同，或同一品种的生长环境的不同，在营养素含量和组成上存在比较大的差异。

畜肉和部分内脏是人们膳食中优质蛋白的良好来源，优质蛋白的含量可以达到 10% ~ 20%，而且质量较高，生物学价值达到 80% 左右。但存在于结缔组织中的胶原蛋白和弹性蛋白，由于必需氨基酸的组成不平衡，如色氨酸、酪氨酸、蛋氨酸质量分数很低，蛋白质的利用率低，属于不完全蛋白质。

畜类原料的脂肪含量平均为 10% ~ 30%，其在动物体内的分布，随肥瘦程度、部位的不同有很大差异，肥肉则高达 90%。畜肉类脂肪的组成以饱和脂肪酸为主，熔点较高，主要成分为甘油三酯、少量卵磷脂、胆固醇和游离脂肪酸。胆固醇含量在肥肉中为 100 mg/100 g 左右，在瘦肉中为 70 mg/100 g 左右，内脏中约为 200 mg/100 g，脑中最高，为 2 000 ~ 3 000 mg/100 g。

畜类原料中维生素主要集中在肝脏、肾脏等内脏中，B 族维生素、维生素 A、维生素 E 的质量分数最高，水溶性维生素 C 的含量几乎为零。

畜类原料矿物质的质量分数为 0.8% ~ 1.2%，瘦肉与脂肪组织相比含有更多的矿物质。肉是磷、铁的良好来源，在畜禽的肝脏、肾脏、血液、红色肌肉中含有丰富的血色素铁，生物利用率高，是膳食铁的良好来源。钙主要集中在骨骼中，肌肉组织中钙的质量分数较低，仅为 7.9 mg/100 g。畜肉中锌、硒、镁等微量元素比较丰富，其他微量元素的质量分数则与畜类饲料中的质量分数有关。

畜类原料中碳水化合物的质量分数极低，一般以游离或结合的形式广泛地存在于动物组织或组织液中，主要形式为糖原。肌肉和肝脏是糖原的主要储存部位。

此外，畜肉中含有一些含氮浸出物，是肉汤鲜味的主要成分，包括肌凝蛋白原、肌肽、肌酸、肌酐、嘌呤碱、尿素和氨基酸等非蛋白含氮浸出物。

（三）畜类原料的初加工

畜类原料大多体型较大，各部位的肉质有所不同：有的含肌肉较多，有的结缔组织较多；有的肉质细嫩，有的肉质粗老。现在各大城市在菜市场、超市、肉铺销售的肉都已经过合理的分档取料（对畜类原料的分档取料我们将在其他章节进行详细的介绍），因而对买回来的畜肉进行初加工也比较简单，主要是对其进行清洗和去除血污、杂质等。

畜类的内脏是初加工的重点，处理不当会对食用效果产生比较大的影响。常用的初加工方法有里外翻洗法、盐醋搓洗法、刮剥洗涤法、清水漂洗法和灌水冲洗法等。下面介绍几种常用内脏的初加工方法。

（1）猪腰，即猪的肾脏。首先撕去外表膜和黏附在猪腰表面的油脂，然后将猪腰平放在砧板上，沿猪腰的空隙处从侧面采用拉刀片的方法将猪腰片成两片，用刀片去腰臊，再清洗干净，根据菜品的要求对其进行相应的处理。

（2）猪肚、牛肚。通常用盐醋揉搓，直到黏液脱离，再里外反复用盐醋搓洗，然后将搓洗干净的原料内壁朝外，投入沸水锅中焯水后捞出，用刀刮去内膜和内壁的脂肪，用凉水冲洗干净。

（3）肠。肠分为大肠和小肠，初加工方式与肚非常接近，也是采用盐醋搓洗法。但要注意去除肠中的污物，如无法用手摘除，可用剪刀剪掉。然后将肠投入冷水锅中，等水烧沸后捞出，再用冷水冲洗，去除黏液和腥味即可。

（4）肺。由于肺叶中孔道很多，血污不易去除干净，常用灌洗法。以猪肺为例，用手抓住猪肺管，套在水龙头上，将水通过肺管灌入肺叶中，使肺叶充水胀大；当血污外溢时，就将猪肺从水龙头处拿走平放在空盆内，用双手轻轻拍打肺叶，然后倒提起肺叶，使血污流出；如果水流速度很慢，可用双手用力挤压，将肺内的血污排出来。按此方法重复几次，至猪肺外膜颜色银白、无血污流出时，用刀划破外膜，再用清水反复冲洗。

（5）舌。先用清水将舌冲洗干净，然后投入沸水锅中焯水，当舌苔增厚、发白时捞出，用刀刮去白苔，再用凉水清洗干净，并用刀切去舌的根部，修理成形即可。

（6）心、肝。用漂洗法，先用小刀去除心脏顶端的脂肪和血管、肝脏外表的筋膜，然后用清水反复漂洗即可。

（7）脑。先要用牙签把包裹着猪脑的血筋、血衣挑除掉，然后放到清水里浸泡、漂洗，直至水清、脑中无异物即可。

（四）畜类原料的品质选择与保管

新鲜畜肉的表面都有一层微干的外膜，呈淡红色，有光泽，切断面稍湿，不粘手，肉汁透明，气味正常，肉的弹性好，用手指按压后会立即复原，肉面无黏液；不新鲜的畜肉表面呈暗灰色，无光泽，切断面的色泽不如新鲜肉，而且有黏性，肉汁混浊，表面能闻到腐臭味，变质肉用手指按压后不能复原，有时手指还能把肉戳穿，并有较多的黏液。在购买时还应检查其是否盖有检疫合格的印章，章内标有某某定点屠宰厂、序号和年、月、日，它是经过兽医部门牲畜宰前检疫和宰后检疫及屠宰厂肉品品质检验合格后才盖上的印章。盖有这种印章的肉是"放心肉"，才可出售，才能放心食用。

新鲜的畜肉原料容易变质，一般都采用低温保存，在 – 12 ℃以下的低温中畜肉类原料可贮存较长时间。若随购随用，保管时间短，则可以放入 0 ℃左右的冷藏设备中保管。

二、禽类原料及初加工

禽类是指人工豢养的鸟类动物，主要为了获取其肉、卵。禽类含有人体所需的各种营养物质，尤其是动物性蛋白质、脂肪、维生素和无机盐的含量极为丰富，能制作禽肉类的各种菜肴、馅心及臊子，变化比较大，制法繁多，是形成菜肴多样化的一个重要条件。禽类是烹饪中重要的肉类原料之一，在烹饪中占有十分重要的地位。但禽类的质地却因品种、性别、部位等不同而差异较大。

（一）常见的禽类原料

禽类原料的常见品种有鸡、鸭、鹅、鸽、鹌鹑等。

1. 鸡

鸡是我国肉食品的重要原料，其质地细嫩柔软，营养十分丰富；肌纤维之间脂肪较多，易被人体消化吸收；肌肉中含有较多的谷氨酸，故具有浓厚的鲜香味。目前主要从品种、特征上进行区别，常见的有九斤黄、寿光鸡、狼山鸡、浦东鸡、萧山鸡等品种。鸡的出肉率可达 80% 左右。

在烹制时，要根据鸡的公母、饲养方法及育龄不同而采取不同的方法。

仔鸡，饲养期在一年内。外部表现为羽毛紧密，脚爪光滑，胸骨、嘴尖较软。肉质肥而嫩。整鸡适合蒸、烤、炸，不宜煮汤；分档部位宜炒、烧、拌、熘、炸、卤、腌等。

成年公鸡外部表现为鸡冠肥大而直立，羽毛美丽，颈尾部羽毛较长。宜炸、烧、拌、卤、腌等。

成年母鸡外部表现为鸡冠、耳郭色红，胸骨、嘴尖坚硬。皮下脂肪多。宜蒸、烧、炖、焖等。

老母鸡外部表现为鸡冠、耳郭色红发暗，胸骨、嘴尖坚硬，胸部羽毛稀少，毛管较硬，脚爪粗糙。宜烧、炖、煨和制汤等。

2. 鸭

鸭肉肉质较鸡肉粗，有特殊的香味，故有"鸡鲜鸭香"之说。鸭的出肉率约为 75%，中秋节前后鸭体丰满肥壮，此时最宜食用。烹制时，嫩鸭宜炸、蒸、烧、炒、爆、卤；老鸭宜蒸、炖、煨、烧等。制汤时鸭与鸡同用，更使鲜香二味相得益彰。烹制时要注意除异味，增鲜味。

3. 鹅

鹅肉肉质较鸭肉粗，出肉率为 80% 左右。鹅以每年冬至到次年 3 月左右宰杀的肉质最好。烹制方法与鸭基本相同，宜烧烤、烟熏、卤制。

4. 鸽

肉用菜鸽体型较大，肉质细嫩，鲜香味美，富于营养，是很好的滋补品，常用在宴席上。

烹制时宜蒸、烧、卤、炸等。

5. 鹌鹑

近年来由于人工养殖鹌鹑业发达，肉质细嫩鲜香的鹌鹑常用于烹调。烹制时宜腌、卤、炸、蒸等。

（二）禽类原料的营养特点

禽肉的脂肪含量相对较少，鸡肉约为 1.3%，鸭肉约为 7.5%，其中所含人体必需脂肪酸较多，含有 20% 的亚油酸，熔点低（33 ℃ ~ 40 ℃），易为人体消化吸收。禽肉蛋白质含量约为 20%，其氨基酸组成接近人体需要，含氮浸出物较多。禽肉富含维生素 A、维生素 B_1、维生素 B_2、维生素 E 等，是人体所需维生素的良好来源。禽类原料富含矿物质，尤其是磷、钙含量较多。鸡肉每克含磷约 190 mg，含钙 7 ~ 11 mg。

（三）禽类原料的初加工

禽类原料分为家禽类的鸡、鸭、鹅等和野禽类的野鸭、野鸡等两大类。由于各种禽类原料的骨肉结构都大致相同，所以它们的初加工方法也基本相同。下面介绍鸡的初加工方法。

鸡的初加工过程包括宰杀、褪毛、开膛取内脏、清洗等。

1. 宰杀

先准备一个碗，放少许食盐和适量冷水。然后用左手握住双翅，大拇指与食指捏紧脖子，右手扯去部分颈毛后，用刀割断血管和气管（俗称软喉、硬喉），让血液滴入碗中，放尽血。

鸡体型较小，也可以采用窒息死亡的方法。

2. 褪毛

将水温调成 80 ℃ ~ 90 ℃（俗称三把水），先将鸡腿放入水中烫约 20 秒钟，再将鸡头和鸡翅放入水中烫约 30 秒钟，最后将整只鸡放入水中烫至鸡毛能轻轻拔出时将鸡取出褪毛。褪毛时，先褪去鸡腿的皮、趾甲，再褪鸡头的毛和鸡喙、翅膀的粗毛，最后褪腹部、背部以及大腿羽毛。

褪毛时应注意以下问题：

（1）必须在鸡完全死后进行。过早，因为尚在挣扎，肌肉痉挛、皮肤紧缩，毛不易褪尽；过晚，则肌体僵硬，也不易褪尽。

（2）水温恰当。水温过高，会把鸡皮烫熟，褪毛时皮易破；水温过低，毛不易褪掉。

3. 开膛

开膛应根据烹调方法和成菜要求选择相应的方法。常用的开膛方法有腹开、肋开、背开三种。

（1）腹开（膛开）。先在鸡颈后边靠近翅膀处开个小口，拉出食管和气管切断，再拉出嗉囊并切断。在肛门与腹部之间划约 6 cm 长的刀口，取出肠子、内脏。腹开法适用于烧、炒、拌等大多数烹调方法。

（2）肋开（腋开）。先从宰杀口处分开食管与气管，然后拉出食管，用手沿食管摸向嗉囊，分开筋膜与食管（但不切断食管）。再在翅下方开一个弯向背部的月牙形刀口，把手指伸进去，掏出内脏，拉出食管（包括嗉囊）、气管。肋开法适用于烧、烤等烹调方法，调料从翅下开口处塞入，烤制时不会漏油，颜色均匀美观。

（3）背开（脊开）。用刀从尾部脊骨处切入（不可切入太深，以免刺破腹内的肠、胆），去掉内脏，冲洗干净即可。背开法适用于清蒸、扒制等烹调方法，成菜上桌时看不见切口。

4. 内脏处理

鸡的内脏除了嗉子、气管、食管、肺及胆囊外，一般可以用于烹饪。

（1）肫。割去食道和直肠（粗而较短的一段），用刀剖开，刮去污物，剥去黄色内金，洗净备用。肫质地韧脆，一般用于爆、炒、卤、炸、凉拌。

（2）肝脏。小心摘去苦胆，洗净备用。肝脏质地细嫩，常用于炒、拌、爆、卤。

（3）心脏。撕去表膜，切掉顶部血管，洗净备用。心脏稍带韧性，常用于炒、拌、爆、卤。

（4）肠。除去附在肠上的两条白色胰脏，剖开，冲去污物，再用盐或明矾揉搓，去尽黏液和异味，洗净后用沸水略烫备用。常用于炒、爆、拌、烫等。

（四）禽类原料的品质选择与保管

禽类原料多为成批宰杀的"水盆鸡鸭"，质量检验宜从以下几个方面入手：

眼部：眼球饱满，角膜有光泽。

皮肤：表面干燥或微湿，不粘手，呈淡黄色，有家禽特有的气味。

脂肪：色白稍带黄，有光泽，无异味。

肌肉：结实有弹性，用手指按压后能立即复原。鸡肉颜色为玫瑰色，胸肌为白色或淡玫瑰色；鸭肉为红色。

在采购时注意检查原料品质，特别要检查其含水量，方法多是用手挤压肌肉和筋膜，观察肌肉及筋膜处水分含量，防止注水。

禽肉原料最好是新鲜时食用，如需长期存放，应在 – 18 ℃ ～ – 35 ℃ 急冻。禽肉深部温度保持在 – 6 ℃ 以下，可保存 6 个月左右；深部温度在 – 14 ℃ 以下，可保存 1 年以上。若贮存时间不长，可在 – 4 ℃ 保藏 1 个星期左右。

三、水产品原料及初加工

水产品是指生活或生长在水中具有一定经济价值，能供食用的一类动、植物性原料，如鱼类、虾蟹类、贝类、爬行类等。它是我国重要的烹饪原料之一。我国疆域北起黑龙江、南至南沙群岛，跨温带、亚热带及热带。内陆较大的江河有 5 000 多条。江河湖库等内陆淡水水面 3 亿多亩，水域辽阔，气候适宜，水产资源丰富，品种繁多，是人类蛋白质食品的良好来源。

（一）常见的水产品原料

水产品种类非常多，一般分为鱼类、两栖爬行类、软体动物、节肢动物等。

1. 淡水鱼类

全世界约有淡水鱼 6 800 种，我国有 860 余种，具有经济价值的约在 250 种以上，而体型大、产量高的重要经济淡水鱼类约 50 种，其中有 20 多种已成为重要的养殖对象，如青鱼、草鱼、鲢鱼、鳙鱼、鲤鱼、鲫鱼、鳊鱼、鳜鱼等。

我国的淡水鱼不仅兼有寒、温、热三带的类型，还兼有平原水系、内陆高山和高原水系的类型，因此我国淡水鱼的类型复杂多样。在我国的 860 余种淡水鱼中，有近 500 种是我国特有的种类，并且有许多是我国各地名产。例如：黑龙江的鳇鱼、乌苏里江的大马哈鱼、松花江的白鲑、黄河的鲤鱼、太湖的银鱼、雅安的雅鱼等均为我国的特产或名产。其中松花江白鲑、兴凯湖红鲌、黄河鲤鱼、松江鲈鱼常被称为我国四大淡水名鱼。

淡水鱼滋味鲜美，是制作鱼类菜肴的常用原料。目前，市场上销售的主要是人工养殖的鱼类，其中以四大家鱼（青鱼、草鱼、鳙鱼、鲢鱼）为多。

（1）青鱼，又称乌鲭、青鲩、黑鲩、乌鲩，为鲤科青鱼属鱼类。体略呈圆筒形，腹部平圆，无腹棱，尾部稍侧扁，吻钝，口端位，无须，鳞片大而圆，侧线鳞 39 ~ 45 片，体青黑色，背部更深，各鳍灰黑色。栖息于水的中下层，主食螺蛳等小型水生动物。

青鱼在我国各大水系均有分布。主产于长江以南的平原地区水域，其中以长江水系的青鱼种群为最大。每年农历十二月份最为肥美，为我国主要淡水养殖鱼类之一，与草鱼、鲢鱼、鳙鱼合称"四大家鱼"。青鱼营养丰富，含有蛋白质、脂肪、钙、铁、维生素 B_1、维生素 B_2、烟酸等营养成分，中医认为青鱼能益气养胃化湿，补血养肝明目。

青鱼自古入馔，在烹饪中，因其肉多刺少，色白质嫩味鲜，皮厚胶多，最宜于红烧、清蒸，也可用于熘、炸、炒、烹、煎、贴、焖、扒、熏、烤等烹调方法成菜。青鱼适应于诸种味型，可用多种方法调味。可整用，也可分档后切成块、条、片、丝、丁或斩茸制缔。

（2）草鱼，又称鲩鱼、草鲩、混子，为鲤科草鱼属鱼类。体延长，略呈圆筒形，尾部稍侧扁。腹部无腹棱，吻钝；口前位，中大，眼小。背鳍与腹鳍相对，各鳍均无硬刺。背部青灰略带草绿，胸部灰白，胸鳍及腹鳍灰黄，其余各鳍色淡。草鱼体重一般为 2 ~ 3 kg，大者可达 40 kg。栖息于水的中下层，以水草为主要饵料，系我国主要淡水养殖鱼类之一。广泛分布于中国的各大水系，长江和珠江水系是主要产区。一年四季均产，每年 5—7 月为生产旺季。人工养殖草鱼，多在 9—11 月上市。

草鱼含有蛋白质、脂肪、钙、磷、铁、维生素 B_1、维生素 B_2、烟酸等营养成分，有暖胃和中，平肝去风之功效。

草鱼肥厚多脂，肉质细嫩，适用于清蒸、滑炒、红烧、煎、炸等多种烹调方法，几乎适应各种口味。可整条烹制，也可分料取用，加工成块、段、条、丁、片、丝、茸等均可。但草鱼含水量大，草腥气重，出水易腐烂，所以用其制菜，一要鲜活，二要多放酒醋葱姜等调料；三不宜长时间烹烧，否则会影响肴馔的质地和风味（见图 2-10）。

图 2-10　草鱼

（3）鳙鱼，又称花鲢、胖头鱼、大头鱼等，为鲤科鳙属鱼类。我国四大淡水养殖鱼类之一，冬季所产为最佳。南宋的《嘉泰志》（1201—1204）记载，"会稽、诸暨以南，大家多凿池养鱼为业。每春初，江州有贩鱼苗者，买放池中，辄以万计""其间多鳙、鲢、鲤、鲩、青鱼而已"。宋朝之后，四大家鱼的养殖技术渐成熟，青鱼、草鱼、鲢鱼、鳙鱼养殖渐成规模。

鳙鱼体长 20 ~ 50 cm。头大，口宽圆，眼小，下侧位，鳞细多刺。体背部呈暗黑色，体侧具不规则小黑斑，各鳍灰白色且有黑色小斑点。生活于水的中上层，主要以浮游生物为食。分布于中国东部平原各主要水系，尤其是长江流域下游和珠江地区。鳙鱼含有较多的蛋白质以及钙、磷、铁等矿物质，有暖胃补虚之功效。

鳙鱼头大，富含胶质，肉质肥润，常配以豆腐、粉皮、粉丝成菜，风格独具，为鱼菜佳品，也是其入馔的独到之处。鳙鱼肉质不及鲫鱼、青鱼、鳜鱼等鱼肥美，但冬季肉质较厚实，只要合理配料，精心烹制，口味亦佳。民间以红烧、白烩、炖汤为多（见图 2-11）。

图 2-11　鳙鱼

（4）鲢鱼，又称白鲢、鲢子，为鲤科鲢属鱼类，体侧扁稍高，体长 15 ~ 40 cm，重的可达 15 ~ 20 kg，头较大，钝圆，口宽大，眼小，下侧位，腹部刀刃状，呈银白色，体侧上部银灰色，稍暗。鳞片细小，体银白色，偶鳍灰白色。生活于水的上层，以浮游生物为食。主产于我国长江中下游及黑龙江、珠江、西江等水域，为重要养殖对象。

鲢鱼含有蛋白质、钙、磷、铁等营养成分，有暖胃、补气、泽肤、利水等功效，鲢鱼胆有毒，不能食。

鲢鱼入馔，由来已久，其烹调方法较多，常用红烧、炖焖、油炸等，也适用于煮、煎、汆等法。可整鱼烹制，也可加工成段、块、茸等成菜。因为鲢鱼肌肉纤维细而短，所以较小的鱼口感较差，体重 750 g 以上者肉质坚实柔嫩，口感较好。

（5）鲫鱼，又称鲫瓜子、鲫壳子，是我国重要的食用鱼类。鲫鱼体侧扁、宽而高，腹部圆，头小，吻钝，长 7 ~ 27 cm。口端位，呈弧形，无须，眼大，尾鳍叉形，体呈银灰色，背部较深，各鳍灰色。属杂食性鱼类，适应性强，除青藏高原外，广布于全国各地水系中。湖北梁子湖、河北白洋淀、江苏六合龙池所产的鲫鱼尤佳。鲫鱼在不同地区，其生长速度各异，长江中下游的鲫鱼一般在 250 g 左右，大的可达 1 250 g。四季皆产，以春、冬两季肉质最佳。

鲫鱼含有蛋白质、脂肪、钙、磷等矿物质以及维生素。中医认为，鲫鱼可治疗脾胃虚弱、食少乏力、水肿、痢疾等病症。一些地方民间常用鲫鱼煮汤催乳下奶。

鲫鱼食法较多，尤以做汤最能体现其鲜美滋味，也可红烧、干烧、清蒸、熏、炸等。

（6）鲤鱼，又称鲤拐子、鲤子、龙鱼等，是重要的养殖鱼类之一。鲤鱼体延长，稍侧扁，腹部较圆，头后背部稍有隆起，鳞片大而圆较紧实，口端位，须两对。背鳍、臀鳍均具硬刺，体背部灰黑，体侧金黄，腹部白色，雄鱼尾鳍和臀鳍呈橘红色，栖息于水的底层，杂食性。鲤鱼起源于东南亚，现广泛分布于亚洲和欧洲的许多自然水体中，中国除青藏高原外全国各水系均有分布。鲤鱼按生长环境分为野生种和饲养种两类。野生种的主要品种有：黑龙江各水系的龙江鲤，黄河流域及内蒙古乌里梁素海的黄河鲤，长江、淮河水系的淮河鲤等。饲养种的主要品种有：江西婺源一带水系的荷包红鲤，广西桂林、全州一带稻田中的禾花鲤，广东高要市的麦溪鲤等。

鲤鱼富含蛋白质、多种维生素及矿物质，其中磷含量较高。中医认为鲤鱼有利尿、消肿、通乳的功效。肉质肥厚、坚实、鲜美，适宜整条或切块鲜烹。由于鲤鱼常栖于水底层，略有土腥味，食用前可放在水池中放养 1~2 天，加工时需放尽血淤，并注意抽去其脊骨两侧的白筋，可清除鲤鱼的土腥味。

烹制鲤鱼的方法很多，鲜品可用于白烧、清蒸、软熘、煮汤。对于肉质较粗，土腥味较大的鲤鱼，则多用于红烧、干烧、酱汁等。鲤鱼还可制成熏鱼、糟鱼、咸鱼、风干鱼等，风味亦佳（见图 2-12）。

（7）银鱼，为鲑形目银鱼科鱼类的通称，为洄游性鱼类，分布于中国、朝鲜、日本、越南等国沿海，共有 16 种，我国产 15 种，常见的有 3 种：太湖新银鱼、大银鱼、前颌间银鱼。其共同特征为：体细长、透明、头平扁、后部稍侧扁、口大、两颌和口盖常具

图 2-12　鲫鱼

锐牙。背鳍和腹鳍各一个，体光滑无鳞，仅雄鱼臀鳍基部两侧各有大鳞一纵行。栖息于近海、河口或江湖淡水中上层。

太湖新银鱼：又称小银鱼，体长 6~7 cm。生活于湖内，过去产量颇丰，为太湖、淀山湖等地春季的重要捕捞对象，与太湖白鱼、白虾并称为"太湖三白"。近年由于水域污染，产量大减。

大银鱼：又称才鱼，体长 10~20 cm，主要分布于渤海、黄海、东海沿岸的河口咸淡水区中上层，每年春季成群沿岸溯河而上，在江河下游产卵，产卵后亲鱼死亡。

前颌间银鱼：又称面杖鱼、面条鱼，体长可达 14 cm。主要分布在鸭绿江口及浙江的沿海及河口地带，在长江口区每年 3—4 月产卵期形成鱼汛。

银鱼富含蛋白质、脂肪、钙等营养成分，中医认为，银鱼可益肺、利水，可治脾胃虚弱、肺虚咳嗽等疾病。

银鱼入馔，肉质细腻，鲜嫩爽口，食用方法较多，可烹制出多种味美可口的肴馔。银鱼的烹调以炒、炸方法为佳，此外，熘、氽、蒸、焖、烤、烧等方法亦可，调味以咸鲜、椒盐、茄汁味为多，尤以咸鲜味更能突出银鱼新鲜之本味。

（8）黄鳝，又称长鱼、鳝鱼、稻田鳗等，属合鳃鱼科黄鳝属动物。其体细长呈蛇形，体长 20~70 cm，最长可达 1 m。我国除西北高原外均有分布，夏季肉质最佳。肉质细嫩，味鲜美，营养丰富，含铁及维生素 A，以及人体必需的多种氨基酸。宜炒、烧、煸、炖等，如干煸鳝丝、五香鳝段等。鳝鱼死后，体内组氨酸会很快转为有毒的组胺，故已死的鳝鱼不能食用。

每年小暑前后，正值黄鳝丰满肥嫩、营养丰富之际，故有"小暑黄鳝赛人参"之说。黄鳝体内含有的黄鳝素 A 和黄鳝素 B 可控制糖尿病症，具有显著的降低血糖和调节血糖的作用。在烹饪中，食用方法多样，可炒、爆、烧、炸、拌、炝、煎、焖、蒸。

（9）泥鳅，又称鳗尾泥鳅，为鳅科动物。生于海中的叫海鳅，极大；生于江中的叫江鳅，体长 23～26 cm；生于湖池及稻田中的，潜伏于泥，叫泥鳅，短小，长仅 10～13 cm。《吴下谚联》云："泥鳅，似鳗而小，好穴土如射鲋，水田中为多。"我国除青藏高原外，各地淡水中均产，5—6月为最佳食用期。泥鳅含有 18 种氨基酸以及多种微量元素，具有很高的营养价值。与中华鳖相比，是实实在在的高蛋白、低脂肪水产品。

泥鳅土腥味较重，烹制前需放入水池或盆中活养，滴入数滴菜油，让其排尽污物，然后剪去头部，去内脏洗净，即可烹制。泥鳅烹制最宜烧、煮、做汤。此外炸、熘、爆、炒、烩、炖乃至煮火锅，无不适宜。余汤，肥而不腻；清炖，清而不淡；红烧，清鲜腴美；干炸，酥香细嫩。除整用外，既可切成段、条、块，又可加工成片、丝、丁，还可制茸。在饮食方面，泥鳅的地位不高，正统的食书鲜有记载，仅明代《宋氏养生部》载有"花鳅"一条，"宜辣烹、烘料"。

（10）鲶鱼，又称鲇、鮧、土鲶等，分布于我国各地，是优良的食用鱼类，9—10月份肉质最佳。体长，头部平扁，尾部侧扁，口宽阔，有须两对，眼小，皮肤富黏液腺，体光滑无鳞。鲶鱼体重 0.5～1 kg，大的个体可达 3 kg。鱼肉细嫩刺少，味极鲜美。以红烧为好，如大蒜鲶鱼。

（11）鳜鱼，又称桂鱼、季花鱼、花鲫鱼、淡水老鼠斑等，鱼部侧扁，背部隆起，青黄色，具黑色斑纹，性凶猛。除青藏高原外，全国广有分布，2—3月份最为肥美。鳞多刺少，肉质细嫩，是名贵淡水鱼类。宜清蒸、红烧、干烧等（见图 2-13）。

（12）黄颡鱼，又称黄鳍鱼、黄腊丁、黄骨鱼等，在中国分布于珠江、闽江、湘江、长江、黄河、海河、松花江及黑龙江等水系。除中国外，还分布于老挝、越南、朝鲜、俄罗斯西伯利亚东南部，为常见中小型食用鱼类。烹饪中常用于红烧和清蒸（见图 2-14）。

图 2-13　鳜鱼

图 2-14　黄颡鱼

（13）鲟鱼，又称腊子、着甲等，分布于欧洲、亚洲和北美洲，我国有东北鲟、中华鲟和长江鲟等，现已有人工养殖。供食用的主要为俄罗斯鲟、史氏鲟等。在烹饪中，鲟鱼可进行红烧、清蒸、炸熘等。

（14）团头鲂，又称武昌鱼、团头鳊。清代《随息居饮食谱》记载："甘，平。补胃，益血充精。骨软肉厚，别饶风味。小而雄者胜，可脯，可鲜。多食发疥，动风。"其原产于湖北梁子湖，现各地均有饲养。

团头鲂在烹调上可制成多种精美佳肴。如红烧、干烧、熏制、醋熘，新鲜度好的团头鲂可清蒸、滑炒等。制成糟醉鲳鱼，更别具一番风味。

（15）平鳍鳅，民间也称为石爬鱼、石爬子，栖息于山涧急流中的小型鱼类。体扁平，一般体长 14～17 cm，头大尾小；口大唇厚，有须四对，口部形成吸盘状；眼小，位于头顶；胸鳍大而阔，呈圆形吸盘状；常以扁平的腹部和口、胸的腹面附贴于石上，用匍匐的方式移动。肉质细嫩软糯，味鲜美，富含脂肪，大蒜石爬鱼是川菜中著名的菜肴。

（16）江团，又称长吻鮠、肥沱、鮰鱼、肥王鱼等，主产于我国长江、淮河、珠江流域，是名贵食用鱼，春夏洪水期因水浑浊浮上水面觅食时被捕获。一般重 1.5～2.5 kg，最大的重达 10 kg。体长无鳞，背部灰色，腹部白色，吻向前显著突出，口位于腹下，唇肥厚，眼小，有须四对，一根独刺，肠粗短，浑圆多肉，脂肪丰满。肉质软糯，宜烧、蒸、熘等，清蒸为佳，如清蒸江团、百花江团。

（17）青波，学名中华倒刺鲃，体长稍侧扁，背部呈青黑色，体侧鳞片有明显的黑色边缘，是生长速度缓慢的底栖性鱼类。肉质细嫩鲜美，常用于烧、炒、炸等。

2. 海水鱼类

海水鱼类的肉质特点与淡水鱼有一定的差异，大多肌间刺少，肌肉富有弹性，有的鱼类肌肉呈蒜瓣状，风味浓郁。烹饪中多采用烧、蒸、炸、煎。

（1）大黄鱼，又称大黄花、大鲜，曾为我国首要经济鱼类，但现渔获量较少。

（2）小黄鱼，又称黄花鱼、小鲜，为我国首要经济鱼类。体形类似于大黄鱼。

（3）带鱼，又称刀鱼、裙带鱼、鞭鱼等。我国主要海产四大经济鱼类之一。体侧扁，呈带形；尾细长，呈鞭状；体长可达 1 m；口大；鳞片退化成为体表的银白色膜。肉细刺少，营养丰富，供鲜食或加工成冻带鱼及咸干制品。宜烧、炸、煎等，如香酥带鱼。

（4）鳕鱼，又称大头鳕、石肠鱼、大头鱼等，其渔获量居世界第二位。

（5）马面鲀，又称绿鳍马面鲀、剥皮鱼、象皮鱼、马面鱼等。由于马面鲀的皮厚而韧，食用前需剥去。

（6）真鲷，又称加吉鱼、红加吉、红立，是名贵的上等食用鱼类。

（7）鲈鱼，又称花鲈、板鲈、真鲈，鱼纲鮨科动物。我国沿海均产，为常见的食用鱼类。体表银灰色，背部和背鳍上有小黑斑。

（8）石斑鱼，大中型海产鱼，名贵食用鱼。体表色彩变化多，并具条纹和斑点。种类颇多，常见的有赤点石斑鱼（俗称红斑）、青石斑、网纹石斑鱼、宝石石斑鱼等。

（9）沙丁鱼，世界重要海产经济鱼类之一，是制罐的优良原料。常见的有金色小沙丁鱼、大西洋沙丁鱼和远东拟沙丁鱼等。

3. 洄游鱼类

洄游指某些鱼类、海兽等水生动物由于环境影响、生理习性的要求等，形成的定期定向的规律性移动。

（1）河鲀，又称河豚、龟鱼等，一般体长 15～35 cm，体重 150～350 g；体无鳞或被刺鳞；体表有艳丽花纹。种类很多，主要有暗纹东方鲀、星点东方鲀、条纹东方鲀等。我国的南北部海域及鸭绿江、辽河、长江等各大河流都有产出。肉质肥腴，味极鲜美，但其卵巢、肝脏、血液、皮肤等中均含剧毒的河鲀毒素，须经严格去毒处理后方可食用。

我国有关部门规定，未经去毒处理的鲜河鲀及其制品严禁在市场上出售；对于混杂在其他鱼货中的河鲀鱼，经销者一定要挑拣出来并做适当处理。去毒后的河豚可鲜食，也可加工制成盐干品和罐头食品。

（2）鲑鱼，又称鲑鳟鱼，全世界年渔获量甚大，首要经济鱼类之一，秋季食用最佳。有些生活在淡水中，有些栖于海洋中，在生殖季节溯河产卵，作长距离洄游。在我国，主要种类有大马哈鱼、哲罗鱼和细鳞鱼等。

（3）鲥鱼，又称时鱼、三黎，是名贵食用鱼。镇江所产最佳，端午节前后最为肥美。平时生活于海中，生殖期进入河口，溯河而上到支流和湖泊中繁殖。初入江时，丰腴肥硕，含脂量高，鳞片下也富含脂肪，烹制时脂肪溶于肌肉中，增加肉的鲜香，所以，鲥鱼初加工时不去鳞。烹饪中适于清蒸、清炖和红烧，如清蒸鲥鱼、酒酿蒸鲥鱼。

（4）鳗鲡，又称青鳝、白鳝、河鳗等，分布于我国、朝鲜和日本。身体细长，最长可达1.3 m；鳞片细小，埋没在皮肤下。平时生活于淡水中，产卵时进入深海。

4. 其他水产品

（1）墨鱼，学名乌贼。体呈袋形，背腹略扁平，头部发达，眼大，触角八对，其中一对与体同长。肉质嫩脆，味鲜美，营养价值较高，为我国海产四大经济鱼类之一。供鲜食或制成冻墨鱼、干墨鱼，常用于烧、煸、炒、炖、烩等。

（2）鱿鱼，与墨鱼极为相似，多用于炒、爆、煸等。

（3）虾类，含有丰富的蛋白质、脂肪和各种矿物质，味道鲜美。常用的主要有基围虾、对虾、青虾、龙虾等。

基围虾是基围（堤坝）里养殖的天然麻虾。主产于广东、福建一带。基围虾体长而肉多，肉爽嫩结实，肥而鲜美，但略有腥味（见图 2-15）。

图 2-15　基围虾

对虾产于沿海地区，体大肉肥，味极鲜美，近年来已成为宴席、便餐的重要原料，多用于蒸、煮、焖、炸等。以它为原料的名菜有油焖大虾、软炸虾糕等。

青虾产于河、湖、塘中，个头远比海虾小，多呈青绿色，带有棕色斑纹，所以称为青虾，烹熟后为红色。青虾肉脆嫩而鲜美，多用于炒、爆、炸、熘、煮或做配料。以青虾为主料的菜肴有油爆青虾、干烧虾仁等。

龙虾是虾类中最大的一族，体长 20～40 cm，一般重约 500 g，大者可达 3～5 kg。色鲜艳，常有美丽的斑纹。龙虾体大肉厚，味鲜美，是名贵的海产品。

牛头虾也俗称"龙虾"，是近年来引进鱼塘养殖的，色红黑，个大。剥取的虾仁宜蒸、烧、炒、爆。盐煮（可放入少量香料）牛头虾是群众十分喜爱的经济实惠而又味美的小吃。

（4）蟹类，分淡水蟹、海蟹两大类，含有丰富的蛋白质、脂肪和矿物质。雌蟹的腹部为圆形，称为"圆脐"；雄蟹的腹部为三角形，称为"尖脐"。海蟹盛产于 4—10 月份，淡水蟹盛产于 9—10 月份。繁殖季节，雌蟹的消化腺和发达的卵巢合称为蟹黄，雄蟹发达的生殖腺称为脂膏，二者均为名贵而美味的原料。蟹肉味鲜，蟹黄尤佳。蟹肉内常寄生一种肺吸虫，人食后会寄生于人的肺，影响人体健康，重者致命，所以未熟透的蟹不能吃。螃蟹死后有毒，不能吃死蟹。

中华绒螯蟹，又称河蟹、毛蟹、清水大闸蟹等，江苏阳澄湖所产最著名。螯足强大，密生绒毛（见图 2-16）。

三疣梭子蟹，又称梭子蟹、海蟹等，是我国海产量最多的蟹类。

锯缘青蟹，又称膏蟹、青蟹，浙江以南沿海均有分布，是重要的海产蟹。

（5）鳖，俗称甲鱼、团鱼、足鱼。背部有骨质甲壳，鳖骨较软（不及龟壳坚硬），肉多细嫩，味鲜美。富含易为人体吸收的高质量蛋白质与胶质，有补血益气的功能。宜红烧、清蒸、清炖等，有红烧团鱼、"霸王别姬"等菜肴（见图 2-17）。

图 2-16　大闸蟹

图 2-17　鳖

（6）龟，俗称乌龟，是玳瑁、金龟、水龟、象龟等的统称，是现存最古老的爬行动物之一。背部有硬甲，头、尾及四肢通常能缩回龟甲内。龟多群居，常栖息于川泽湖池中，全年均可捕捉，秋冬为多。龟肉质地较好，营养丰富，烹饪中常烧、蒸、炖，如清蒸龟肉。

（7）鲍鱼，俗称石块鱼、明目鱼、九孔螺、海耳，种属原始海洋贝类，单壳软体富足类动物。其味道鲜美，营养丰富，被誉为海洋"软黄金"。鲍鱼壳在中药上称"石决明"，是一种平肝明目、清除白内障的疗效药物。全世界鲍鱼有 100 余种。鲍鱼在我国沿海均有出产，尤以大连和长山岛产量较大。北方沿海有盘大鲍、皱纹盘鲍等；南方沿海产有杂色鲍、耳鲍、半纹鲍、羊鲍等。除此之外，它还分布于澳大利亚、日本、新西兰、南非、墨西哥、欧洲、美国、加拿大和中东等国家和地区。以日本、南非所产的鲍鱼为佳。鲍鱼足部肥厚，是主要的食用部分。按产地可分为澳洲鲍、日本网鲍。按大小可分为两头鲍、三头鲍、五头鲍、二十头鲍等，民间有"千金难买两头鲍"之谚。

在烹饪中，鲜鲍有鲜品和速冻品两个类型，均适用于爆、炒、拌、烩等烹调方法，菜品原汁原味、鲜美脆嫩。鲜鲍经蒸煮后可做成罐头制品，不仅可以直接食用，也可以进一步烹调加工。一般用于烧、烩、扒、熘等菜式，或做羹汤、冷盘，其口感柔软，鲜味稍次于鲜品（见图 2-18）。

图 2-18　鲍鱼

（8）田螺，又称黄螺、泥螺，古称田赢，属腹足纲栉鳃目田螺科圆田螺属。民谚云："清明螺，抵只鹅。"立春时节，正是田螺的"怀孕期"，故而十分肥壮鲜美。田螺虽然外表不太好看，但确是席上珍肴。其以丰富的营养、鲜香肥嫩的风味而深受广大食客的喜爱。田螺分布于华北和黄河平原、长江流域等地的田间、池塘和沟渠之间。

田螺入馔品类丰富，其烹调方法也很多。田螺煮后挑出肉，可以拌、炝、炒、熘、烩、蒸、煮或者做出汤羹。以田螺为主料制作的炝田螺、糟田螺、田螺塞肉等都是脍炙人口的佳肴。

（9）蛤蜊，亦称马河、沙蛤、沙蜊等，属瓣鳃纲蛤蜊科。蛤蜊资源丰富，物美价廉，且营养丰富，就食用价值而言，它是一种高蛋白、低脂肪、低胆固醇的美味海鲜。我国古代很早就将其作为食疗食品。《本草经疏》谓"蛤蜊其性滋润，而助津液，故能润五脏，止消渴，开胃也"。清代袁枚的《随园食单》中就有韭菜炒蛤蜊肉及制汤的记载。我国常见的有文蛤、四角蛤蜊、西施舌等。我国沿海均有分布，生活于浅海泥沙中，常见的经济海产之一。

蛤蜊肉质鲜嫩清淡，柔韧且脆美。鲜食时，以保持其原汁原味为珍。一般饿养一段时间，吐尽泥沙，再用蒸、煮、炙、带壳炒或爆等方法。蛤蜊还可以制成蛤蜊干，又称"蛤仁"。其吃法很多，可拌、炝、爆、炸、烧、烩、氽、制馅等（见图2-19）。

图2-19　蛤蜊

（10）蛏子，又称蛏子皇、圣子、竹蝗，属帘蛤目竹蛏科瓣鳃纲软体动物。中医认为，蛏肉味甘、咸、性寒，对产后虚寒、烦热痢疾等症有一定的食疗作用。其不仅可以鲜用，还可以加工成蛏干和蛏油。常见的蛏子有20多种，大部分为温带和热带种类，生活于潮间带中、下区或潮下带的浅海沙滩或泥沙滩；少数种类生活于深的海底，也有些种类生活在河口或内湾中。我国福建、浙江主要养殖，壳呈长形，生长线显著，壳面黄绿，常磨损脱落呈白色。

将新鲜的蛏子洗净，放养于含有少量盐分的清水中，待蛏子吐净腹中的泥沙后用薄刀片轻轻剖开蛏子背面连接处，倒入沸水中，氽熟即可。其肉质鲜嫩、风味独特，是佐酒的佳肴。一般用于拌、炒、爆、烩等烹调方法，以便将其色、形、味等特色更好地体现出来（见图2-20）。

（11）蚶，为双壳纲列齿目蚶科蚶属。蚶肉含多量蛋白质和维生素，蚶血鲜红，肉的边沿有一金丝似的色线。我国沿海均有分布，多栖于潮间带或浅海泥沙中。常见的有泥蚶、毛蚶、魁蚶。

烫蚶需要有一定经验，烫得太熟，则蚶壳裂开，肉呈苍黄而干瘪无血，这样吃起来就大失原味；如果烫得不够火候，则蚶壳不但难以掀揭，而且掀开了，肉柱粘在壳的两边，吃起来也略带腥味。洗净的蚶肉可以焗、烩、煨。

图2-20　蛏子

（12）海笋，又称象拔蚌、象鼻子蛤、凿石贝、穿石贝等，属于双壳纲海产贝类。20世纪80年代中期，象拔蚌开始从香港引入内地，并逐渐在内地的高档餐厅出现。它主产于北美洲的深海及我国福建、广东沿海。其外形似象鼻，市场上主要出售的象拔蚌品种有：贵妃蚌、象牙蚌、黑壳象拔蚌等。

象拔蚌肉味清鲜而略带甜口，肉质细嫩而脆爽，鲜美如牡蛎或过之，无一般的土腥味，故既可生食，又可熟食。生食象拔蚌需选用无污染深海品种，不需要焯水，直接批成薄片，蘸味碟食用。熟食象拔蚌，常用的有氽、烫炒、爆等烹调方法。大多采用旺火速成，火候宁欠勿过，否则蚌肉易变老发韧，口感很差。

（13）河蚌，为瓣鳃纲蚌科动物的统称。在一些地方称为蚌壳、歪儿，生活在淡水湖泊、池沼、河流等水底，半埋在泥沙中，肉可食用，一般吃的蚌肉就是河蚌的斧足。我国河流、湖泊、池塘中均有分布。蚌肉可采用炒、爆、烧、烩、焖等烹调方法。

（14）牡蛎，又称蛎蛤、牡蛤、生蚝、蚝子等，属软体动物门，双壳纲，珍珠贝目，是世界上第一大养殖贝类。宋代《图经本草》有"取其肉当食品，其味美好，更有益也，海族为最贵"的记载。牡蛎不仅肉鲜味美、营养丰富，而且具有独特的保健功能和药用价值，是一种营养价值很高的海产珍品。牡蛎的含锌量居人类食物之首。古今中外均认为牡蛎有治虚弱、解丹毒、降血压、滋阴壮阳的功能。我国产于黄海、渤海至南沙群岛，壳形不规则，大而厚重无足及足丝。

牡蛎肉肥爽滑，味道鲜美，食用时一般去壳取肉，洗净生食，以最大限度地保留它的营养成分。也可以用烤、焗等烹调方法。

（15）海参，又名海鼠、沙巽、土肉，为我国著名的"海味八珍"之一，因其营养价值不亚于人参，故名海参。它属于无脊椎动物，棘皮动物门海参纲。海参是高蛋白、低脂肪、低胆固醇的海味珍品，其肉质软滑细润，口感爽脆，具有补肾益精、通肠降压等功效。海参品种繁多，其品质也参差不齐，一般以足尖尖锐，通体匀称，色泽深浅一致的为佳品。就地域分布来讲，以北方深海产出的海参质量较好，南方海域产出的质量次之。就其品类，又有干海参与鲜海参之分。 鲜海参没有经过脱水干制，最大限度保持了营养成分。它在世界各地的海洋中广有分布，有食用价值的只有40多种，其中我国有20多种，以南海为多。分为刺参、光参。

烹制鲜海参的技法比较多，如烧、拌、氽、焖等，但不论用何种烹调方法，其初加工处理都尤为重要。因为对鲜海参的初步熟处理，不仅是除去腥涩味，突出鲜味，更重要的是能控制其质感。

（二）水产品原料的营养特点

水产品营养丰富，含有大量优质蛋白质、矿物质、维生素等，海产品还含有大量易被人体消化吸收的钙、碘等微量元素。水产品蛋白质含量丰富，其中鱼蛋白质含量为15%～20%，对虾为20.6%，海蟹为14%，贝类为10.8%。鱼肉是由肌纤维较细的单个肌群组成的，肌群间存在很多可溶性胶原蛋白，肉质非常柔软。水产品脂肪含量不高，鱼类脂肪含量为1%～10%，其他水产品脂肪含量为1%～3%，且脂肪组成多为不饱和脂肪酸，营养价值较高。糖类物质含量较少，为1%～5%。矿物质含量较丰富，为1%～2%。维生素A含量较多，有些鱼类、虾、贝、蟹含烟酸和维生素B_2较多。

（三）水产品原料的初加工

水产品的种类很多，初加工的方法各有不同，总的来说，主要是体表处理、去鳃、剖腹洗涤、出肉，在一些高档鱼类菜肴中还要求整料出骨。我们主要以鱼类为例介绍水产品的初加工。

1. 体表处理

（1）刮鳞去鳃。绝大多数种类的鱼都要刮鳞，鳞要倒刮。有些鱼背鳍和尾鳍非常尖硬，应先斩去或剪去。但有少数鱼如鲥鱼的鳍含有丰富的脂肪，味道鲜美，应保留。鲫鱼的肚下有一块硬鳞，初加工时必须割除，否则腥气较重。去鳃一般用剪刀剪或用刀挖出。

（2）去皮。有些鱼皮很粗糙，颜色发黑，影响菜肴美观，如比目鱼、马面鱼、塌板鱼等，一般先刮去颜色不黑的一面的鳞片，再从头部开一刀口，将皮剥掉。黄鱼也要剥去头盖皮。

（3）去黏液。鱼类原料体表有较发达的黏液腺，分泌的黏液有较浓的腥味，一般需要去掉。去黏液的方法有：① 浸烫法，一般将原料放入 60 ℃ ~ 90 ℃ 热水中浸烫，待黏液凝固后用清水冲洗干净即可。② 揉搓法，将原料放入盆中，加盐、醋等反复揉搓，待黏液起泡沫后再用清水冲洗干净即可。

2. 开膛去内脏

鱼类剖腹取内脏通常有下面三种方式：

（1）腹出法，用刀在肛门与胸鳍之间划开，取出内脏。此法多用于不需要太注意保形的菜肴，如干烧鱼、豆瓣鱼等。

（2）鳃出法，为了保持鱼身的完整，如鳜鱼、鳗鱼等，可在肛门正中开一横刀，在此处先把鱼肠割断，再用两根竹条或竹筷从鱼鳃处插入腹内，卷出内脏。此法多用于叉烤鱼。

（3）背出法，用刀贴着脊背将鱼肉片开，取出内脏。此种方法多用于清蒸鱼。

淡水鱼类剖腹时注意不要弄破苦胆。如果不慎弄破苦胆，要立即用酒、小苏打或醋等涂抹在胆汁污染过的部位，再用清水冲洗。

部分种类的鱼腹内有一层黑膜，腥味很浓，初加工时应将其去尽。

3. 清　洗

鱼体用清水冲洗干净，去尽血水和黑膜。软体水产品如墨鱼应先刺破眼睛，去除眼球，然后剥去外皮、背骨，洗净备用。

（四）水产品原料的品质选择与保管

1. 水产品原料的品质选择

（1）鱼类。鲜鱼的鳃盖和嘴紧闭，眼珠透明突出，鳃鲜红，鳞片有光泽，不易脱落，肛门紧缩，手捏腹部硬实有弹性，不离刺。不新鲜的鱼鳃盖张开，眼珠下陷、混浊，鳃暗红，鳞片无光，腹部膨大松软。

（2）虾类。鲜虾壳色暗绿，保持原有弯曲度，头身相连且能活动。不新鲜的虾壳色发白发红，头和身容易脱落。

（3）蟹类。新鲜的螃蟹色青灰，有亮光，脐部饱满，腹部雪白带光滑亮色；蟹脚坚硬结实，手提脚爪时不脱落，捏压蟹壳感觉结实有弹性。不新鲜的蟹壳色暗红，腹部青灰无光，脚易脱落，捏压蟹壳感觉塌软。

2. 水产品的保管

水产品含水量高，肌肉比较细嫩，稍有伤破，微生物很容易侵入，蛋白质在酶的作用下会迅速分解成氨基酸，为微生物的繁殖提供有利条件，引起腐烂，所以水产品较难保管。

（1）购进的活鱼、鲜虾蟹，常用水缸活养保鲜。为减少鱼的活动，延长成活时间，容器中水不宜过多，以鱼背能直立为度，且勤换清水，水中不能沾染酸、碱、油脂等。如有翻肚现象，可将鱼在加了少量精盐的水中养一会儿，再放回去。各种"生猛海鲜"则必须放进专门的水箱中活养，要注意水的盐度和温度，并随时用机器供氧。

（2）由市场或水产部门购进的冰鲜鱼，一般采用冷藏保管。在没有冰箱的情况下，应勤进快销，尽可能不储藏。

（3）活虾可放在水中保养。河蟹宜用篓筐盛装，并限制其活动，夏季要注意放在凉爽通风处；白露以后则要注意保持适当温度，不宜放在通风处。

第四节　干货原料及初加工工艺

干货原料是指经加工、脱水干制的动植物原料，一般经过风干、晒干、烘干、炝干或盐腌而成。干货原料便于运输和贮存，能增添特殊风味，丰富原料品种。和新鲜原料相比，干货原料具有干、老、硬、韧等特点，因此，绝大多数干货原料需经过涨发加工处理才能制作成菜。

由于原料的性质和干制的方法不同，其干、硬、老、嫩的程度也不同。干制的动物性原料一般比干制的植物性原料坚硬，并带有较重的腥臭气味。在干制方法上有的是晒干、烘干、风干、灰干，还有用盐腌渍后再干制的。晒干、烘干的原料大多脱水率高，质地较坚硬，风干的原料质地比较柔软，盐渍干制的原料一般带有咸苦味道。只有熟悉这些干制品的性质、特点，才能进行初步加工，以适应烹调需要。

一、干货原料的涨发目的

干货原料涨发的目的是使干货原料重新吸收水分，最大限度地恢复到鲜嫩、松软状态，并清除腥臭味和杂质，使其便于切配烹调，有利于消化和吸收。在烹饪行业中，把这种干货原料的初步加工过程称为"发料"或"泡发"。

二、干货原料的涨发要求

干货原料的涨发是一项技术性较强的工作，有较复杂的操作程序。在对干货原料进行涨发时，应注意下面的要求：

（1）熟悉原料的产地、品质。根据原料的产地和品质，选择合适的涨发方法，达到最佳涨发效果。例如，海参品种很多，产地各不相同，品质差别较大，针对不同产地、不同品质的海参，可分别选用焖发、火燎发、盐发等方法进行涨发。

（2）熟悉干货原料涨发的方法。不同的涨发方法有各自的技术关键，只有掌握了这些技术关键，才能把握涨发效果。

（3）严格按操作程序进行。每一种涨发方法都有一套操作程序，操作程序的每一个环节都是相互影响、相互关联的，不注意操作程序，会影响涨发效果，甚至会使涨发失误。涨发过程中，必须按照操作程序进行。

三、干货原料的涨发原理

（一）水渗透原理

1. 毛细管的吸附作用

很多原料干制后，内部会留下较多的孔状毛细管，而毛细管具有吸附并保持水分的能力，水分会沿着毛细管道进入原料内部，使原料变软。

2. 渗透作用

干货原料经过脱水干制后，内部水分含量较少，细胞中的可溶性固形物浓度很大，渗透压非常高。当干货原料浸没于清水中时，外界渗透压较低，在原料内外形成渗透压差，水分会通过细胞膜向细胞内扩散，使原料吸水涨大。

3. 亲水性物质的吸附作用

干货原料所含的糖、蛋白质分子结构中含有大量亲水基团，它们能与水以氢键形式结合。

（二）热膨胀涨发原理

干货原料中的束缚水在一定高温条件下会脱离组织结构变成游离水，并急剧汽化膨胀，使干货原料组织形成蜂窝状孔洞结构，为进一步吸水创造条件。

利用油来导热，使干货原料中所含的少量水分迅速受热蒸发，促使其分子颗粒膨胀，并在膨胀过程中排出原料本身所含的一部分油脂，从而达到松泡的目的。

（三）碱的腐蚀性涨发原理

碱液具有腐蚀性，可以与原料表面疏水性物质（脂质）的薄膜发生皂化反应，使其溶解，便于水分渗透进入原料内部，同时使原料的 pH 值升高，使蛋白质远离等电点，形成带负电荷的离子，从而增强蛋白质对水分的吸附能力。碱溶液有增强蛋白质吸水性能的作用，能缩短涨发的时间，使干货原料迅速涨发，但因为碱对原料有腐蚀和脱脂的作用，营养成分有一定损失，所以碱发方法要慎用，使用范围一般限于一些质地十分僵硬、用热水不易发透的原料，如墨鱼、鱿鱼等。

四、干货原料的涨发方法

干货原料的常用涨发方法有水发、油发、碱发、火发和盐发（沙发）等。

1. 水　发

水发就是将干货原料放在水中浸泡，利用水的浸润能力，使其最大限度地吸收水分，涨发回软。水发是最常用的涨发方法，使用范围很广。水发又分冷水发和热水发两种。

（1）冷水发是把干货原料放在冷水中浸泡，使其自然吸收水分，尽量恢复到潮、软、松状态。冷水发操作简便易行，能基本保持干货原料的风味，常用于体小质嫩的干货原料，如香菇、竹荪、黄花、木耳等。冷水发还经常用于其他发料方法的辅助和准备，如鱼翅、鱿鱼等质地干老、肉厚皮硬或加沙带骨的原料，在涨发前多要先用冷水浸至回软。

（2）热水发是把干货原料放在热水中进行加热，促使原料加速吸收水分，达到松软润滑状态。根据干货原料的性质，可采用各种水温进行涨发。热水发分为泡发、煮发、焖发和蒸发四种。

泡发是将干货原料放入容器中，掺入沸水浸泡，使其吸水胀大，多用于体小质嫩和略带一些异味的干货原料，如香菇、猴头菇等，直接用浸泡的方法即可涨发足透。

煮发是将干货原料先经冷水浸泡，再放入热水中煮沸，使之充分吸水达到回软。煮发适用于体大质硬、表皮有泥沙和带腥臊气味的干货原料，如鱼翅、海参、鱼皮等。

焖发是煮发后辅助涨发，指将原料煮沸后闭火，盖上锅盖，温度慢慢降低，使原料完全涨发。例如海参一般要经过煮发，再采用焖发来涨发透。

蒸发是将干货原料放入蒸柜（笼）中隔水蒸，利用蒸气使原料吸水膨胀。蒸发适用于需要保形或需要保持原料鲜味的干货原料的涨发，如干贝、鱼唇、鱼骨等的涨发。蒸发时，往往将原料装入容器中，掺入清水或鲜汤，加入适当的调味品放入蒸柜（笼）蒸至所需的熟软程度。

2. 油 发

油发是把干货原料放入大量的油内逐步加热，使其膨胀疏松。这种方法适用于胶质和结缔组织较多的干货原料，如肉皮、鱼肚、蹄筋等。

采用油发，事先要细心检查原料是否干燥、变质，剔除变质或异味过重的干货原料；潮润的应烘干后再发制，方能充分发透。发制时油量应淹没原料，油温不可过高，最好控制在80℃左右，以免原料外层焦熟而内部尚未发透。火力不宜过旺，要徐徐加热，保持一定的油温；当干货原料开始涨发时，应减小火力，或将锅端离火口，同时不断翻动原料，使其受热均匀，里外发透。油发后的原料干脆、附油多，在烹制前要先用温水浸泡一下，沥干油分，再淹没在沸水中使其回软，最后浸泡在清水中备用。

3. 碱 发

碱发是将干货原料先用清水浸泡，再放进碱溶液中浸泡，使其涨发回软。碱发根据碱液的种类又分为生碱水发和熟碱水发两种。

（1）生碱水发。一般先用清水把原料浸泡至柔软，其目的是减轻碱液对原料的直接渗透腐蚀。再放入浓度约为5%（即食用纯碱与水的比例为1∶20）的生碱水中浸泡。要根据原料的质地和水温高低掌握好碱水的浓度和泡发的时间。使用生碱水涨发干货原料方便，但泡过的原料有滑腻的感觉，适用于墨鱼、鱿鱼、鲍鱼等干货原料的涨发。涨发时都需要在80℃~90℃的恒温溶液中提质，至原料体积膨大且有弹性、柔软滑嫩、呈半透明时，捞出用清水漂洗褪碱，使涨发后的原料具有柔软、质嫩、口感较好的特点，多用于烧、烩以及做汤。

（2）熟碱水发。熟碱水是将食用纯碱1 kg、沸水9 kg和生石灰0.4 kg搅匀，再加冷水9 kg拌和均匀，静置澄清后，取澄清液。其水清而不腻，泡过的原料不滑腻，适用于墨鱼、鱿鱼、鲍鱼等干货原料的涨发。涨发时不需要提质，发透后，捞出褪碱。熟碱水涨发的原料具有韧性及脆嫩等特点，多用于炒、爆。

4. 火 发

火发，是指将皮面带毛、鳞或僵皮的干料放在火上燎烤，至外皮焦煳时取出，放入温水内浸泡，再用刀刮去焦皮，最后放入温水中浸泡的方法。火发可分为烧烤、削刮、蒸煮、漂洗、蒸煨等步骤。

5. 盐发（沙发）

盐发（沙发）是把干货原料放入食盐或沙粒中炒、焖，使原料膨胀松泡，再放入热水中浸泡回软。盐发的过程包括：炒盐、焖浸、漂洗、温泡。

五、常见的干货原料品种及初加工方法

干货原料根据生物学的分类，可分为动物性干货原料和植物性干货原料。

（一）动物性干货原料

1. 鱼皮、鱼唇

鱼皮是由鲨鱼、鳐鱼等海鱼的皮加工制成的，以雄鱼皮为好，体块厚大，富含胶质和脂肪。鱼唇是由鲨鱼唇部周围软骨组织连皮切下干制而成，富含胶质。

鱼皮、鱼唇多采用水发：先用 80 ℃ 的水浸泡 30 分钟，涨发回软后刮去泥沙和黑皮，修去黄肉，用清水浸泡约 2 小时，至能掐动时取出即可。

鱼皮、鱼唇多用于烧、烩等，如白汁鱼唇、家常鱼唇、红烧鱼皮。

2. 鱼 肚

鱼肚是由大黄鱼、回鱼、鳗鱼等的鱼鳔干制而成。鱼肚质厚者水发、盐发、油发均可；质薄瘦小者宜油发，不宜水发。

水发：用温水将鱼肚洗净，放锅内加冷水烧开，焖 2 小时后，用冷水清洗，用布将鱼肚擦干，再换水继续焖，待鱼肚完全发透无黏性时即可，再用清水漂洗干净。

油发：鱼肚用干净毛巾擦干净，放入 110 ℃ 油中浸泡；鱼肚开始缩小时，用漏勺压住鱼肚，防止卷曲；待鱼肚表面均匀布满小泡时，捞出；升高油温，放入鱼肚炸至发泡，捞出。使用前用清水浸泡变软即可。炸制时间应根据鱼肚的厚薄而定，质厚者炸制时间稍长，质薄者炸制时间较短。不能大火高温炸制，以防皮焦肉不透。

鱼肚也可以盐发，但盐发鱼肚的质量、口味不如油发的好，故很少采用。

鱼肚多用于烧、炖、拌及做汤菜，如白汁鱼肚、清汤鱼肚卷。

3. 鱼 脆

鱼脆又名明骨，由鲨鱼的头颈部和鳃裂间的软骨等原料加工干制而成。鱼脆含较多蛋白质、磷、钙和胶质等，质地脆嫩。一般采用蒸发，将鱼脆用温水洗净，浸泡 2 小时，待其胀起发白时捞出，洗净杂质后装入容器中，加清水（或清汤）、料酒、姜、葱等上笼蒸约 30 分钟至颜色洁白、嫩脆、无硬质、形如凉粉，取出用清水浸泡即可。宜蒸、煮、制羹汤菜，如玲珑鱼脆、鱼脆果羹等。

4. 鱼 信

鱼信是指鲨鱼脊骨骨髓的干制品，质较脆嫩，色白。一般采用蒸发，将原料用清水浸泡 1 小时后，装入容器中，加鲜汤、料酒、姜、葱等上笼蒸约 30 分钟变柔软即可，多用来制作烩、烧等菜肴。

5. 干海参

海参种类很多，主要是干制品，涨发时要根据原料的品种、质量、成菜要求选择恰当的

涨发方法。刺参多采用水发，无刺参可采用水发、盐发、碱发、火燎发等方法进行涨发。

水发：将海参放入盆内，倒入热水浸泡 12 小时使之回软，然后用小刀把海参肚子划开，取出肠肚，洗净，换清水放在火上煮沸，小火焖煮约 1 小时，再换水焖煮，重复几次，待海参柔软、光滑、有韧性，放入清水中浸泡即可。此种涨发多用于小刺参、灰刺参等。

火燎发：将海参放于明火上烧至外皮焦枯，放进温水中浸泡回软，用小刀刮去焦皮露出褐色，剖腹去肠肚，然后反复焖煮将海参发透。火燎发多用于大乌参、乌参、岩参等的涨发。

无论采用哪种涨发方法，都应注意：

（1）涨发海参的过程中，不能沾油、盐、碱等。如水中有油，海参容易腐烂溶化；水中有盐、碱则不易发透。

（2）去肠肚时，不能把海参腹内的一层腹膜碰破，否则涨发时容易烂；烹制前，需用清水洗掉腹膜。

海参一般可烧、烩及制作汤菜等，如白汁辽参、家常海参。

6. 干鲍鱼

干鲍鱼即鲍鱼的干制品。可采用碱发、水发等方法涨发。

水发：将干鲍鱼用温水浸泡约 12 小时，放入锅中微火煮至体软发颤呈凉粉状，用刀能切成条或片时，原汤浸泡，不必换水，待其冷却，随用随取。

碱发：将干鲍鱼用冷水或温水浸泡 24 小时，使其回软，抠尽黑皮，洗去杂质，然后用刀切成大小均匀的薄片或条，放入约 5% 浓度的碱水中浸泡约 6 小时，加热至 70 ℃ 焖泡至鲍鱼呈凉粉状，取出，反复用清水浸泡去碱即可。宜烧、烩。

7. 干鱿鱼

鱿鱼含蛋白质较多，肉质柔嫩，滋味鲜美。多采用碱发，采用生碱水发的多用来烧、烩及制作汤菜，采用熟碱水发的多用来爆、煸、炒。餐厅一般采用生碱水涨发。

涨发方法：鱿鱼去须，放进清水中浸泡 3 小时回软后，放入约 5% 浓度的碱水中泡透，使其完全回软，再连同碱水一起倒入锅内，在火上烧至约 80 ℃ 时，离火口焖制，保持恒温发至鱿鱼柔软透亮、用手捏着有弹性，捞出，反复换清水浸泡褪尽碱味，最后浸泡在清水中备用。

8. 干墨鱼和乌鱼蛋

墨鱼与鱿鱼外形和用途都相似，只是墨鱼背部有一块硬骨头。墨鱼腹中的卵腺和胶体干制后就成为乌鱼蛋。乌鱼蛋是名贵海味佳品，用于烹制高档的羹汤和烩菜。山东产制的乌鱼蛋最好。墨鱼涨发与干鱿鱼涨发方法相似。乌鱼蛋多采用水发方法：温水洗净，用小火焖煮约 2 小时，取出用冷水浸泡，洗去外皮，撕开，再放入锅中焖煮发透，使其吐出异味即可。

9. 干 贝

干贝是指扇贝、江瑶柱、日月贝等的闭壳肌干制品，肉味鲜美，属名贵海味。多采用蒸发：将干贝用清水洗净，冷水浸泡 3～4 小时至回软，去掉干贝边上的一块筋（俗称芋子，煮不烂），洗净表面的泥沙，然后装入容器，加清水、葱、姜、料酒，上笼蒸约 2 小时，至干贝松散时捞出，原汤留下澄清。宜烧、烩、炖等。

10. 淡 菜

淡菜是由贻贝类的贝肉经煮熟干制而成，肉味鲜美，营养丰富，是名贵海产品。多采用水发方法涨发。用于烧、炖及制作汤菜。

11. 海 蜇

海蜇经加工后伞部称蜇皮，口腕部称蜇头，浙江、福建所产最好，质地脆嫩。多用水发：将海蜇用冷水浸泡 3 ~ 4 天，洗去泥沙，摘去血筋；将水烧沸，放入海蜇快速烫一下即捞出，冷水过凉，清水浸泡。多用于凉拌菜肴。

12. 裙 边

裙边又称鱼裙，即海鳖裙边的干制品，富含蛋白质及胶质，质地柔软细嫩，滋味鲜美。多用水发：用清水洗净后，放入锅内煮沸，焖软后捞出，刮去泥沙、黑皮和底层粗皮；放入锅内用小火焖煮约 3 小时，捞出去骨、修掉多余的部分；用沸水浸泡，柔软后再用冷水浸泡即可。裙边宜红烧。

13. 金 钩

金钩又称虾米、海米，是海虾的干制品。色泽金黄，滋味鲜美，富有营养。多采用水发，涨发时用凉水洗一下，再用温水或凉水泡透即可。烹调中多用来提鲜味，也用作菜肴辅料。

14. 燕 窝

燕窝又称燕菜，是金丝燕属几种燕类的唾液混绒羽、纤细海藻、柔弱植物纤维凝结于崖洞等处所产的巢窝，印度、马来群岛一带以及我国海南、浙江、福建沿海均有出产。燕窝富含蛋白质及磷、钙、铁等。食用燕窝以带血丝的血燕为最佳；洁白、透明、囊厚、涨发性强的白窝亦佳；色带黄灰、囊薄、涨发性不强的毛燕质量最次。燕窝历来被视为滋补食品，涨发多采用水发和碱发等方法。

水发：将燕窝用冷水浸泡 2 小时，捞出放入白色盘中，用镊子夹去羽毛和杂质，焖泡约 30 分钟至软糯时捞出，冷水浸泡待用。因其在烹调过程中还有煨煮过程，故泡发时不可发足。

碱发：将燕窝用清水泡软，捞出放入白色盘中，用镊子夹去羽毛和杂质，再用清水漂洗 2 ~ 3 次，保持其形态完整；使用前将 50 g 燕窝用 1.5 g 碱拌和，至燕窝涨起，体积膨大到原来体积的 3 倍左右、柔软发涩、一掐便断时，用清水漂尽碱味即可。

燕窝多用于高级宴席，可以制作清汤燕菜、芙蓉燕菜及燕窝粥等。

15. 蹄 筋

蹄筋通常是由猪蹄筋、牛蹄筋干制而成，后脚抽出的筋长而粗，质量较好。蹄筋主要是由胶原蛋白和弹性蛋白组成的，营养价值并不高，但富含胶质、质地柔软，有助于伤口愈合。多采用油发方法涨发，也可以采用水发、盐发等方法。

油发：将蹄筋用干净毛巾擦干净后放入温度不高于 110 ℃ 的冷油锅内浸泡，让蹄筋慢慢收缩；约 30 分钟后其表面均匀布满小泡并浮于油面上时，捞出；再升高油温至 180 ℃，放入蹄筋涨发至饱满松泡、呈稳定状态时捞出。使用前将其放入碱水中洗去油腻并使之回软，再换清水漂洗干净即可。

水发：先将蹄筋用沸水浸泡，撕去表面的筋皮，再多次换水并下锅小火焖煮，直到回软时捞出，用水泡上。

盐发：先将食盐炒干水分，然后下蹄筋快速翻炒，待蹄筋开始涨大时，再不断焖、炒，直到蹄筋能掐断时，取出用热水反复漂洗干净。

蹄筋宜烧、烩等，如酸辣蹄筋、臊子蹄筋。

16. 响 皮

响皮是猪皮的干制品，以后腿皮、背皮为优，皮厚且涨发性好。响皮胶质含量多，多采用油发。将响皮放入 100 ℃的冷油中，小火慢慢加热，并不断翻动，响皮蜷缩时用漏勺压住防止其卷曲；待表面泛出均匀小白泡时，离火，用温油浸泡 2 小时左右，捞出；待气泡瘪去，再将油温升至 160 ℃，放入响皮炸至膨胀，用锅铲一敲就碎且声音清脆时捞出，沥干油。使用前，用碱水泡软、去油，再换清水浸泡褪尽碱味即可。响皮多用于烧、烩及汤菜。

17. 蛤什蟆油

蛤什蟆又称中国林蛙，分布于我国东北、内蒙古及四川等地阴湿山林树丛中。蛤什蟆油是雌蛙卵巢及输卵管外附着的脂肪状物质的干制品。多采用泡发。涨发时将蛤什蟆油用温水洗净泥沙并浸泡约 3 小时，待其完全膨胀发软呈棉花瓣状，取出晾凉即可。常用来制作甜羹。

（二）植物性干货原料

1. 海 带

海带分淡干和咸干两种。淡干海带是直接晒干的，质量较好，多采用温水浸泡涨发。咸干海带需多浸漂，多换水，除去原料的咸涩味。海带常用于炖、烧、凉拌及制作汤菜。

2. 紫 菜

紫菜是生长在浅海岩石上的一种红藻，藻体呈膜状，富含蛋白质和碘、磷、钙等。我国沿海已进行养殖，供药用和食用。干制紫菜不需要提前发制，一般都是做汤，用开水冲沏即可，味道鲜美。

3. 石花菜

石花菜是一种海产红藻，藻体呈羽状分枝，富有弹性，干燥后呈软骨状，富含碘、钙及胶质。石花菜不宜煮、炖，只需用水清洗后再用温水浸泡，沥干水分后作凉菜用。也可提取琼脂，应用于食品和医药工业。

4. 玉兰片

玉兰片又称兰片，是由楠竹（毛竹）刚出土或尚未出土的嫩茎芽经煮制烘干而成。楠竹（毛竹）的嫩茎芽，冬季在土中已肥大而采掘者称冬笋；春季芽向上生长，突出地面者称为春笋；夏秋间芽横向生长者称为新鞭，其先端的幼嫩部分称为鞭笋。由此，玉兰片可分为：冬尖，由冬笋尖端干制而成，质地细嫩，为最上品；冬片，冬至前后出土的冬笋对开干制而成，鲜嫩洁净，肉厚箨小，亦为上品；桃片，春笋制成，肉厚，质紧且嫩，春分前产者质量较好；春片，春分至清明间采掘的笋干制而成，质较老，纤维多，肉薄而不坚实；挂笋，清明后采掘干制，肉质厚，根部有老茎，品质差。

多采用水发，涨发时将玉兰片放入温水中浸泡十几个小时，泡去黄色，柔软后换清水煮沸，熄火焖泡 5～10 小时即可使用。玉兰片多用作各种菜肴的配料，有时也可作菜肴主料。

5. 笋干

笋干由春秋两季采收的鲜笋加工干制而成。加工过程中，用柴火烘干的色黑，称黑笋；用炭火烘干的称明笋或白笋。笋干脆嫩清鲜，是大众化干菜食品。涨发方法与玉兰片相似，用于烧、烩、拌或作配料。

6. 黄花

黄花又名金针菜，花蕾开前采收，经蒸制后晒干即成。香味浓馥，肥壮油润而有光泽，根长而舒展。采用冷水发。多用作菜肴配料，也是制作素菜的重要原料。

7. 莲子

莲子又称莲米，是莲藕的种子，营养丰富，味甘而清香。莲子主要产于湖南、福建等省，一般在秋季采摘。多采用蒸发，涨发时先将莲米放入碱水中，煮沸后用木棒或刷子搅搓冲刷，待皮完全脱落、呈乳白色，捞出用清水洗净，削掉两端莲脐，用竹签捅出莲心，再洗净，装入容器中，掺入清水，上笼蒸 15～20 分钟，然后用清水浸泡。常用来制作甜菜。

8. 干百合

干百合是百合花的干制品，供食用和入药。采用蒸发。多用来制作甜菜。

9. 苡仁

苡仁是薏苡去外壳后的乳白色果仁干制品。采用蒸发。一般用来制作甜菜，亦可炖食。

10. 干白果

干白果是银杏果仁的干制品，为我国特产。有微毒，不能生吃，做菜用量宜少，加热可破坏毒素。多采用水发，涨发时先将白果去掉外壳，放入沸水中煮约 10 分钟，清洗去皮膜，再将白果仁掺水上笼蒸 15 分钟，然后用细竹签取出白果仁的芽芯，倒入沸水浸泡。宜炖，如白果炖鸡。

11. 豆筋

将黄豆豆浆煮熟后，取其油皮层卷裹成棒，经晒干或烘干即制成豆筋。豆筋呈黄白色，营养丰富。多采用温水浸泡涨发。宜烧、烩、卤菜。

12. 粉条

粉条是用豌豆、玉米或红薯的淀粉为原料加工制成的，以用豌豆加工的质量为最好。多采用冷水涨发，用于烧、烩、拌及制作汤菜。

13. 木耳

木耳又称黑木耳、耳子，是寄生在朽木上的菌类，采集晾干而成。营养丰富，具有补血、润肺、益气强身的功效，被誉为"素中之荤"。木耳多采用水发，先将原料放入清水中浸泡（冬天用温水，夏天用凉水）2～3 小时，发透后，除去木屑等杂质、摘去耳根，再用清水反复漂洗，最后放入凉水中浸泡待用。涨发后质地柔软，清脆爽口，富含胶质，可炒、拌、做汤等，如锅巴肉片、鱼香碎滑肉、山椒木耳等。

14. 银 耳

银耳寄生在枯木上，是珍贵的食用菌与药用菌，呈乳白色半透明鸡冠状，采摘晾干后呈米黄色。银耳质地柔软润滑，性味甘平，富含多种营养素和胶质，具有滋阴补肾、健脑强身之功效。多采用水发，具体方法与木耳相似。银耳多用于汤菜和甜菜，如蝴蝶牡丹、冰糖银耳、银耳果羹等。

15. 香 菇

香菇亦称香蕈、冬菇，以形状如伞，顶面有似菊花样的白色裂纹，朵小质嫩，肉厚柄短，色泽黄褐光润，有芳香气味称作芳菇的为上品。肉厚而朵稍大的称厚菇，质量稍次；朵大顶平肉薄的称薄菇，质量最差。香菇味鲜而香，有抗癌作用。多采用沸水泡发的涨发方法，涨发时用沸水泡 2 ~ 3 小时，发透后，剪去菇柄，用清水反复洗净泥沙等杂质，再用澄清的原汤浸泡。可用于烧、炖、炒等，如香菇炖鸡。

16. 口 蘑

口蘑是产于长城各关口外的牧场草地，有独特鲜味的优良食用菌，为名贵原料，以张家口一带出产的最有名。朵小肉厚，体重质干，形如冒顶，柄短而整齐，色泽白黄、气味芳香者为上品。多采用泡发，涨发时先用温水洗净，再加少量温水、精盐反复揉搓，把粘在口蘑面上的细黑沙揉搓掉，然后加入沸水焖发 1 ~ 2 小时，发透后捞出，放入温水中，洗净蘑菇顶上细缝内的沙和蘑菇柄上带细沙的薄膜，去掉蘑菇腿根部的黑质，用温水反复洗净。可作为各种荤、素菜的配料。

17. 竹 荪

竹荪是一种隐花菌类植物，夏季野生于大山区竹林中。竹荪实体呈笔状，钟形红色菌盖，盖下有白色网状物向下垂，柄白色，中空，基部较粗，向上渐细。竹荪采摘后须将菌盖上的臭头切去，经晒干后有香气，以茎长 12 ~ 16 cm、色白、身干（干燥，即不湿）、肉厚、松泡、无泥沙杂质为上品。竹荪质地松脆，味道清香鲜美，不仅含有丰富的蛋白质、矿物质等营养成分，还具有延长菜肴存放时间、保持鲜味不败不馊的功能。多采用水发，涨发时用热水浸泡 3 ~ 5 分钟，除去杂质，漂洗干净即可。多用于汤菜，如竹荪鸽蛋、竹荪肝膏汤等。

18. 虫 草

虫草亦称冬虫夏草，是一种冬季寄生在昆虫幼体内的菌类。冬季菌丝侵入蛰居于土中的磷翅类幼虫的体内，翌年夏季，从虫体头部生长出有柄的棒形子座，露出土外，故称冬虫夏草。虫草顶端略膨大似圆柱状，外表灰褐色或深褐色，主要产于青海、西藏及四川阿坝等地。多采用水发。虫草具有抗生作用，常用于药膳滋补食品，与鸡鸭等一起蒸、炖食用。

19. 猴头菇

猴头菇又叫猴头菌，菌体圆形，菌头生棕黄色朝上的茸毛，形似猴头，东北、西南各省区及河南都出产，6—9 月份采集的最好。鲜菌体积较大，如要较长时间保存，必须用火烘干。猴头菌不分大小级别，以个大均匀、茸毛完整、色鲜质嫩、无虫蛀和杂质的为上品。涨发猴头菇时，先用温水浸泡6～12小时，再放进锅内，加入沸水，用小火煮透即可。常用作烧、烩，如姜汁猴头、干烧猴头。

六、干货原料的品质选择与保管

（一）检验干货原料制品的基本原则（标准）

干货原料制品是新鲜的动植物原料经脱水加工的干制品，其中很多都是稀少昂贵的珍品，在烹调中占有重要的地位，其品质优劣的选择，对于合理使用干货原料、烹制菜肴十分重要。

干货原料的品质，往往因产地、种类不同而有差异。如海参有光参和刺参之分，以刺参的品种为好；而刺参中，又有灰刺参、方刺参、梅花参之分，以山东、辽宁产的灰刺参为佳。干货原料还因加工脱水方法的不同，以及保管、贮存、运输过程中受外界因素的影响，品质也会发生变化，因而对干货原料品质的选择遵循以下三个基本原则：① 干爽，不霉烂；② 体块完整，整齐均匀；③ 无虫蛀，无杂质，保持其固有的色泽。

（二）干货原料制品的保管

干货原料经过干制加工排出大量水分后，含水量大大降低，一般都能保存较长时间。但是，干货原料中含有许多吸湿性成分（如盐、糖、蛋白质等），如果贮存条件不适宜，如室温和空气相对湿度不合适，或者包装差，都会使干货原料发生受潮、受热、霉变、虫蛀、变色等现象，影响其质量。所以，保管时应放在干燥、凉爽、通风条件较好的地方，用具有良好防潮性能的包装，并控制好贮藏室的温度与湿度。

如发现动物性干货原料发生霉变，可用清水迅速洗净，擦干烘干，不宜在日光下曝晒，以免碎损；有油坏、生虫现象的，应用5%浓度的冷盐开水洗涤，放在阴凉处阴干后用玻璃器皿盛装。金钩、对虾等含有天然盐分，肌肉组织紧密，内部水分不易扩散，又含自溶酶较多，易受热发潮变质，更应随时检查，注意通风除湿。海参富含胶质，肌肉组织紧密，水分不易扩散，容易内变（俗称内油），应注意经常检查，发现温度过高、参体回软或有胶质物质黏手时，应立即将坏处切去，以免扩散。如发现吸湿时，要晒干或微火烘干。烘晒以后，达到参体坚硬，参刺刺手，敲打脆响时，待热气散尽后再存放。拿取海参时，还应注意尽量减少手与参体的接触，以免参体受汗水和细菌污染，引起变质。植物性干货原料如受潮生霉，则需翻晒，摊晾风干，不宜日光曝晒，以免失去原有的色泽。经过硫黄熏制的干货原料，存放时注意密封，防止硫黄散发，并忌生水、油脂、碱类物质的渗入。夏秋季节要勤加检查，如有回潮、湿润，要及时晒干，待冷却后再放入干净容器内保管。

对已经水发的干货如海参、鲍鱼、金钩、玉兰片、木耳、香菇、口蘑、燕窝等，要放进冰箱在0 ℃左右保存，要注意温度不能再低，否则会因结冰影响风味。鱼肚、鱼翅类原料用水浸没，可以在 -7 ℃～10 ℃较长时间保存。

基本功训练

基本功训练一　干货原料涨发技术训练——水发

训练名称　木耳的涨发

训练目的　通过对木耳的水发涨发，掌握水发的操作要领，能准确进行涨发。

材料准备　干木耳 50 g、清水 300 g、计时秒表

训练过程

冷水发与热水发涨发训练：将木耳分成两份，分别掺入冷水和沸水，记录涨发时间，观察涨发效果，分析结果。

训练总结

基本功训练二　干货原料涨发技术训练——碱发

训练名称　鱿鱼的涨发

训练目的　通过对鱿鱼的生碱水涨发，掌握生碱水的操作要领，能准确进行涨发。

材料准备　鱿鱼 250 g、食用碱 3 g、清水 500 g

训练过程

1. 生碱水调制训练：将食用碱与清水调匀，兑成 5% 浓度的生碱水溶液，注意了解生碱水的滑腻质感，了解 5% 浓度生碱水的碱性强弱。

2. 碱液浸泡程度检验训练：将提前经清水、生碱水浸泡过的鱿鱼取出，检验其浸泡效果，注意区分浸泡程度。

3. 提质训练：将用碱液浸泡好的鱿鱼放于火上加热，保持 80 ℃ 恒温加热提质，注意观察原料变化，检验提质效果，同时对原料进行褪碱处理。

训练总结

基本功训练三　干货原料涨发技术训练——油发

训练名称　鱼肚的涨发

训练目的　通过对鱼肚的油发涨发，掌握油发的操作要领，能准确进行涨发。

油发

材料准备　干鱼肚 100 g、色拉油 1 000 g

训练过程

1. 油温识别：将色拉油置于火上，了解和掌握油在不同油温下的表现。

2. 温油浸泡效果观察：将鱼肚放于 80 ℃ 以内的温油中浸泡，并用漏勺压住原料，防止其卷曲，涨至表面均匀布满小气泡时捞出，观察原料的外部表现。

3. 高温炸制效果观察：将油温升高至 150 ℃，放入鱼肚，观察鱼肚的变化，达到稳定状态时捞出原料，观察其外部表现。

4. 复水效果观察：将原料放入清水中浸泡，柔软时取出，观察涨发效果。

训练总结

本章小结

烹饪原料是烹饪工作的物质基础，没有合适的烹饪原料，就烹制不出可口的菜肴。本章较系统地介绍了各类烹饪原料的种类、营养特点及原料的初加工方法。烹饪原料可以按照原料性质、原料加工程度、原料在烹饪加工中的作用、原料的商品学等进行分类。介绍了烹饪原料的选择、检验、保管与方法。鲜活原料是烹饪原料中最重要的一部分，本章分别介绍了植物、禽、畜、水产品等原料的品种、营养特点、初加工方法、检验保管。干货原料是烹饪原料的必要补充，它们大多需要经过涨发才能制作菜肴。根据干货原料的特点，可采用水发、碱发、油发等方法进行涨发。

复习思考题

1. 烹饪原料的分类方法有哪些？
2. 如何正确选择烹饪原料？
3. 禽类原料的初加工有哪些步骤？
4. 如何初加工鱼类原料？
5. 干货原料的涨发方法有哪些？
6. 生碱水发与熟碱水发的工艺流程分别是什么？两者有何不同？

第三章

原料分割加工工艺

通过本章的学习和训练，学生能熟练掌握刀工技艺；同时了解原料的部位、质地和烹饪用途，了解鱼类和家禽类原料整料出骨的基本要求和方法，并能熟练地对家禽、家畜、水产品原料进行分档取料以及对鱼类和禽类原料进行整料出骨。

第一节　刀工技术

一、概　述

（一）刀工的定义和作用

1. 刀工的定义

刀工就是根据烹调和食用的要求，运用不同的刀法将原料或半成品加工成特定形状的工艺过程。

根据加工对象和目的，刀工可分为粗料加工和细料加工两方面。粗料加工是指对原料的初步加工，也叫初加工或粗加工；细料加工是指最后决定原料形态的加工，也叫精加工。一般来说，这两者是先后次序的关系。

种类繁多、性质各异的不同烹饪原料，绝大多数要先经过初加工，然后进行进一步的刀工处理才能直接烹制。有的虽经初步烹制还是半成品，在食用前还必须再进行加工处理成合适的形状才便于食用，这些都必须通过刀工技术来实现。

从整个烹调过程来说，刀工、火候、调味是三个重要环节，彼此互相配合，互相促进。如果刀工不符合规格，原料形态不一、厚薄不匀，就会在烹调中出现入味不均匀、生熟不一、色泽差异现象，从而使菜肴失去良好的色、香、味、形、口感。所以，只有完善的刀工，才能使菜肴达到完美的境地。

我国菜肴讲究色、香、味、形、营养，随着烹饪技艺的发展和大众消费水平的提高，对刀工技术的要求已不局限于改变原料的形状，而是进一步要求成品美观，赏心悦目。所以，刀工技术不仅要求很强的技术性，而且还要有很高的艺术性。

2. 刀工的作用

刀工技术不仅决定原料的最后形态，而且对菜肴制成后的色、香、味、形以及卫生等方面都起着重要的作用。主要表现在以下几点：

（1）便于烹调。烹饪的长期发展表明，原料通过刀工处理后的形状与加热的时间密切相关，与调味品的渗透紧密联系。任何烹饪原料，无论是大改小，还是粗改细、整切碎、原料剞花等，都要运用刀工技术，将其切成丝、丁、片、块、条等各种形状或将原料剞上不同的刀纹，以此扩大原料的受热面积，快速加热使原料致熟，并能使调味品的滋味迅速渗透到原料内部，从而保持菜肴的风味特色，使其质感、味道都获得最佳的效果。

（2）便于美化菜肴，增进食欲。同一原料，运用不同的刀法，加工成不同的形状，就会使菜肴形式多样。在不影响烹饪效果的前提下，应讲究原料的形态美观。自古以来，中国各菜系的菜形都丰富多彩，百形争艳。除了使用水、火、调味品等几种因素改变原料的形状外，常使用刀具将原料剞成菊花形、麦穗形、鸡冠形、松果形、荔枝形等及各种平面几何形，而运用茸泥又可任意制成花、鸟、虫、草等造型以及各种图案，烹制出来的菜肴会更加美观，可增进食欲。使用不同的刀工技术，运用各种花刀和其他方法，再结合点缀镶嵌等手工工艺，则制成集艺术与技术为一体、多彩多姿、各式各样的工艺菜肴，给人们增添了美的享受，能促进食欲。所有这些都说明刀工与美化菜肴密切相关。

（3）丰富菜品内容。随着烹饪技术的不断发展，中国菜肴的数量及品种呈几何级数增长。实际操作中，运用不同的刀工方法，可以把各种不同质地、不同颜色的原料切割加工成不同的形状，并采用拼摆、镶、嵌、叠、卷、排、捆、包等手工技法，就可制成各式各样、造型优美、生动别致的菜肴。因此，正确运用不同的刀工方法，可大大增加菜肴的数量和品种。

（4）便于烹调获得理想的菜肴质感。烹饪原料有老、嫩、软、硬、脆、韧之分，有带骨、无骨、肉多骨少或肉少骨多之别，而使各种菜肴软嫩适口、易于咀嚼和消化吸收，是厨师和食者共同追求的目标。原料中的纤维有粗有细，结缔组织有多有少，含水量也各不相同，这些因素都要影响原料的质感。要想使原料成熟后达到理想的质感效果，除了要运用相应的烹调技法和采取挂糊、上浆等措施外，还必须运用刀工技术将原料做进一步处理，采用切、拍、斩、剞、剁等方法改变原料的体积大小和形状，使其肌肉纤维组织断裂或解体，扩大原料的表面面积，从而使更多的蛋白质亲水基因暴露出来，增强原料的持水性，确保原料在烹调后达到理想的质感。

（5）体现文明饮食，帮助消化。自从人类使用火以后，人们逐渐地把生食改成熟食，熟食变成了人们固定的饮食方式，从此人类脱离了茹毛饮血的原始生活方式。饮具、调味品的出现，使人类饮食产生了质的飞跃。尤其是筷子的出现，使中国饮食文明发展到了一个新的阶段。人类饮食已进入了一个讲究饮食卫生的文明时代，使用筷子夹食就要求所有的菜肴必须加工成一定的形状。因此，原始的食物形状已不能适应文明饮食的需要，要求对烹饪原料做进一步的刀工处理，于是产生了丝、丁、片、块、条、茸、末、粒等各种不同的规格形态。由此可见，刀工技术的发展与提高，反映了一个民族文明饮食发展的状况，也是一个民族文明饮食及饮食卫生的需要。同时，原料体积变小，利于胃肠对食物的消化，减轻了胃肠的负担。

（二）刀工操作规范

1. 刀工操作准备

刀工操作前，应将所需要的工具、设备等准备好，包括以下几项工作：

（1）刀具锋利。俗话说"工欲善其事，必先利其器"，刀工操作首先要求刀具锋利。刀具要锋利，需要经常磨刀。一般说来，磨刀时先在粗磨石上磨出锋口，后在细磨石上磨出锋刃。磨刀前，要擦净血污，否则会腻滑并影响刀的锋利和寿命。磨刀时采用"磨两头、梭中间"的方式，要先用水将磨石打湿，保持磨石上面有泥浆，然后平推平磨。刀的两面要磨得一致，磨时用力均匀。磨完后要将水擦干，防止生锈。

（2）菜墩平整。最好选用木质菜墩或新塑料菜墩。新木质墩子使用前应做一定的处理，具体处理方法有浓盐水浸泡、煮、涂抹油等。菜墩在使用时要注意随时调换位子，保持墩面平整，发现有凹凸不平时，可用铁刨或用刀加工使其平整。使用完菜墩后要清洗干净、保持通风、竖立放置。

（3）案板稳当。调节案板高度，一般与腰齐平，同时要求稳定不摇晃。

（4）工具齐全。刀工操作需要的工具包括刀具、案板、菜墩、成品盛器、杂物盛器、洁净抹布等。陈放的位置应以方便、整齐、安全、轻松为原则。

（5）卫生安全。刀工操作前，要做好卫生安全的准备。首先要求洗手和清洗干净需要使用的工具，将操作场地清理干净，保持整个操作环境清洁卫生。其次要求操刀稳，防止割伤；其他用具和设备放置安装平稳，预防意外伤人。

2. 刀工操作姿势

（1）站立姿势。操作时，两脚自然地分立站稳，上身略向前倾，前胸稍挺，不要弯腰曲背，目光注视两手操作部位，身体与菜墩保持一定的距离。

（2）握刀姿势。一般都以右手握刀，握刀部位要适中。大多用右手大拇指与食指捏着刀身，右手其余部位用力紧紧握住刀柄。握刀时手腕要灵活而有力，刀工操作时主要运用腕力。

（3）操作姿势。根据原料性能，左手稳住原料时用力也有大小之分，不能一律对待。左手稳住原料移动的距离和移动的快慢必须配合右手落刀的快慢，两手应紧密、有节奏地配合。切原料时左手必须呈弯曲状，手掌后端要与原料略平行，利用中指第一关节抵住刀身，使刀有目标地切下；刀刃不能高于关节，否则容易切伤手指。右手下刀时要准，不要偏里或向外，保持刀身与菜墩垂直。另外，刀的放置要有固定的位置，要注意保持菜墩、工作台及其周围的清洁卫生。加工生料和熟料的刀具设备要分开放置，不能混用。

3. 刀工操作基本要求

要研究和掌握刀工技术，首先必须了解进行刀工操作时的一些基本要求。只有掌握了这些基本要求，才能进一步研究刀工操作的各项具体问题。通过对基本要求的研究，可以更进一步地了解为什么刀工技术的好坏会对整个菜肴的色、香、味、形、口感等各个方面产生重要的影响。刀工操作时应注意以下几点基本要求：

（1）整齐划一。整齐划一就是粗细均匀、厚薄一致、大小相等。经刀工切割的原料，不论其为丁、丝、片、条、块或其他形状，每一种形态的单位体积都需要粗细、厚薄、长短相宜，才能使烹制出的菜肴色、香、味、形、质感俱佳，而且符合饮食卫生的要求。反之，不仅形态不美观，而且在调味时，由于成品原料厚薄不均，形成的味感就会出现差异，会严重影响菜肴的口味。在加热时，细的、薄的已先熟，而粗的、厚的内部还未熟透，如果就在此时出锅上菜，造成生熟不均，不仅不好吃，而且影响卫生；但如果等到粗的、厚的完全成熟，薄的、细的早已过熟，形态会发生变化，香味、颜色和质感都会相应改变。

（2）清爽利落。在刀工操作时，需注意使原料清爽利落，不可互相粘连。不论是丝与丝之间，还是片与片之间、条与条之间或块与块之间，都必须完全分开，不可藕断丝连、似断未断，相互粘连在一起。如果前面断了而后面还连着，上面断了而下面还连着，肉断了而筋膜还连着，不仅影响菜肴的形态美观，而且还影响烹调和食用。要想达到清爽利落的目的，要注意下面几点：① 刀刃锋利，没有缺口。② 菜墩平整，刀刃与菜墩应保持在同一水平线上，不可凹凸不平。③ 操作时用力均匀，不能先重后轻或先轻后重。

（3）密切配合烹调的要求进行刀工。由于菜肴有各种不同的烹调方法，也就有不同的调味与火候要求，因此刀工必须密切配合这些要求。例如，爆、炒等烹调方法所用的火力旺、加热时间短，因而原料在刀工处理上就必须切得薄一些、小一些，过分厚大不仅不易入味，而且也不易熟透。炖、焖等烹调方法所用的火力较小、时间较长，因此原料的刀工处理就必须切得厚一些、大一些，过分薄小则烹制后原料会收缩或碎烂。

（4）根据原料的特性灵活进行刀工。不同的原料具有不同的特性，在进行刀工处理时，应根据原料的不同性能选用不同的刀法。例如，韧性肉类原料，必须用拉切的刀法。猪肉较嫩，肉中结缔组织少，可斜着肌肉纤维纹路切，如果横着肌肉纹路切制，猪肉加热后容易断裂；采用斜切刀法，才能达到既不碎烂又不老的目的。牛肉较老，结缔组织多，必须横着肌肉纤维的纹路切断，成熟后就不会太老。鸡脯肉和鱼肉最嫩，要顺着肌肉纤维纹路来切，使切出的丝和片不易断裂。又如脆性的原料如冬瓜、笋等，可采用直刀刀法切制，而豆腐等易碎或薄小的原料则不宜直切，应该采用推切或推拉切的刀法。根据原料的特性进行适当的刀工处理，才能保证菜肴的质量。

（5）注意同一菜肴中几种原料形状的协调。菜肴包括主料、辅料和调料，在刀工处理时应注意彼此之间形态的协调，一般是辅料、调料要服从主料形态。如炒制时，辅料、调料多采取和主料相同的形态，而且辅料应比主料略为小一些，方能把主料衬托得更加突出。例如五彩肉丝，肉切成丝，其他的辅料、调料都应切成丝进行搭配，并且主料丝的规格略大于辅料丝。

（6）物尽其用。合理使用原料是整个烹制过程中的一项重要原则，在刀工处理时更应密切注意，必须掌握"量材使用、小材大用、物尽其用"的原则。同样的原料，如能精打细算，并且选用适当的刀法，不仅能使成品整齐美观，还能节约原料，降低成本。

（7）注意卫生，妥善保管。原料刀工成形后并不意味着刀工的结束，还必须注意成形后原料的保管与清洁卫生。如果不对原料进行妥善的保管处理，会导致原料受污染或质量变坏，前功尽弃。

需要指出的是，加工过程中运用的刀工方法并非一成不变的，必须在实践中不断总结经验，反复练习、刻苦钻研，然后熟能生巧，达到准、快、巧、美的要求。

（三）刀工设备和用具

烹调师所用的刀种类很多，一般按其用途分为片刀、切刀、砍刀及文武刀几种。

（1）片刀。又叫薄刀，刀身窄，轻而薄。专门用于片猪、牛、羊、鸡、鱼等动物性原料和根茎类植物性原料的片。

（2）切刀。用途最广，是最基本的刀，刀背比片刀的刀背要厚一些，有方头、圆头、齐头、大头之分。可切、剁各种丝、丁、片、块、末。

（3）砍刀。刀身厚重，与刀口的截面成三角形。专门用来砍带骨原料和大型原料。

（4）文武刀。又名切砍刀，刀的前半部分可以用来切，后半部分可用来砍鸡、鸭、鱼、兔等小动物不太粗大的骨头。

除此以外，还有剪刀、果刀、刨刀等刀具以及锯骨机、刨片机，刨丝（片）器。

锯骨机是采用锯齿状刀刃在高速运转下对肉块或骨骼进行分割处理的切割机械。主要用来快速锯断大块骨头、肉块及冻结的肉类、家禽、鱼类等块状原料。

刨片机。用来切、刨冰冻肉片及块状的嫩脆植物原料，如刨羊肉片、土豆片、藕片等。

刨丝（片）器：适合刨植物脆性原料如青笋、萝卜、胡萝卜、嫩南瓜、黄瓜等，可快速刨丝、片。

二、刀　法

刀法就是使用不同的刀具将原料加工成一定形状时采用的各种不同的运刀技法。简单地说，刀法就是运刀的方法。刀法是随着人们对各种原料加工特性的认识不断深化和烹饪加工自身的需要发展起来的。由于烹饪原料的种类不同，烹调的方法不同，需要将原料加工成各种不同的形状，而多种形状不可能用一种运刀技法去完成，因此就形成了众多的刀法。

各地运刀的方法、名称和操作技术并不完全相同，但是基本可以分为普通刀法和特殊刀法两大类，其中普通刀法是指使用普通刀具进行的刀工加工的方法；特殊刀法是指使用特殊刀具进行的刀工加工的方法，如食品雕刻。

根据运刀时刀身与菜墩平面及原料的角度，又可分为直刀法、平刀法、斜刀法、剖刀法以及其他刀法等五大类。

（一）直刀法

直刀法就是在操作时刀刃向下、刀身向菜墩平面做垂直运动的一种运刀方法。直刀法操作灵活多变、简练快捷，适用范围广。由于原料性质的不同，形态要求的不同，直刀法又可分为切、剁、斩、砍等几种操作方法。

1. 切

切是左手按稳原料，右手持刀，近距离从原料上部向原料底部做垂直运动的一种直刀法（见图 3-1、图 3-2）。切时以腕力为主、小臂力为辅运刀。一般适用于加工植物性原料和无骨的动物性原料。切可分为直切、推切、拉切、推拉切、滚料切。

直刀法——切

图 3-1　切（右侧）

图 3-2　切（左侧）

（1）直切，又称跳刀，是运刀方向为直上直下、着力点布满刀刃、前后力量一致的切法。适用于脆性植物原料，如笋、冬瓜、萝卜、土豆等。操作时右手持稳刀，手腕灵活，运用腕力，稍带动小臂；左手按稳所切原料。一般是左手自然弓指并用中指第一关节抵住刀身，与其余手指配合，根据所需原料的规格（长短、厚薄），呈蟹爬姿势不断向后移动；右手持稳刀，运用腕力，刀身紧贴着左手中指第一关节，并随着左手移动，以原料规格的标准间隔距离，一刀一刀跳动直切下去；两手必须密切配合，从右到左，在每刀距离相等的情况下，有节奏地匀速运动，不能忽宽忽窄或按住原料不移动。刀口不能偏内或向外，提刀时刀口不得高于左手中指第一关节，否则容易切伤手指。所切的原料不能堆叠太高或切得过长。如果原料体积过大，应放慢运刀速度。

（2）推切是刀的着力点在中后端，运刀方向为由刀身的后上方向前下方推进的切法。适用于具有细嫩纤维和略有韧性的原料，如猪肉、牛肉、肝、腰等。操作时持稳刀，靠小臂和手腕用力。从刀前部分推到刀后部分时，刀刃才与菜墩完全吻合，一刀到底断料。推切时，进刀轻柔但有力，下切刚劲，断刀干脆利落，刀前端开片，后端断料。对一些质嫩的原料，如肝、腰等，下刀宜轻；对一些韧性较强的原料，如猪肚、牛肉等，运刀要有力。准确估计下刀的角度，刀口下落时要与菜墩吻合好，保证推切断料的效果。随时观察效果，纠正偏差。

（3）拉切，又称拖刀切，是刀的着力点在前端，运刀方向为由前上方向后下方拖拉的切法。适用于体积薄小、质地细嫩并易碎裂的原料，如鸡脯肉、鱼肉等。操作时进刀轻轻向前推切一下，再顺势向后下方一拉到底，即所谓的"虚推实拉"，便于原料断料成形，或先用前端微剁后再向后方拉切。

（4）推拉切，又称锯切，是运刀方向为前后来回推拉的切法，使原料形成多面立体块。适用于质地坚韧或松软易碎的原料，如大块牛肉、面包等。操作时下刀要垂直，不能偏里或向外。如果下刀不直，不仅切下来的原料形状厚薄、大小不一，而且还会影响以后下刀的部位。下刀宜缓，不能过快。下刀过快，会影响原料成形，还容易切伤手指。推拉切时，要把原料按稳，一刀未断时不能移动。因为推拉切时刀要前推后拉，如果原料移动，运刀就会失去依托，影响原料成形。注意事项：如若采用正确的推拉切方法仍不能使原料形状完整，而出现碎、裂、烂的现象时，则应增加厚度。原料的厚度以能避免碎裂烂、保证成形完整为宜。

（5）滚料切，是指所切原料滚动一次切一刀的连续切法。适用于质地脆嫩、体积较小的圆形或圆柱形植物原料以及个别圆柱形动物性合成原料，如萝卜、土豆、笋、茄子、香肠等。操作时左手控制原料，并按原料成形规格要求确定角度滚动，需大块则原料滚动的角度就大，反之则小；右手下刀的角度与运刀速度必须密切配合原料的滚动。下刀准确，刀身与原料成斜切面，与原料成一定的夹角；角度小则原料成形狭长，反之则短阔。

2. 剁

剁是指刀垂直向下，频率较快地斩碎或敲打原料的一种直刀法（见图3-3）。

为了提高工作效率，剁时通常左右手分别持刀同时操作，这种剁法也称为排斩。剁适用于无骨韧性原料，可将原料制成茸或末状，如肉丸、鱼茸、虾胶等。操作时一般两手持刀，保持一定的距离，刀与原料垂直；运用腕力，提刀不宜过高，用力以刚好断开原料为准；有节奏地匀速运力，同时左右

图3-3 剁

来回移动，并酌情翻动原料。

注意事项：原料在剁之前，最好先切成片、条、粒或小块，然后再剁，这样均匀、不粘连；为防止原料飞溅，剁时可不时将刀放入清水中浸湿再剁；剁时注意用力大小，以能断料为度，避免刀刃嵌入菜墩。

3. 斩

斩是指从原料上方垂直向下猛力运刀断开原料的直刀法（见图3-4）。适用于带骨但骨质并不十分坚硬的原料，如鸡、鸭、鱼、排骨等。要求：① 以小臂用力，刀提高至与前胸平齐。运刀时看准位置，落刀敏捷、利落，一刀两断。② 斩有骨的原料时，肉多骨少的一面在上，骨多肉少的一面在下，使带骨部分与菜墩接触，容易断料，同时又避免将肉砸烂。

图 3-4　斩

4. 砍

砍是用以断开粗大或坚硬的骨头的刀法（见图3-5），可分为直刀砍和跟刀砍两种。

（1）直刀砍，是将刀对准原料要砍的部位用力向下直砍的刀法。一般适用于体积较大的原料，如砍整只的猪头、火腿等。操作时，右手的大拇指与食指必须紧紧握稳刀柄，将刀对准原料要砍的部位直砍下去。用手腕之力持刀，高举到与头部平齐，用臂膀之力砍料。下刀准，速度快，力量大，以一刀砍断为好。如需复刀，必须砍在同一刀口处。左手按稳原料，应离开落刀点有一定距离，以防伤手。如砍时手不能按稳，则最好将手拿开，只用刀对准原料砍断即可。

图 3-5　砍

（2）跟刀砍，是将刀刃先嵌入原料要砍的部位，刀与原料一齐提起落至菜墩的一种刀法。一般适用于下刀不易掌握、一次不易砍断而体积又不是很大的物料，如猪肘、鸡头、鱼头等。

直刀法——
剁、斩、砍

平刀法

（二）平刀法

平刀法，又称片刀法，是指运刀时刀身与菜墩基本上呈平行状态的刀法。适用于无骨的韧性原料、软性原料或者是煮熟回软的脆性原料。按运刀的不同手法，可分为平刀片、推刀片、拉刀片、推拉刀片等几种。

1. 平刀片

平刀片，是指将原料平放在菜墩上，刀身与菜墩面平行，刀刃从原料的右端一刀平片至左端断料（见图3-6）。适用于无骨软性细嫩的原料，如豆腐、凉粉

图 3-6　平刀片

等。操作时持平刀身，进刀后要控制好所需原料的厚薄，一刀平片到底；左手按料的力度要恰当，不能影响平片时刀身的运行；右手持刀要稳，平片速度以不使原料碎烂为准，刀身不能抖动，否则断面不平整。

2. 推刀片

推刀片，是指将原料平放在菜墩上，刀身与菜墩面平行，刀刃前端从原料的右下角平行进刀，然后由右向左将刀刃推入，向前推进运刀片断原料的刀法（见图 3-7）。适用于体小、脆嫩的植物性原料，如茭白、冬笋、榨菜、生姜等。操作时持刀稳，刀身始终与原料平行，推刀果断有力，一刀断料；左手手指平按在原料上，力度适当，既固定原料又不影响推片时刀的运行；推片时刀的后端略略提高，着力点在后，由后向前（由里向外）片出去。

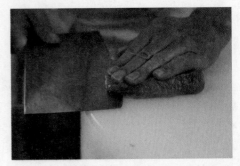

图 3-7　推刀片

3. 拉刀片

拉刀片，是将原料平放在菜墩上，刀身与菜墩平行，刀刃后端从原料的右上角平行进刀，然后由右向左将刀刃推入，运刀时向后拉动片断原料的刀法（见图 3-8）。适用于体小细嫩的动植物原料或脆性的植物原料，如猪腰、青笋、蘑菇等。

拉刀片的操作要领：

（1）持刀稳，刀身始终与原料平行，出刀果断有力，一刀断料。

图 3-8　拉刀片

（2）拉片时着力点放在刀的前端，片进后由前向后（由外向内）片下来。

4. 推拉刀片

推拉刀片又称锯片，是推刀片与拉刀片合并使用的刀法。适用于面积较大、韧性强、筋较多的原料，如牛肉、猪肉等。操作时由于推拉刀片要在原料上一推一拉反复几次，起刀时要平稳，刀始终与原料平行。

不管使用何种片法，结合原料的厚薄形态，起片时有两种方法：

（1）从上起片。以左手的食指和中指伸出原料外与刀刃相接触，掌握进刀的厚薄。此法技术要求较高，熟练后可以片成极薄的片。多用于植物原料，片薄片。

（2）从下起片。从原料底部起片时以菜墩的表面为依据，掌握厚薄。此法应用较多，容易片得平整，但原料的厚度不易掌握。适用于一般动物原料。

注意事项：

（1）左手按料的食指与中指应分开一些，以便观察原料的厚薄是否符合要求。

（2）掌握好每片的厚度，随着刀片的推进，左手的手指应稍翘起。

（三）斜刀法

斜刀法指刀身与菜墩平面成斜角的一类刀法，它能使体薄的原料成形时增大表面或美化形状。按运刀的不同手法，又分为正斜刀法和反斜刀法两种。

1. 正斜刀法

正斜刀法，又称左斜刀、内斜刀，是指刀背向右、刀口向左，刀身与菜墩面成锐角并保持角度斜切断料的刀法（见图3-9）。适用于质软、性韧、体薄的原料，切斜形、略厚的片或块，如鱼肉、猪腰、鸡肉等。操作时运用腕力，进刀轻推，出刀果断；把原料放在菜墩上，左手轻轻按住原料使其不致移动，配合右手运刀的节奏，一刀一刀片下去。

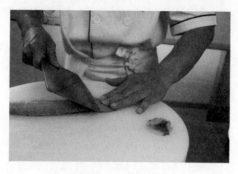

图 3-9 正斜刀法

注意事项：对片的厚薄、大小及斜度的掌握，主要依靠眼睛注视两手的动作和落刀的部位，右手稳稳地控制刀的斜度和方向，随时纠正运刀中的误差。

2. 反斜刀法

反斜刀法，又称右斜刀法、外斜刀法，是指刀背向内、刀口向外，放平刀身略呈偏斜，刀片进原料后由里向外运刀的刀法（见图3-10）。适用于脆性植物原料和体薄、易滑动的动物原料，如鱿鱼、青瓜、玉兰片等。操作时左手呈蟹爬形按稳原料，以中指抵住刀身，右手持刀，使刀身紧贴左手指背，刀口向外，刀背向内，逐刀向外下方推切。左手有规律地配合右手向后移动，每一次移动应掌握同等的距离，使切下的原料成形；手指随运刀的角度变化而抬高或放低。运刀角度的大小，应根据所片原料的厚度和对原料成形的要求而定。

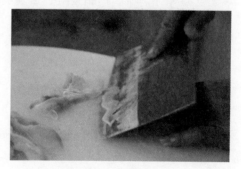

图 3-10 反斜刀法

注意事项：

（1）能一刀断料的，尽可能一刀片下。

（2）提刀时，刀口不能高过左手中指的第一关节，否则容易切伤手指。

（四）剞刀法

剞刀法

剞刀法，又称花刀法、锲、剞，指在加工后的坯料上，以斜刀法、直刀法等为基础，将某些原料制成特定平面图案或刀纹时所使用的综合运刀方法。

剞刀法主要用于美化原料，是技术性更强、要求更高的综合性刀法。在具体操作中，由于运刀方向和角度的不同，又可分为直刀剞、斜刀剞、平刀剞等。适用于质地脆嫩、柔韧、收缩性大、形大体厚的原料，如腰、肚、肾、鱿鱼、鱼肉等，以及将笋、姜、萝卜等脆性植物原料制成花、鸟、虫、鱼等各种平面图案。

剐刀法操作要领：

（1）持刀稳、下刀准，每刀用力均衡，运刀倾斜角度一致，刀距均匀、整齐。

（2）运刀深浅一般为原料厚度的 1/2 或 2/3，有的原料视需要而定，如松子鱼须剐到皮为止。要避免切断原料或未达到深度，影响菜肴质量。

（3）根据不同的成形要求，几种剐法应结合运用。

（五）其他刀法

剔：又叫剔肉、剔骨。

剖：剖口（背）。

起：起猪肉皮。

刮：刮鳞、肠子、肚子等。

戳：戳筋、鸡腿肉、肥膘、里脊肉等。

捶：将原料捶成各种泥。

排：猪肉、鱼肉、鸡肉捶松成片。

剜：使肉离骨，如剜鳝鱼、鸡鸭整料出骨。

削：原料初加工，削青笋、菜头、冬笋等。

剜：将原料挖空，如西红柿、梨子、苹果等。

旋：旋苹果、梨、广柑皮等，旋笋皮、丝瓜皮、黄瓜皮、茄子皮等。

背刀法：去泥肉的筋，以及背蒜泥、豆豉泥等。

拍：拍姜、葱，拍肉等。

同学们可自查资料学习掌握以上刀法的具体操作方法和使用对象。

三、原料成形

原料经过不同的刀法处理后，形成不同的形状，便于烹调和食用。原料是多种多样的，成形形状有丝、丁、片、条、块、粒、末、泥以及花形和常见小宾俏形状，具体见表3-1至表3-8。

表 3-1　丝的成形及适用范围

品　名	成形规格	成形方法	适用范围
头粗丝	长 10 cm×0.4 cm 见方	用直刀法将原料切成10 cm长的整形，先切（片）成0.4 cm厚的片，再直切成0.4 cm见方的丝	炒、干煸、烩、凉拌等菜肴
二粗丝	长 10 cm×0.3 cm 见方	用直刀法将原料切成10 cm长的整形，先切（片）成0.3 cm厚的片，再直切成0.3 cm见方的丝	烩、炒、余、凉拌等菜肴
细丝	长 10 cm×0.2 cm 见方	用直刀法将原料切成10 cm长的整形，先切成0.2 cm厚的片，再直切成0.2 cm见方的丝	熘、凉拌、烩等菜肴
银针丝	长 10 cm×0.1 cm 见方	用直刀法将原料切成10 cm长的整形，先片成0.1 cm厚的片，再直切成0.1 cm见方的丝	菜肴装饰、凉拌等菜肴

表 3-2　丁的成形及适用范围

品　名	成形规格	成形方法	适用范围
大丁	2 cm 见方的正方体	先将原料切成 2 cm 的厚片，再切成 2 cm 宽的长条，最后切成 2 cm 的正方体	炒、烧、炸收、凉拌等菜肴
小丁	1.2 cm 见方的正方体	先将原料切成 1.2 cm 的厚片，再切成 1.2 cm 宽的长条，最后切成 1.2 cm 的正方体	炒、烧、凉拌等菜肴

表 3-3　片的成形及适用范围

品　名	成形规格	成形方法	适用范围
牛舌片	长 10 cm×宽 3 cm×厚 0.1 cm	先将原料切成 10 cm 长、3 cm 宽的块，再片成 0.1 cm 厚的薄片，用清水浸泡卷曲即可	凉拌菜肴
灯影片	长 8 cm×宽 4 cm×厚 0.1 cm	先将原料切成 8 cm 长、4 cm 宽的大块，再片成 0.1 cm 厚的片	炸、凉拌等菜肴
菱形片	长轴 5 cm×短轴 2.5 cm×厚 0.2 cm	方法一：将原料切成 2 cm 宽、0.2 cm 厚的长片，再将长片切成菱形即可 方法二：将原料切成长轴 5 cm、短轴 2.5 cm 的菱形块，再将块切成 0.2 cm 厚的片	炒、烩、凉拌等菜肴
麦穗片	长 10 cm×宽 2 cm×厚 0.2 cm（形如麦穗）	先将原料切成 10 cm 长、2 cm 宽的块，再将块的两边修成均匀的锯齿形，然后将其切成 0.2 cm 厚的片	烩、蒸等菜肴
骨牌片	长 6 cm×宽 2 cm×厚 0.4 cm	先将原料切成 6 cm 长、2 cm 宽的块，再切成 0.4 cm 厚的片	烧、烩、焖等菜肴
二流骨牌片	长 5 cm×宽 2 cm×厚 0.3 cm	先将原料切成 5 cm 长、2 cm 宽的块，再切成 0.3 cm 厚的片	烧、烩、焖等菜肴
指甲片	长 1.2 cm×宽 1.2 cm×厚 0.2 cm	先将原料切成 1.2 cm 见方的长条，再横切成 0.2 cm 厚的片	烩、羹汤等菜肴和姜蒜的成形等
连刀片	长 10 cm×宽 4 cm×厚 0.3 cm（两片相连）	先将原料切成 10 cm 长、4 cm 宽的块，再两刀一断将原料切成厚 0.3 cm 的片	蒸、炸等菜肴
柳叶片	长 6 cm×厚 0.3 cm（形如柳叶）	先将原料修成一边厚一边薄的 6 cm 长的块，再将原料切成 0.3 cm 厚的片	炒、凉拌等菜肴和拼盘装饰

表 3-4　条的成形及适用范围

品　名	成形规格	成形方法	适用范围
大一指条（大一字条）	长 6 cm×1.2 cm 见方	方法一：先将原料切成 1.2 cm 见方的长条，再切成 6 cm 长的条 方法二：先将原料切成 6 cm 长的方形段，再切成 1.2 cm 厚的片，最后将厚片切成 1.2 cm 见方的条	烧、烩、煨、焖等菜肴

续表

品　名	成形规格	成形方法	适用范围
小一指条（小一字条）	长 5 cm×1 cm 见方	方法一：先将原料切成 1 cm 见方的长条，再切成 5 cm 长的条 方法二：先将原料切成 5 cm 长的方形段，再切成 1 cm 厚的片，最后将厚片切成 1 cm 见方的条	烧、烩、煨、焖等菜肴
筷子条	长 4 cm×0.6 cm 见方	方法一：先将原料切成 0.6 cm 见方的长条，再切成 4 cm 长的条 方法二：先将原料切成 4 cm 长的方形段，再切成 0.6 cm 厚的片，最后将厚片切成 0.6 cm 见方的条	炒、熘、凉拌等菜肴
象牙条	长 5 cm×1 cm 厚梯形	方法一：先将原料切成 1 cm 厚的梯形长条，再切成 5 cm 长的条 方法二：先将原料切成 5 cm 长的方形段，再切成 1 cm 厚的梯形片，最后将厚片切成 1 cm 宽的条	炒、熘、凉拌等菜肴

表 3-5　块的成形及适用范围

品　名	成形规格	成形方法	适用范围
菱形块	长轴 4 cm×短轴 2.5 cm×厚 2 cm	先将原料切成 2 cm 厚的片，再切成 2 cm 宽的条，最后再顺着条以 45°夹角直刀切成块	烧、烩、煨、焖、熘等菜肴
长方块	长 4 cm×宽 2.5 cm×厚 1 cm	先将原料切成宽 2.5 cm、长 4 cm 的胚料，最后再切成 1 cm 厚的块	烧、烩、焖、煮等菜肴
滚刀块	长 4 cm 的多面体	原料和刀的夹角约 45°，原料滚动速度微快于运刀频率直刀切下	烧、烩、煨、焖、煮等菜肴
梳子块	长 3.5 cm×厚 0.8 cm 的多面体	原料和刀的夹角约 45°，原料滚动速度微快于运刀频率直刀切下	炒、熘、烩等菜肴

表 3-6　粒、末和茸的成形及适用范围

品　名	成形规格	成形方法	适用范围
黄豆粒	0.6 cm 见方，形如黄豆	先将原料切成 0.6 cm 厚的片，再切成 0.6 cm 宽的条，然后切成 0.6 cm 见方的粒	炒、烩、凉拌等菜肴
绿豆粒	0.4 cm 见方，形如绿豆	先将原料切成 0.4 cm 厚的片，再切成 0.4 cm 宽的条，然后切成 0.4 cm 见方的粒	炒、烩等菜肴和馅料
米粒	0.2 cm 见方，形如米粒	先将原料切成 0.2 cm 厚的片，再切成 0.2 cm 宽的条，然后切成 0.2 cm 见方的粒	馅料、点缀及姜、蒜调味
末	0.1 cm 见方，细末状	将原料剁成细末状	馅料、点缀及姜、蒜调味
茸（泥）	不现颗粒，形如泥（茸）	将原料用刀背捶或用刀剁成极细的茸状	制糁、调味品等

表 3-7 花形原料成形及适用范围

品 名	成形规格及方法	适用范围	图 例
眉毛形	在 0.5 cm 厚的原料上,先斜刀锲,刀距 0.3 cm,深度为原料的 1/2,再将原料顺时针旋转 90°,直刀切成 0.3 cm 宽、10 cm 长三刀一断的条状	猪腰、鱿鱼等	
凤尾形	在约 1 cm 厚的原料上,先斜刀锲,刀距 0.3 cm,深度为原料的 1/2,再将原料顺时针旋转 90°,直刀切,刀刃与菜墩成一定角度,将原料切成 0.3 cm 宽、10 cm 长三刀一断、前段断开、后面连接的条状	猪腰、猪肚等	
荔枝形	在 0.8 cm 厚的原料上,采用斜刀法将原料锲成 0.5 cm 宽、原料 2/3 深度的十字交叉花纹,再将原料顺纹路改成 5 cm 长、3 cm 宽的长方形	猪肚、猪腰、鱿鱼、兔肉等	
菊花形	在 2.5 cm 厚的原料上,采用直刀锲的方法将原料锲成 0.3 cm 宽、原料 4/5 深度的垂直交叉十字花形,再改成约 2.5 cm 见方的块,经加热后卷缩呈菊花状	鸭肫、猪里脊、鱿鱼等	
鳞毛形	先逆着肌肉纤维方向斜锲,刀距 0.4 cm、深度为原料的 4/5,再顺着肌肉纤维方向直刀锲,刀距 0.4 cm、深度为原料的 4/5,加热时将原料形状整理成鳞毛披覆状	整鱼、鱿鱼等	

表 3-8 常见小宾俏成形及适用范围

品 名	成形名称	成形规格	成形方法	适用范围
蒜	蒜片	1 cm 见方、0.2 cm 厚	大蒜去皮洗净,切成 1 cm 见方、0.2 cm 厚的片	用于主料呈片状的菜肴
	蒜丝	0.2 cm 粗、大蒜自然长度	先切片,再切丝	用于主料呈丝状的菜肴
	蒜米	细米粒状	将丝切成细末,再剁一下	主要用于突出蒜味的菜肴及调味
姜	姜片	1 cm 见方、0.2 cm 厚	姜洗净去皮,切成 1 cm 见方、0.2 cm 厚的片	用于主料呈片状的菜肴
	姜丝	2 cm 长、0.15 cm 粗的丝	姜洗净去皮,切成 0.15 cm 厚的长片,再切成丝	用于主料呈丝状的菜肴
	姜米	细米粒状	将丝切成细末,再剁一下	主要用于突出姜味的菜肴及调味
葱	长葱	8 cm 长的段	选用最粗的葱白,两端直切成 8 cm 长的段	主要用于烧、烩菜肴
	寸葱	3 cm 长的段	选用较粗的葱白,两端直切成 3 cm 长的段	主要用于炒制菜肴
	开花葱	5 cm 长花形状	选用较粗的葱白,先切成 5 cm 长的段,再将两端用刀各划八刀,放入清水中浸泡,让其向外翻卷开花	烧烤、酥炸菜肴配的葱酱味碟

续表

品　名	成形名称	成形规格	成形方法	适用范围
葱	马耳朵葱	3 cm 长，两端成斜面	选用较粗的葱，刀与葱成 30°角度，或斜刀切成 3 cm 长的节	多用于炒、熘等菜肴
	弹子葱	1.5 cm 长，圆柱状	选用较粗的葱，直刀切成 1.5 cm 长的丁	主要用于主料呈丁或块状的炒爆菜肴
	银丝葱	8 cm 长的丝	选用最粗的葱，先从中间对剖，擦手切成丝	多用于菜肴垫底或盖面，点缀或装饰菜肴
	鱼眼葱	0.5 cm 长，颗粒状	选用较细的葱，切成 0.5 cm 长的颗粒	多用于烧以及炒制鱼香味菜肴
	眉毛葱	长约 8 cm，近似于丝状	选用最粗的葱，以最小角度将其切成片状，近似于眉毛形	多用于清蒸鱼类菜肴盖面
	葱花	约 0.3 cm 长	选用最小的葱，将其擦手直切成细花状	多用于面食、凉菜、汤菜，一般不需加热
干辣椒	干辣椒段	2～3 cm 长的段	干辣椒去籽，直刀切成 2～3 cm 长的节	主要用于炝、炒、炸收、烧等菜肴
	干辣椒丝	6 cm 长的丝	干辣椒去籽，对剖后直刀切成 6 cm 长的细丝	主要用于干煸菜肴
泡辣椒	泡辣椒末	细末状	泡辣椒去蒂、去籽，用刀剁或机器绞成细末状	多用于鱼香味或增色菜肴
	泡辣椒段	6 cm 长的段	泡辣椒去蒂、去籽，用刀直切成 6 cm 长的段	多用于烧、烩、煸炒等菜肴
	马耳朵泡辣椒	3 cm 长的节	泡辣椒去蒂、去籽，刀与泡辣椒成 45°角切成 3 cm 长的段	多用于炒制菜肴
	泡辣椒丝	6 cm 长的丝	泡辣椒去蒂、去籽，用刀切成细丝	多用于菜肴盖面
蒜苗	马耳朵蒜苗	3 cm 长，两端呈斜面状	选用较粗的蒜苗，刀与葱成 30°角或斜刀切成 3 cm 长的节	多用于炒制菜肴
	蒜苗段	6 cm 长的段	选用较粗的蒜苗，用刀先将蒜苗头轻轻拍破，再将其切成 6 cm 长的段	主要用于烧、煮等菜肴
	蒜苗丝	6 cm 长，粗丝状	选用较粗的蒜苗，切成 6 cm 长的段，将其从中间对剖，再对剖成粗丝	多用于炒、爆菜肴
	蒜苗花	0.5 cm 长，细花状	选用较细的蒜苗，将其直切成约 0.5 cm 长细花状	主要用于岔色的烧菜等

第二节　原料分档工艺

一、概　述

原料分档工艺又称为原料的部位取料，是按照烹饪要求，把已经宰杀和初加工的动物原料切割成不同质量标准的部位原料的操作过程。原料分档包括分割和出骨，是烹饪加工的一个重要环节。分档处理是否准确，直接影响菜品的质量。

原料的分割是指根据烹饪原料不同部位的质量等级，使用不同的刀具和刀法进行合理分割和分类处理，使分割后的部位原料符合烹饪要求的操作过程。

原料的出骨是指将动物性原料的肌肉组织、脂肪与骨骼进行分离，并按不同部位、不同质量、不同等级进行分类处理的操作过程。

1. 原料分档出骨的意义和作用

（1）保证菜品质量和特色。菜品质量和原料质量密不可分，同一种原料，部位不同，其特点也不同。每一种菜品都有它的成菜特点，要达到预期的成菜特点，就应该选择最适合的部位。如猪的五花肉表现为一层肥肉一层瘦肉相间排列，肥瘦比例较好，肉质较细嫩。通过蒸、烧等烹调方法制作出来的菜肴成菜要求是肥而不腻、细嫩化渣，这类菜肴选五花肉可以保证菜品质量和成菜特点。

（2）保证原料合理使用。合理使用原料是整个烹饪工艺过程中的一个重要原则，而分割出骨能将烹饪原料按质地老嫩、软硬、脆韧区分开来，有骨和无骨分离，针对不同部位的原料采用不同的烹调方法制作出美味佳肴，真正做到原料不浪费，综合利用，物尽其用。

（3）容易成熟、入味，便于食用。骨骼、筋膜等在烹调时会阻碍热的传导和调味品的渗透，在烹调前将这些骨骼和筋膜除去，原料容易成熟，可以缩短烹制时间，又可以使调味品较快渗透入味。同时去除了骨骼和筋膜，食用起来更加方便。

2. 原料分档出骨的基本要求

（1）下刀准确。对原料进行分档时，要从两块肌肉的筋络处或不同部位的分界处下刀。家禽、家畜的每块肌肉之间往往有一层筋络，从这里下刀，不会损伤原料，能保持原料的完整性。

（2）要重复刀口。在分档的过程中，如果一刀不能将原料分割开时，在前一刀切割后，第二刀下刀时要重复在前一刀的刀口处，防止切碎原料。

（3）下刀要按照原料筋络分布分清先后顺序。随意下刀会破坏肌肉的完整性，从而影响质量。

（4）出骨时尽量做到肌肉中不带骨骼，骨骼上不带多余的肌肉。

（5）在分档处理时要根据烹调的需要去皮、去表面污物，修去影响原料质量的淤血、带伤肉、淋巴结、黑色素肉等。

二、家禽原料分档出骨

家禽原料包括鸡、鸭、鹅、鸽子、鹌鹑等。由于家禽原料在肌肉、骨骼的结构上大同小异，故仅以鸡为例介绍禽类原料的分档出骨。

（一）鸡的部位名称、特点及用途

鸡的部位包括头、颈、翅、背、胸、腿、爪等七个部分，具体见表3-9。

表 3-9　鸡的部位名称、特点及用途

名　称	特　点	用　途	图　例
鸡头	主要由鸡皮、鸡冠、鸡脑等构成，皮多肉少	适于卤、酱等	
鸡颈	主要由鸡皮、颈肉、颈骨构成，带少量脂肪，皮多肉少	适合卤、烧烤、熬汤	
鸡翅	主要由鸡皮、肌肉、翅骨构成，此部位是活动肉，肉质细嫩，口感较好	可带骨斩成块，适于卤、烧、烤等	
鸡胸	主要由鸡皮、肌肉、胸骨等构成，肌肉部分又称为鸡脯肉，肉质细嫩，筋膜少，色浅	鸡脯可切丝、丁、片、条、粒、泥（茸）等，适合熘、制糁、酥炸、炒等	
鸡脊骨	主要由鸡皮、肌肉、脊骨等构成，脊背两侧各有一块栗子肉，此肉老嫩适度，无筋	骨架多用于熬汤，栗子肉可切成丝、丁、片、块，多用于炒	
鸡腿	主要由鸡皮、肌肉、腿骨构成，此部位是活动肉，肉质细嫩	适合炒、卤、油炸、干煸、烧	
鸡爪	主要由鸡皮、趾骨构成，此部位富含胶原蛋白，口感韧、脆	特别适合卤、拌、蒸、熬汤	

（二）家禽原料的出骨

1. 分部位出骨

（1）出腿骨。

鸡腿出骨

第一步：从鸡腿的内侧用刀跟划破鸡皮，紧贴股骨和胫骨剔开肌肉，露出股骨和胫骨。见图 3-11（1）和图 3-11（2）。

第二步：从股骨和胫骨的关节处割断，然后去掉股骨。见图 3-11（3）和图 3-11（4）。

第三步：从胫骨、跖骨的关节处用刀背敲断，然后撕去胫骨。见图 3-11（5）和图 3-11（6）。

第四步：割下胫骨与跖骨的关节骨，鸡腿的去骨即完成。见图 3-11（7）和图 3-11（8）。

关键点：一定要把股骨和胫骨露出再进行第二步操作。

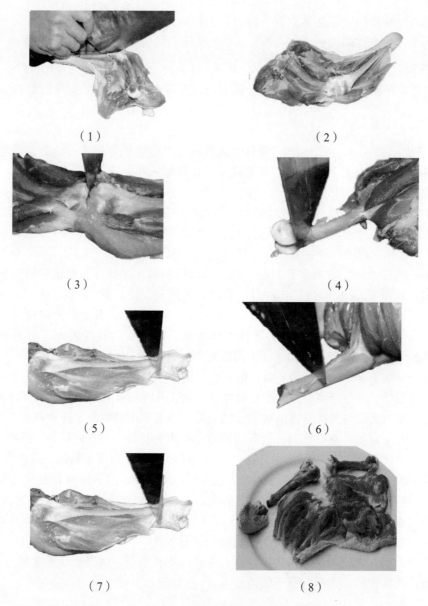

（1）

（2）

（3）

（4）

（5）

（6）

（7）

（8）

图 3-11　鸡腿出骨步骤图

（2）出胸骨。将初加工后的鸡放于案板上，左手抓住鸡翅向上用力，使鸡翅与鸡身相连处的关节突出来，将刀顺着骨缝划一刀割断鸡皮、肌肉以及韧带，使鸡翅与躯干分离，再用刀沿胸骨上划一刀至鸡翅与躯干连接处，在背部也划一刀至鸡翅与躯干连接处，然后用刀根按住翅膀与躯干连接的刀口处，左手顺势将鸡脯肉拉下，最后将鸡皮撕掉，切下翅膀即得到净鸡脯肉。用此法取下另一侧的鸡脯肉。

剔下鸡脯肉之后，紧贴锁骨突起处露出两条嫩肉（鸡柳，即鸡的里脊），可用刀将它与鸡颈根部相连的筋割断即可顺势取下。

关键点：找准鸡翅与鸡躯干的连接点。

（3）出爪骨。将鸡爪去尽黄皮，洗净，剁去趾甲，放入凉水锅煮熟，再放入冷水中漂凉；

用小刀将鸡爪的趾骨分别一条条划开，将骨头取出即可。

关键点：煮制鸡爪的成熟度。

2. 整料出骨

整料出骨就是既要将动物原料中的全部骨骼或主要骨骼剔除，又要保持原料完整形态的操作工艺。

（1）整料出骨的作用。

① 易于成熟和入味。在烹调时，原料中的骨骼会对热的传导和味的渗透起一定的阻碍作用，所以将这些骨骼在烹调前除去，菜肴就容易成熟和入味。

② 便于制作形态美观的菜肴。经过整料出骨的原料，由于去掉了主要骨骼，身体变得柔软，易于加工成美观的形状，如将整料出骨的鸭塑造成葫芦形状，成菜后形似葫芦，形态美观。

（2）整鸡出骨的步骤。整鸡出骨是一项技术性较强的工艺，在操作时要小心，注意不要将鸡皮弄破。在操作过程中，要按照操作步骤进行。具体步骤如下。

第一步：划开颈皮，斩断颈骨。在杀鸡的切口处剁断颈椎骨，并在颈部根处靠近两肩中部顺鸡颈划一刀约 6 cm 长的口子，将刀口处的皮肉掰开，拉出颈骨。

第二步：出前肢骨。让鸡的头向上类似于"坐"在案板上，从刀口处将皮向一边翻开，露出翅膀与身体连接的关节，用刀将连接的筋割断，使翅膀与鸡身脱离；再挑断鸡翅膀关节周围的筋，用小刀刮尽骨上的肉，抽出翅膀的臂骨，斩断。用同样方法去掉另一边翅膀骨。

第三步：出躯干骨。取出翅膀骨后，仍将鸡"坐"于案板上，双手将皮肉往下轻轻翻剥至鸡胸的胸骨突起处，用小刀将皮与鸡身小心割离后再剥。继续剥至大腿处时，双手用力将鸡腿向背后部掰开，露出大腿与身体连接的关节，用刀将关节周围的筋割断，使后肢骨与鸡身脱离。再继续用双手向下翻剥，直至肛门，割断尾椎骨，取出鸡身骨头，割断屎肠，洗净粪便污秽。

第四步：出大腿骨。在鸡大腿的内侧，用刀紧贴股骨和胫骨剔开肌肉，露出股骨和胫骨，在股骨和胫骨的关节处割断，用刀刮尽股骨上的肉，慢慢抽出股骨；再在胫骨与跖骨的关节 1 cm 处用刀背敲断胫骨，用刀刮下胫骨上的肉，去掉胫骨。

第五步：清洗干净，翻转鸡皮，恢复原形。用清水将鸡清洗干净，把鸡皮顺着原刀口重新翻回，使鸡皮在外鸡肉在内，外形仍保持鸡的完整形状。

鸭的脱骨与鸡基本相同，但鸭皮嫩骨脆，翻剥时容易破裂，所以操作更要小心。

关键点：找准翅膀、大腿与躯干的连接关节。

三、家畜原料分档取料

按照家畜原料的部位使用用途，可将其分为皮肉和肌肉两大部分。下面主要介绍猪、牛、羊的部位名称、特点及用途。

1. 猪的皮肉部位介绍（见图 3-12）

（1）猪头：包括上下牙颌、耳朵、上下嘴尖、眼眶、核桃肉等。猪头肉皮厚、质地老、胶质重。适于卤、腌、熏、酱、腊及煮制后凉拌、泡等。

（2）凤头皮肉：此处肉皮薄，微带脆性，瘦中夹肥，肉质较嫩。适于卤、蒸、烧和制汤，如制作稍次的回锅肉、叉烧肉等。

（3）槽头肉（又称颈肉）：肉质老、肥瘦不分，宜制作大包子馅、饺子馅，或红烧、粉蒸等。

图 3-12　猪的皮肉部位示意图

（4）前腿肉：肉质较老，半肥半瘦。适于煮、卤、烧、腌、酱、腊，如制作咸烧白等。

（5）前肘（又称前蹄髈）：皮厚、筋多、胶质重。适于煮、烧、制汤、炖、卤、煨等。

（6）前足（又称前蹄、猪手）：主要含有皮、筋、骨骼等，胶质含量重。适于烧、炖、卤、煨等。

（7）里脊皮肉：肉质嫩，肥瘦相连。适于卤、煮、腌、酱、腊等。如去除里脊后制作甜烧白。

（8）宝肋肉：皮薄，有肥有瘦，肉质较好。适于蒸、卤、烧、煨、腌，例如烹制甜烧白、粉蒸肉等。

（9）五花肉：一层肥一层瘦，共有五层，肉质较嫩，肥瘦相间，皮薄。适于烧、蒸，如制作咸烧白、红烧肉、东坡肉等。

（10）奶脯肉（又称下五花肉、拖泥肉等）：位于腹部，肉质差，多泡泡肉，肥多瘦少。一般适于烧、炖、炸酥肉等。

（11）后腿肉：肉质细嫩，有肥有瘦，肥瘦相连，皮薄。适于煮、卤、腌、制汤，或制作凉拌白肉、回锅肉、连锅汤等。

（12）后肘（又称后蹄髈）：质量较前蹄差，用途相同。

（13）后足（又称后蹄）：质量较前蹄差，用途相同。

（14）臀尖：肉质嫩、肥多瘦少。适于卤、腌、制汤，如代替后腿肉制作凉拌白肉、回锅肉等。

（15）猪尾：皮多、脂肪少、胶质重，适于烧、卤及煮制后凉拌、泡等。

2. 猪的肌肉部位介绍

图 3-13 是猪的肌肉部位示意图。

（1）凤头肉：这个部位肉质细嫩、微带脆、瘦中夹肥。宜做丁、片、碎肉末等。可用于炒、熘，或制作汤、叉烧肉等。

（2）里脊肉（又称里脊、里肌、扁担肉等）：肉质最细嫩，是整只猪部位最好的肉，用途较广，宜切丁、片、丝，剁肉丸子等。可用于炒、熘、炸等。

（3）眉毛肉：这是猪胛骨上面一块重约 500 g 的瘦肉，肉质与里脊肉相似，只是颜色深一些，其用途跟里脊肉相同。

070

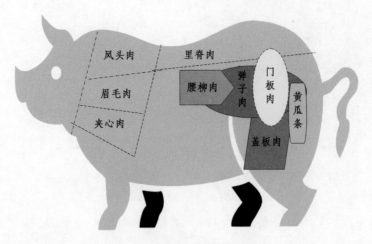

图 3-13　猪的肌肉部位示意图

（4）夹心肉（又称夹缝肉、前夹肉）：肉质较老，色较红，筋多。宜切丁、片、肉末等。可用于炒、炸、做汤、制作香肠等。

（5）门板肉（又称梭板肉、无皮坐臀肉）：肥瘦相连，肉质细嫩，颜色白，肌纤维长。其用途跟里脊肉相同。

（6）秤砣肉（又称鹅蛋肉、弹子肉、兔蛋肉）：肉质细嫩，筋少，肌纤维短。宜切丝、丁、片、肉末等。可用于炒、熘、爆等。

（7）盖板肉：连接秤砣肉的一块瘦肉。肉质、用途跟秤砣肉基本相同。

（8）黄瓜条：与盖板肉紧密相连。肉质、用途跟秤砣肉基本相同。

（9）腰柳肉：是与秤砣肉连接的呈条状的肉条。肉质细嫩，水分较重，有明显的肌纤维。宜切丁、条、肉末等。宜炒、炸、制汤等。

3. 牛的部位介绍（见图 3-14、图 3-15）

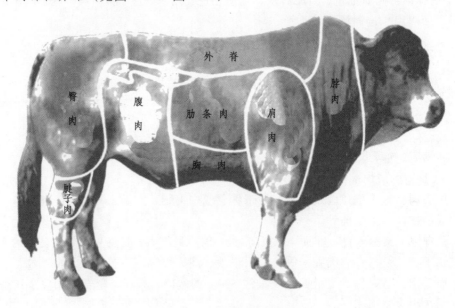

图 3-14　牛的皮肉部位示意图

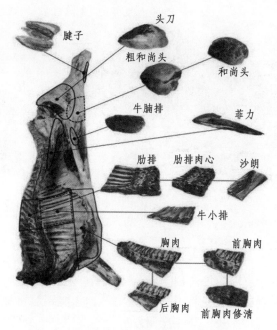

图 3-15 牛的肌肉部位示意图

4. 羊的部位介绍（见图 3-16）

图 3-16 羊的肌肉部位示意图

四、常见鱼类原料分档出骨

（一）常见鱼类部位名称、特点及用途

图 3-17 是鱼的分档示意图。

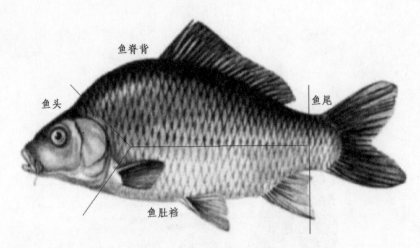

图 3-17　鱼的分档示意图

（1）鱼头：骨多肉少，皮层胶原蛋白丰富，适于蒸、烧、做汤。

（2）鱼脊背：有一根脊椎骨（龙骨），肉质较好，肉多且厚，可加工成丝、丁、片、条、块、泥（茸）等，适于熘、炒、氽、炸等烹调方法。

（3）鱼肚档：皮厚肉薄，脂肪含量较丰富，肉质肥美，刺少，适于烧、蒸等。

（4）鱼尾：又称划水，皮厚筋多，肉质肥美。尾鳍含丰富的胶原蛋白，适于烧。

草鱼去骨

（二）分档出骨（以草鱼为例）

1. 整鱼出骨

经初加工后的鲜鱼去鳞、去腮（不剖腹）后，将鱼头朝外放在菜板上，左手按住鱼身，右手用刀尖在脊背中间紧贴鱼脊骨横刀片进去，从鳃后一直用拉刀片到尾部，左手拉开刀缝，右手刀刃紧贴脊骨再横片进鱼身，由脊骨片至鱼刺，顺着鱼刺片到腹部；再将鱼掉头，使鱼头朝内，同样方法将刀刃片至鱼腹部位置，用剪刀剪去与头连接的脊骨和与尾连接的脊骨末端，使尾鳍和鱼头仍然连在鱼肉上，取出骨架和内脏，洗净，成为头尾完整的全鱼。

2. 取净鱼肉

将经过初加工的鲜鱼去鳞、去内脏后平放于菜板上，头向左，左手按住鱼身，右手用刀从鱼尾处入刀，平刀法片至鱼头处，再将鱼肉（带鱼刺）从鱼鳃下切下来。将鱼翻面，用同样方法取出另一边的鱼肉。

再采用斜刀法将鱼刺斜刀片下来，得到两片净鱼肉。

如需去鱼皮，可采用将鱼皮向下放于菜板上，直刀切至鱼皮，再平刀片去鱼皮即可。

基本功训练

基本功训练一　磨刀的训练

训练名称　磨刀训练

训练目的　通过本次训练，让学生掌握磨刀的方法与技巧。

训练过程

学生购买的新刀，先将表面防锈油去掉，在磨刀石上将其磨好，检查其锋利度。最后结束时，将刀擦干，抹少许植物油，将刀放入刀鞘。

训练总结

基本功训练二　刀工训练一

训练名称　刀工操作姿势规范训练

训练目的　通过对刀工操作姿势规范训练，让学生有正确的刀工操作姿势，同时使学生养成良好的卫生习惯。

训练原料　面粉100 g（以每人为训练单位）

训练过程

1. 刀工前的准备：首先将面粉放入盆中，调成较硬的面团。

2. 将面团压成厚片，练习推切的方法。操作时要注意右手握刀姿势、左手护料姿势、站立姿势。要将刀工所需的工具准备妥当，并放在正确的位置上。

训练总结

基本功训练三　刀工训练二

训练名称　植物原料成形训练

训练目的　通过对植物原料刀工成形训练，让学生掌握原料成形规格，同时使学生较熟练地运用各种刀法。

训练原料　净青笋300 g、白萝卜500 g、大头菜300 g（以每人为训练单位）

训练过程

1. 牛舌片成形训练：将净青笋切成10 cm长的段，修成长方体状，将青笋放于菜墩边上，从长边平刀入刀，采用推拉刀片的技法，将其片成10 cm长、3 cm宽、0.1 cm厚的片张完整、不穿孔、不毛边的片，将其放入清水中浸泡、略卷曲后沥干水分装入圆平盘中。

2. 银针丝成形训练：将10 cm长白萝卜去皮，从长边平刀入刀，采用推拉刀片的技法，将其片成10 cm长、0.1 cm厚的片张，呈阶梯状码放整齐，再将其跳切成丝，放入清水中浸泡，变脆硬后沥干水分装入圆平盘中。

3. 二粗丝成形训练：将白萝卜去皮，从原料长边入刀，采用直切的技法，将其切成10 cm长、0.3 cm宽的厚片，码放整齐，再切成10 cm长、0.3 cm见方的二粗丝，整齐装入圆平盘中。

4. 细丝成形训练：将大头菜洗净，去皮，从长边平刀入刀，采用推拉刀片的技法，将其片成10 cm长、0.2 cm厚的片张，呈阶梯状码放整齐，再推切成细丝装入圆平盘中。

训练总结

基本功训练四　刀工训练三

训练名称　动物原料刀工成形训练

训练目的　通过对动物原料刀工成形训练，让学生进一步掌握原料成形规格，同时使学生更熟练地运用各种刀法，掌握常用花形原料的成形方法。

训练原料　猪里脊1 000 g、猪腰250 g、鸡胗200 g（以每人为训练单位）

训练过程

1. 动物原料丝的成形训练：将猪里脊肉切成10 cm长的段，平刀片成0.3 cm厚的片，码放成阶梯状，再切成0.3 cm粗的二粗丝。

2. 动物原料片的成形训练：将猪里脊肉采用推切、拉切或翻刀切成 5 cm 长、4 cm 宽、0.2 cm 厚的片。

3. 动物原料丁的成形训练：将猪里脊肉平刀片成 1.5 cm 厚的片，再切成 1.5 cm 见方的条，最后将其切成 1.5 cm 见方的丁。

4. 猪腰初加工以及花形成形训练：平刀将猪腰一剖为二，撕去表面的膜，将腰骚等片去，再将猪腰锲花刀成凤尾形、眉毛形、荔枝形等。

猪腰加工

5. 鸡肫初加工以及花形成形训练：鸡肫平刀片去白色的筋膜，再将其切成菊花花形、鸡冠花形、鱼鳃花形等。

训练总结

基本功训练五　动物原料出骨训练

训练名称　动物原料出骨训练

训练目的　通过对鸡、鱼等动物原料的出骨训练，让学生掌握原料出骨的基本手法与技巧。

训练原料　鸡腿 300 g、草鱼 600 g（1 尾）（以每人为训练单位）

训练过程

1. 鸡腿出骨训练：用刀将鸡腿从内侧划破鸡皮，紧贴股骨和胫骨剔开肌肉，露出股骨和胫骨；用刀剔净股骨上的肉，从股骨和胫骨关节处割断韧带，去掉股骨；再在胫骨与跖骨的关节 1 cm 处用刀背敲断，然后撕去胫骨即完成。

2. 整鱼出骨训练：已经去鳞、去腮（不剖腹）等初加工的鲜鱼头朝外放在菜板上，左手按住鱼身，右手用刀尖在脊背中间紧贴鱼脊骨横片进去，从腮后一直拉刀片到尾部，左手拉开刀缝，刀刃紧贴脊骨再横片进鱼身，由脊骨片至鱼刺，顺着鱼刺片到腹部；再将鱼掉头，使鱼头朝内，同样方法片至鱼腹部位置；用剪刀剪去与鱼头和鱼尾连接的脊骨，取出骨架和内脏，洗净，成为头尾完整的全鱼。

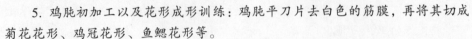

宰杀草鱼

3. 整鸡出骨训练：划开颈皮、斩断颈骨 ── 出前肢骨 ── 出躯干骨 ── 出大腿骨 ── 翻转鸡皮，清洗干净。（同学可利用假期回家或在餐厅见习时训练。）

训练总结

📖 本章小结

本章介绍了原料分割工艺，讲述了畜、禽、鱼类原料的部位取料以及出骨工艺，介绍了刀工的概念、作用、刀具、刀法，重点讲述了原料成形规格、成形方法以及适用范围等。

📋 复习思考题

1. 猪肉怎样分档取料？

2. 如何进行整鱼出骨？

3. 刀工在烹调中有何作用？

4. 常用的基本刀法有哪些？其适用的范围和操作要领是什么？

5. 简述丝、片、条各有哪些成形规格，各适用于哪些地方。

第四章

火候

学习目标

通过本章的学习，让学生掌握火候的概念，了解烹饪中传热的方式和不同传热介质的特性，使学生能根据烹调的具体要求灵活掌握好火候。

火候，在烹饪加工中对菜肴的质感起着决定性的作用，因而从广义讲火候是指根据烹饪原料性质、形态、食用需求，采用一定烹调加工方式，在特定时间内使原料吸收热能，发生适度变化，使原料达到最佳质感的表述。狭义讲：火候是指原料在烹调过程中所使用火力的大小和加热时间的长短以及原料受热的成熟程度。在烹制菜肴的过程中，火候的掌握直接关系到成菜的质量。掌握火候的意义在于：

（1）防止原料过度脱水，保护菜肴口感、色泽和形状。

（2）准确把握原料的成熟程度，使原料成熟恰到好处。

（3）便于调味品渗透入味。

（4）减少烹饪原料营养成分的损失。

（5）使原料充分加热，达到食用安全的中心温度。

第一节　火力识别与调控

火力，是指火焰燃烧的强度。在烹调中，火力主要是指煤、柴、燃油、天然气、石油气等可燃性物质与空气中的氧通过化合作用（即燃烧）产生的热量和电能通过电气设备转化的热量。

一、热　源

热源是指能够直接产生大量热能且能有效地应用于食品加工的热能来源。烹调中常用的热源有两种：

（1）以物质燃烧为热源，如木柴、煤炭、燃油、石油气、天然气等。

（2）以电能为热源，如电炸炉、电磁炉、微波炉、电饭煲、电烤箱、电炒锅、电砂锅等。

二、火力及鉴别

在烹调中，以电能为热源的加热，在设备的设计时已经测定了电能转化为热能的功率基本数据，通过控制设备上的调温按钮就能得到所需的火力，使用非常方便和准确，也不需要操作者花过多精力去深入了解其火力大小。而以物质燃烧为热源的加热，火力的大小主要凭操作者的经验来判断和掌握。通常把火力分为旺火、中火、小火及微火四种。一般根据热力强弱、火焰高低、光线明暗程度来鉴别。

（1）旺火，又称大火、武火等，是烹调中最强的一种火力，火力强而集中，火焰高而稳定，热气逼人。一般用于短时间加热，以减少营养成分损失，保持原料香、酥、嫩、脆等，如炒、爆、炝、烫、蒸等。

（2）中火，火力次于旺火，火苗较高且较稳定，光度较亮，热气较大。多用于煮、卤、烧、烩、炒、煎等，能使原料熟软、细嫩、鲜香入味。

（3）小火，火力较弱，火焰细小而摇晃，呈青绿色，光度暗淡，热气不大。用于较长时间的烹制，使原料酥烂，如烧、炖、焖、煨等。

（4）微火，是最小的一种火力，有火无焰，红而无力，火力微弱。除用于特殊要求的菜肴，如炖、煨、熬汤外，一般仅用于汤汁或菜肴的保温。

三、常见加热设备

现代厨房中加热设备很多，根据其热源的不同，可分为燃煤加热设备、燃气加热设备、燃油加热设备、蒸汽加热设备、电加热设备等。

（1）燃煤加热设备，主要由炉膛、炉箅、灰膛三部分组成。根据功能的不同，又分为炒灶、蒸灶、炮台灶、马蹄灶等。

（2）燃气加热设备，结构与燃煤加热设备相似，以煤气、天然气、石油气为热源。根据使用的不同，有中餐炒菜灶、中餐大锅灶、煲仔灶、燃气烤箱、燃气油炸炉、西餐灶等。

（3）燃油加热设备，主要以柴油、煤油等为热源。为了使燃油充分燃烧，烹饪中多伴随鼓风，所以其火力相对来说较大。主要有煤油灶、柴油灶、油气两用灶等。

（4）蒸汽加热设备，指利用蒸汽蒸制食品的设备。主要有夹层蒸汽套锅、蒸汽蒸柜炉等。

（5）电加热设备，包括电扒炉、电炸锅、电烤箱、微波炉、电磁炉、电磁炒灶等。

第二节　传热介质和热传递

热力学第二定律告诉我们，在自然条件下热能要从高温物体向低温物体转移，转移过程中，除直接接触外，需要有传热介质。热能传递有三种方式：热传导、热对流、热辐射。在加热烹饪原料时，热源将热能传给不同材质的中间介质（锅、水、油、气、盐等），中间介质又将热能传给烹饪原料，原料表面受热，再逐步深入内部，使原料成熟。

一、烹调中的热传递

热能传递的方式有传导、对流、辐射三种，在烹调中三种方式往往是同时存在的。一般来说，在对原料进行加热烹调过程中，传热途径（红外线、微波等除外）为热源→介质→原料，有原料外部传热和原料内部传热两种情况。

1. 原料外部传热

大部分的烹饪，原料都不直接接触热源，往往要通过传热介质将热能传递到原料表面。

通常使用的介质有固态、液态、气态三种。介质不同，传热的效果也各不相同。在选择传热介质时，要考虑成菜的要求。例如，旺火快速烹制的菜肴，就应该选用传热速度快的金属作为传热介质；而小火长时间烹制的菜肴则选用传热速度较慢的砂锅作为传热介质；要使成菜外酥内嫩，应选用油为传热介质；利用水作为传热介质，可使成菜较细嫩。

2. 原料内部传热

热能通过传热介质到达原料表面，原料要达到成熟，在原料内部还有一个传热过程。原料的状态一般有固态和液态两种，液态原料的传热与前面讲的液体传热原理是相似的，但原料形态大多是固态，所以我们在这里只介绍固态原料的内部传热。固态原料是热能的不良导体，热能进入原料内部需要一定时间，才能使原料成熟；原料体积越大，传热的路程就越长，所需的时间也越长。因此，对体积较大的原料进行加热时，一般不能采用高温加热，否则容易出现表面已经成熟过度而原料内部还未达到成熟效果的现象。对于一些快速成菜的烹调方法，为了缩短成熟时间，应增加原料表面受热面积或减少原料体积，如将原料加工成丝、粒、片等，甚至对原料锲花形，这样可以缩短原料内部成熟时间。

对于不同原料来说，原料质地各不相同，传热的结果也不相同，因此，不同原料在加热过程中也相应选择不同火力。例如，人们常说的"急火豆腐慢火鱼"，在对豆腐和鱼两种块形原料进行加热时，所用的火力与加热的时间各不相同。烧制豆腐时应采用快速成菜，而烧制鱼时应采用中小火缓慢加热，使原料成熟入味。

原料内部传热是一个缓慢而又复杂的过程，在传热时还伴随很多化学变化影响着原料的质地。如在加热时原料会发生分散反应、氧化还原反应、蛋白质凝固反应、分解反应、酯化反应以及酶促反应、褐变反应等。在烹调加热时必须准确控制加热时间，使成菜达到所需成熟度。

二、烹饪中的传热介质

烹饪中传热的介质包括金属、水、油、蒸汽、空气、盐、沙等。对于同一种食物，如果所用的传热介质和方式不一样，效果也不一样。

1. 固体物

固体物包括金属以及盐、沙、石头等。

金属传热速度非常快，烹制菜肴时多采用金属工具加热原料，但是在实际操作过程中需要注意防止原料粘锅。

盐、沙、石头的传热速度较慢，传热能力不高，但能比较均匀地加热食物，如糖炒板栗、盐发干料、泥烤鸡等。由于盐、沙、石头不能对流，加热时要不断地翻动。

砂锅传热速度慢，主要用于长时间烹制，成菜后原料鲜香味美、质地柔软，是金属器皿不能比拟的。

2. 水

水的沸点是 100 ℃，继续加热水会变成蒸汽，在此过程中，不论外面的火力如何猛烈，水温始终保持在 100 ℃ 不会再升高，有恒温效果，用水传热适用于较长时间的加热。由于水的对流作用，能使原料营养成分浸出溶于水中，使汤汁鲜美，同时调料、配料能渗入主料，增加菜肴的色、香、味，还能使原料本身所含的腥膻等异味通过汆煮而得以去除。

3. 油

油是对流传热。食用植物油的沸点在 200 ℃ 以上，燃点 280 ℃ 左右，在烹调中油的温度选择范围较大，传热速度比水快得多。采用高油温加热食物，可使原料表面迅速获得高温，使原料表面水分迅速蒸发，而原料内部传热较慢，就形成外焦内嫩的效果；采用低油温加热食物，又可使原料达到细嫩鲜滑的效果。操作时应按不同食物和不同要求选择不同油温（可参见表 4-1）。

表 4-1　油温识别表

油温类别	油温	识别方法	适用范围
温油 （低油温）	三至四成 80 ℃ ~ 120 ℃	油面微动，无青烟，无响声	适用于熘、浸炸、干货原料涨发中油发的第一阶段油浸，有保鲜嫩、除水分等作用
热油 （中油温）	五至六成 120 ℃ ~ 180 ℃	四周有少量青烟，油向锅中间翻动，搅动时有微响声	适于软炸、滑炒、煎、煸等菜肴，有酥皮增香、不易碎烂等作用
旺油 （高油温）	七至八成 180 ℃ ~ 220 ℃	油面平静，冒青烟，搅动时有炸响声	适于爆、重油炸等，有脆皮、凝结原料表层、不易碎烂等作用

4. 蒸　汽

蒸汽的温度是 100 ℃，火力越大、密封愈严、气压越大，蒸汽的温度可升高 1 ℃ ~ 5 ℃。蒸汽传热的温度较高，湿度较大，受热均匀，在加热过程中不移动原料，因此，蒸汽加热原料可使原料变得柔软、鲜嫩，还能保持原料形态完整，营养素损失较少。但调味料难以进入食物内部，易使原料成熟后缺少滋味，所以利用蒸汽传热制作的菜肴多要先腌制入味后再上笼蒸制。

5. 辐　射

常见的辐射传热多采用空气传热。其方式有两种：一种是敞开式，以火的热气辐射直接熏烤食物，如烤羊肉串；另一种是封闭式，原料在烤炉中被对流空气和热辐射加热，水分蒸发快，成菜外皮酥脆干香，内部肉质鲜嫩，如烤鸭、烤鱼等。

随着科技的进步，很多厨房里配备了烤箱和微波炉等。烤箱主要是靠远红外线辐射传热，微波炉是利用微波辐射到食物内部使分子运动而发热。

第三节　火候识别与调控

一、火候的内涵

"火候"一词源自道家炼丹论著，主要是指调节火力文武的大小。后来烹饪类书籍将其定义为"烹制原料时所用的火力大小与加热时间的长短"。这只是对火候现象的表述，没有反映出火候的实质，且只涵盖了用明火加热原料。随着科技的发展，出现了红外线、微波、电磁波、光波等新型热源，传统加热手段被革新，热源由明火转向无明火，使原料加热更卫生、更容易控制。因此，现在对火候的定义应该为：在烹制原料过程中对热源的强弱和原料加热时间长短的控制，使原料达到所需的成熟度。火候从本质上讲，是菜肴成熟度的衡量标准。

二、掌握火候的原则

由于原料质地有硬、软、老、嫩之别，菜肴的要求也有酥、烂、脆、嫩等不同，此外，原料受热时要经历由生到熟的过程，因此，对于各式各样的菜品和原料，只能根据原料的性状、菜品要求、传热介质、投料数量等来掌握火候。

1. 根据菜品具体要求掌握火候

要求脆嫩的，用旺火短时间加热，原料断生即可；要求酥烂的，用小火甚至微火长时间加热，使原料充分成熟。

2. 根据原料性质和加工形状调节火候

原料质老或形大，用小火长时间加热，使其里外成熟一致；质嫩或形小，宜用旺火短时间加热，保持原料水分，突出原料嫩脆质感。

3. 根据投料多少掌握火候

投料多的用旺火、中火长时间加热；投料少的，用旺火、中火短时间加热。

4. 根据烹调方法掌握火候

炒的烹调方法宜用旺火短时间加热；烧的烹调方法宜用中火较长时间加热；煨的烹调方法宜用小火长时间加热。

5. 根据饮食习俗掌握火候

我国幅员辽阔、民族众多，人们的饮食习俗差异较大，对原料成熟度的要求各不相同，因此，在烹制时要根据不同地域的饮食习俗掌握原料成熟的程度。例如，西北人吃牛羊肉不要求完全熟软，广东人对蔬菜原料一般要求鲜脆。

三、火候识别与调控的方法

火候是菜肴成熟度的衡量标准，原料受热成熟度不同，在外观上有不同的表现，所以，对火候往往通过现象来进行判断和识别。例如，通过原料质地和颜色的变化来识别原料成熟度，通过识别油温的高低来控制原料受热时的温度。识别火候主要靠经验判断，只有积累了丰富的经验，才能较准确地识别火候。在实际工作中，应该从以下几个方面注意对火候的识别与调控：

1. 根据原料的物性控制火候

原料的物性包括原料的大小、质地、形体、颜色等。

原料经刀工后的形状与大小不同，火候的判断与控制也不同。体积较小、表面积较大的原料容易成熟，多采用高温短时间加热。

同一菜肴烹制时，不同质地的原料加热时间不同，这就决定了原料的投放时间不尽相同。质地老韧的原料，加热时间长，应先投料，质地细嫩的原料加热时间短，应较晚投放，这样能保证成菜后原料口感一致。

原料受热时，其形体与颜色要发生一定的变化，可根据这些变化来判断和控制火候。例如动物原料生的为软状，伸展时多为刚熟，而卷曲时多为加热过度，带骨原料一般达到离骨状态就表明原料已经熟软了。从颜色上掌握：猪瘦肉加热时由肉红色变为白色时原料刚熟，绿色蔬菜由墨绿色变为碧绿色时多为嫩脆，拔丝菜肴熬糖时颜色变为淡黄色时正是拔丝火候。

2. 根据菜肴的风味特色控制火候

菜肴的风味特色反映了不同的饮食习俗。菜肴的风味特色各不相同，要求使用的火候也各不相同。鲜嫩特色的菜肴，所用的火候应该采用旺火短时快速加热，使原料刚熟或刚断生，而以汁浓味重为特色的菜肴则应该采用微火长时间加热，使原料熟软。

3. 根据传热介质控制火候

烹饪中常用的传热介质有水、油、蒸汽、沙等，不同的传热介质有不同的传热特点。应根据成菜要求，选择适当的传热介质，使菜肴达到所需的火候。

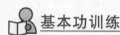 基本功训练

基本功训练　油温的识别

训练名称　油温的识别

训练目的　通过本次训练，让学生了解油在不同温度下的表现及对原料的影响效果。

训练原料　色拉油 1 000 g、土豆 250 g、温度计 1 只（以每组为训练单位）

训练过程

1. 识别油温训练：将油倒入锅中加热，每隔一定时间用温度计测量实际温度，观察油的表现，记录观察效果。

2. 不同油温对原料的影响：土豆切成二粗丝，用清水浸泡，洗去淀粉，捞出，沥干水分，平均分成三份。将油加热到 80 ℃，放入第一份土豆丝加热 1 分钟，捞出，观察原料加热时及捞出后的所有表现；再将油加热到 150 ℃，放入第二份土豆丝，加热 1 分钟，观察原料加热时及捞出后的所有表现；最后将油加热到 220 ℃，放入第三份土豆丝，加热 1 分钟后捞出原料，观察原料加热时及捞出后的所有表现。

油温的识别

训练总结

本章小结

火候是成菜的关键。本章围绕影响火候的几个直接因素进行讲述，介绍了热源的识别与控制、传热的方式和传热的介质，最后讲述了火候的实质及掌握火候的原则和方法。

复习思考题

1. 试述一下你所理解的火候。
2. 如何掌握菜肴的火候？
3. 烹饪中水、油、蒸汽等传热介质各自有什么特点？

第五章

原料的初步熟处理

通过本章的学习，使学生了解原料初步熟处理的意义、原则，掌握原料初步熟处理的常用方法，并能根据烹调菜肴的具体需要正确操作，达到操作技术要求。

第一节 概 述

一、原料初步熟处理的定义

根据菜肴的质量要求，将原料放在油、水或蒸汽等传热介质中进行初步加热，使之成为半熟或刚熟状态的半成品，为正式烹调做准备的一种工艺操作过程称为原料的初步熟处理。

二、原料初步熟处理的意义和作用

1. 除去原料中的污物和异味

对于动物性原料，通过初步熟处理，可以排除其中所含的血污，同时可以除去或降低腥、膻、臊等异味。有些植物原料含有过多的淀粉以及苦味、涩味、土腥味，也可以通过初步熟处理除去或降低，这样可以保证成菜的效果。

2. 便于贮存保管、加工切配

通过熟处理，原料内部细菌以及自身组织细胞活动被抑制，可以延长原料的贮存时间。例如，将绿色蔬菜原料先加热至刚熟或半熟，再迅速冷却，可以使原料保持鲜艳的颜色和质感，同时又延长贮存时间。

有些原料的生料直接进行初加工较困难，但经过熟处理后就较容易，如西红柿去皮、肉类原料刀工成形等。

3. 增加原料的色彩或给原料定型

原料在加热过程中，色泽会发生相应的变化。通过控制原料的加热程度以及选用适当的加热手段，可以保持或增加原料色彩。如制作咸烧白时，将带皮猪肉放入高温的油中炸制，会使原料表皮色泽金黄；绿色蔬菜采用汆水方法处理后，可以使其颜色碧绿。

熟处理可以使原料在正式处理前具有固定的形状，不易变形，有利于原料最终成型。例如烹制整鱼时，先将鱼初步熟处理，成菜后能较好地保持形整不烂。

4. 缩短正式烹调时间，调整原料的成熟程度

通过对原料的初步熟处理，使原料在正式烹调前已经基本达到菜肴所需的成熟程度，可以缩短正式烹调时间。对于不易成熟或熟软的原料、一锅成菜数量较多的大锅菜，以及必须在较短时间内加热成菜的菜肴，初步熟处理显得尤为必要。

对于不同性质的原料，加热成熟的时间不相同，在同一份菜肴中若同时加热，会使原料成

熟度不一致，影响菜品口感。可以通过初步熟处理，调整原料的成熟程度，保证菜品质量，同时又使不同原料在正式烹调时成熟的时间基本一致。

三、常用的初步熟处理的方法

随着烹饪技术的发展，原料初步熟处理的方法也越来越多。由于热量传递往往要通过介质进行，因此，根据传热介质的不同，可以将原料初步熟处理的方法分为水加热、油加热、蒸汽加热、固体加热、辐射加热等。

但是按照行业习惯，常将初步熟处理的方法分为焯水、水煮、过油、走红、汽蒸以及其他方法。

第二节 焯 水

焯水又称氽水、泹水，就是将原料放入水中加热至符合烹调要求的半熟或刚熟的半成品，为以后的加工切配和正式烹调做准备的熟处理方法。

一、焯水的作用

1. 除去异味和污物

通过焯水可以排出禽畜原料的部分血污，降低原料的腥、膻等异味，还能除去植物原料的涩、苦等味。

2. 便于去皮和加工切配

通过焯水使去皮和刀工切配变得容易，如小土豆、西红柿去皮，肉类原料刀工成形等。

3. 能缩短正式烹调的时间

焯水使原料变为刚熟或半熟，可缩短正式烹调的时间。

4. 使成菜保持原料的色鲜脆嫩

植物原料经过焯水后颜色碧绿鲜艳，部分动物原料经焯水后质感变脆嫩。

二、焯水的方法

根据原料下锅时水温的不同，焯水分为冷水锅法和沸水锅法。

（一）冷水锅焯水

1. 操作步骤

冷水锅焯水指经过初加工后的原料与冷水同时下锅，一起加热至所需程度后捞出晾凉备用。

工艺流程为：

原料选择→洗净→放入冷水锅中一起加热→翻动原料→
控制加热程度→捞出→晾凉备用

2. 适用原料

冷水锅焯水适用于牛肉、羊肉以及内脏等异味较重、血污较多的动物性原料，也适用于笋类、土豆、荸荠、苕类、芋头等质地坚实和体积较大的根茎类蔬菜原料。

3. 操作要领

（1）冷水锅焯水时，水量要淹过原料。

（2）边加热边翻动，使原料受热均匀。

（3）及时捞出，防止加热过度。

（二）沸水锅焯水

1. 操作步骤

沸水锅焯水即先将水烧沸腾后，再将原料投入水中加热到所需程度，捞出晾凉备用。

工艺流程为：

原料选择→洗净→水加热至沸→放入原料→翻动原料→
控制加热程度→捞出→晾凉备用

2. 适用原料

沸水锅焯水适用于血污和异味较少的鸡、鸭、猪肉及蹄筋等肉制品，以及大部分叶类蔬菜和体积较小的根茎类植物原料。

3. 操作要领

（1）必须做到沸水下锅，做到水宽、火旺。

（2）有异味和容易脱色的原料应单独焯水，防止污染其他原料。

（3）焯水时间控制好，防止过度加热。

（4）动物原料焯水前要清洗干净。

三、焯水的原则

（1）根据原料性质掌握加热时间，选择适宜水温。

（2）注意防止原料串味与染色。

（3）注意营养风味变化，不过度加热。

四、焯水对原料的影响

焯水过程中原料会发生多种化学变化和物理变化，有些变化对人体是有利的，而有些是不利的。

1. 有利的一面

焯水过程中有很多变化是有益的。通过焯水，可以除去异味、改变原料质感、保持原料鲜艳色泽、增加原料色彩、使原料定型等。

2. 不利的一面

在焯水过程中，也会伴随着一些降低原料品质的变化。焯水时，对原料加热会使原料中的蛋白质、脂肪等物质分解，形成容易溶解于水的物质，并渗透到水中，而这些恰好是形成鲜味的主要物质，焯水会使这些鲜味物质溶解于水中，使原料降低鲜味。所以这类汤汁最好留用。

焯水过程中，有些原料会发生颜色的变化，容易引起变色。在处理这类情况时，往往通过缩短加热时间以及快速降温来保持原料的颜色。

有些原料中含有维生素、无机盐等营养成分，它们不耐高温，又容易被氧化，还易溶解于水中，焯水很容易使这类营养物质损失。所以针对这类原料，应考虑是否焯水或选择最好的焯水方法，尽量减少营养的损失。

第三节　水　煮

水煮是将整只或大块的动物原料以及经过一定加工处理的植物原料在正式烹调前投入水中加热至所需的成熟程度，为正式烹调做准备的熟处理方法。

一、水煮的作用

1. 除去原料异味，增加原料风味

原料在进行水煮时，存在着汁水的渗透，原料中的异味物质可以通过渗透作用排出体外，起到除异味的效果。同时，在水煮时往往还会根据具体情况加入姜、葱、料酒、香料等除异增香的调味料，能更好地去除原料异味，又增加原料风味。

2. 便于贮存原料，延长原料的保质期

水煮的方法多采用较长时间加热，使细菌以及自身组织细胞活动被抑制，从而延长原料的保质期。例如在夏季，将动物原料水煮后室温存放，比新鲜原料存放时间要长。

3. 适应菜肴制作的需要，为正式烹调做准备

有些菜肴的制作要求在正式烹调时原料是熟料，这就必须事先将原料水煮至熟。例如凉拌动物原料的菜肴以及制作回锅肉、姜汁热味鸡等菜时，都需要将原料水煮成熟。

4. 缩短正式烹调的时间

大块原料或整形原料往往成熟时间较长，通过水煮后，原料达到所需的成熟度，正式烹调时只需调好味即可，大大加快了成菜速度，缩短了正式烹调的时间。

二、水煮的方法

1. 操作步骤

原料清洗后先焯水，再将原料放入水或汤中煮至所需的程度。

工艺流程为：

原料选择 ——大块或整只原料→ 洗净 ——→ 焯水 ——一次性放料→ 放入锅中 ——一次掺足水分→

加热 ——中火或小火→ 水煮 ——沸后撇去浮沫→ 控制程度 ——→ 捞出 ——原汤浸泡→ 晾凉 ——→ 备用

2. 适用原料

水煮适用于以下原料：

（1）凉菜中拌制用的动物原料，如鸡、兔、猪肉等。

（2）热菜中要求烹调熟料的动植物原料。

3. 操作要领

（1）水煮之前应洗净，动物原料应先焯水。

（2）控制好水煮时的火力大小，保持沸而不腾。

（3）掌握好掺水量，水要一次掺足，中途忌加凉水或温水。

（4）控制好水煮原料的成熟度。根据菜肴要求，适时捞出原料，防止原料成熟不够或过熟。

（5）有些原料水煮后应用原汤浸泡，以保持皮面滋润光泽，颜色美观。

三、水煮的原则

（1）水煮原料要区分类别，防止发生串味。

（2）控制好原料的老嫩、成熟度，应一次性投料，不能水煮中途投料。

（3）要利用好原料水煮后的汤汁。

第四节　过　油

过油，就是将加工成形的原料在不同油温的油锅中加热至熟或炸成半成品的熟处理方法。

一、过油的作用

（1）使菜肴口感多样化。不同的油温，能使原料具有酥脆、外焦内嫩或滑嫩等口感。

（2）增加原料风味。过油能使油脂渗透进原料，既能除去原料部分异味，又能增加原料的芳香气味。

（3）保持或增加原料颜色。高油温过油可以使原料颜色呈金黄，低油温滑油可以使原料颜色更润滑洁白。

（4）保持原料形整不烂，保证成菜形态美观。

二、过油的方法

过油主要有滑油和走油两种方法。

（一）滑　油

滑油又称划油，是指在中油量、低温油锅中将原料滑散成半成品的熟处理方法。

1. 操作步骤

将原料加工处理后，放入 80 ℃～110 ℃ 油锅中加热，断生后捞出沥干油待用。

工艺流程为：

原料选择 ⟶ 初加工 ⟶ 炙好锅 ⟶ 加油 ──油温80 ℃～110 ℃──⟶

放入原料 ──原料抖散下锅──⟶ 滑油 ⟶ 控制加热程度 ⟶ 捞出 ──沥干油分──⟶ 备用

2. 适用原料

滑油适用的原料范围较广，一般都是较小而薄的，大都要经过上浆处理，保持水分不外溢，呈鲜香、细嫩的质感。

一般用于烧、烩、熘的丝、丁、片、块、条等规格较小的原料，如鲜熘鸡丝、鱿鱼烩肉丝等。

3. 操作要领

（1）锅要炙好，以防原料粘锅，影响成菜效果。

（2）原料下油锅时注意动作。上浆的原料要抖散下锅，以防粘连；原料下锅后搅动不要过快过猛，防止脱芡或形烂。

（3）油温恰当，油量适中。合适的油温为 80 ℃～110 ℃，过高容易使原料粘连、质老、色深等，过低容易使原料脱浆或失水过多，都会影响成菜效果。油量一般为原料的 4～5 倍，油要淹没原料，使原料受热均匀。

（4）油要干净、色浅，以免影响原料颜色。

（二）走　油

走油又称跑油，是指在大油量、高温油锅中将原料炸制成半成品的熟处理方法。

1. 操作步骤

将原料初加工后，放入 190 ℃～220 ℃ 的油中炸制，达到所需的成熟度后捞出原料，沥干油分备用。

工艺流程为：

原料选择 ⟶ 初加工 ──可码味、挂糊或直接入锅──⟶ 锅中加油 ──旺火加热，多油量，190 ℃～220 ℃──⟶

放入原料 ──原料抖散下锅──⟶ 炸制 ──一次性或重油──⟶ 控制加热程度 ⟶ 捞出 ──沥干油分──⟶ 备用

2. 适用原料

走油一般都是整形或大块的原料，适用于煨、炖、蒸、焖、烧等，如制作脆皮鱼、狮子头、酥肉等。走油的原料是否挂糊，则视菜肴的要求而定。

3. 操作要领

（1）掌握好过油的火候。需要酥脆的原料过油多采用浸炸方式，需要外酥内嫩的原料多采用重油炸方式。

（2）油量要多。油量多，使原料下锅后油温降低幅度较小，可以保证过油的效果。

（3）原料要分散下锅，防止原料粘连。原料下锅前可以拌入少许冷油。

三、过油的原则

（1）准确掌握油温。油温的高低直接影响过油的效果。

（2）掌握好过油时原料的质地。过油是为下一步烹调做准备，过油时原料质地直接关系到成菜的品质。

（3）掌握油量、油温以及原料数量之间的关系。

第五节　走　红

走红，是对经过焯水、过油等加工的大块原料再进一步上色入味的熟处理加工方法。

一、走红的作用

1. 增加原料的色彩

走红的主要目的是使原料表面上色。通过走红，原料可以带上金黄、橙红、浅黄等颜色，最后使制作出来的菜肴颜色美观。

2. 除异增香

在走红过程中，原料与调味品或油脂发生作用，会除去或抑制原料的异味，同时又增加原料的鲜香味。

3. 使原料定型

走红时需要加热原料，在加热时既使原料上色，同时又使原料形状得到固定，为下一步刀工或烹调做准备。

二、走红的方法

根据走红的介质，可以将走红分为过油走红和卤汁走红两种。

（一）过油走红

1. 操作步骤

将经过焯水的原料，按照菜肴的需要，在其表层涂抹料酒或酱油、饴糖等，再放入油锅中炸上色。如咸烧白、香糟鸡、油淋鸭等的坯料，就是过油走红上色的。

工艺流程为：

原料选择 —→ 初加工 —焯水或直接涂抹上色原料→ 锅中加油 —旺火、多油量、油温 190 ℃～220 ℃→

放入原料 —焯水、抹辅助上色原料→ 走油 —一次性走油→ 控制加热程度 —→ 捞出 —沥干油分→ 备用

2. 适用原料

过油走红一般适用于猪肉、鸡、鸭等原料，多用于制作蒸菜的上色。

3. 操作要领

（1）控制好油温。控制油温是使原料上色的关键，过高或过低都会使原料色彩达不到所需要求。

（2）选择好上色的原料。上色的原料含有糖分，高温时糖分会发生焦糖化反应从而使原料上色。不同原料含糖量各不相同，上色效果也不同，因此要根据菜肴成菜要求选择恰当的上色原料。

（3）原料要涂抹均匀，防止过油时出现色彩不均匀现象。

（二）卤汁走红

1. 操作步骤

将经过焯水或走油的原料浸没在按菜肴需要调制的有色卤汁中旺火烧沸，再改用小火加热至原料上色。

工艺流程为：

选择原料 —→ 原料初加工 —→ 焯水或过油 —→ 调制卤汁 —调好味和色→

放入原料 —→ 加热 —旺火烧沸，改为小火→ 控制加热程度 —原料上色适当→ 捞出备用

2. 适用原料

卤汁走红一般适用于猪肉、蹄肘、鸡、鸭等原料，多用于制作烧、蒸菜的上色，原料滋味较浓厚。

3. 操作要领

（1）掌握好卤汁颜色及口味。卤汁走红前先调整好卤汁的口味及颜色，使原料走红后符合成菜要求。

（2）控制好火力。一般采用先旺火烧开，再改为小火加热，既可使原料上色均匀，又可避免原料加热过度。

（3）控制好原料的成熟度。卤汁走红上色较慢，原料在加热过程中会达到一定成熟度，因此在进行卤汁走红时，要掌握好原料的成熟度，防止过熟而影响正式烹调。

三、走红的原则

（1）根据成菜要求控制走红的颜色。走红的主要目的是使菜肴颜色美观，因此，要控制好走红后原料的颜色，使其符合成菜的要求。

（2）控制好成熟度。走红过程中都会伴随原料成熟，因此，要通过适当的方法来控制好原料的成熟度，使原料既较好地上色，又能达到所需的成熟效果。

第六节　汽　蒸

汽蒸，就是把已加工整理的原料放入蒸柜（笼），采用不同火力，通过蒸汽将原料加热成半熟或全熟的半成品，为正式烹调做准备的熟处理方法。

一、汽蒸的作用

（1）保持原料的营养成分。汽蒸时原料温度不会过高，原料的营养成分受高温影响相对较小，同时加热时湿度又较饱和，原料汁水流失较少，营养成分损失很少。

（2）保持原料特有的滋味。原料汁液渗透较少，使原料自身特有的滋味不易散失，保持了原料自身呈味效果。

（3）保持原料原形。汽蒸是在相对封闭的状态下加热，在加热过程中不需要翻动原料即可使原料均匀受热，使原料始终保持原来的形状。

（4）缩短正式烹调的时间。

二、汽蒸的方法

根据原料质地和要求的不同，汽蒸可采用旺火沸水蒸制和中火沸水蒸制两种。

（一）旺火沸水蒸制

1. 操作步骤

将加工整理后的原料放入蒸柜（笼），一直用旺火较长时间加热至原料熟软或软糯。

工艺流程为：

原料选择 $\longrightarrow$ 初加工 $\xrightarrow{\text{掺足水，旺火烧沸}}$ 原料放入蒸柜（笼）$\longrightarrow$ 蒸制 $\xrightarrow{\text{旺火，长时间}}$ 控制原料成熟度 $\xrightarrow{\text{根据需要或成菜要求}}$ 取出 $\longrightarrow$ 备用

2. 适用原料

旺火沸水蒸制适用于体积较大、韧性较强、不易熟软的原料，如鱼翅、干贝、蹄筋等干货原料的涨发，以及体积较大的鸡、肘子等的初步熟处理多采用此种方法。

3. 操作要领

（1）蒸制时，要水宽、火旺、蒸汽足，一气呵成。

（2）蒸制时间的长和短，应根据原料的不同质地和半成品的要求而定。

（二）中火沸水蒸制

1. 操作步骤

将经加工整理后的原料放入蒸柜（笼），用中火将原料蒸熟，并使其保持鲜嫩。

工艺流程是：

原料选择 $\longrightarrow$ 初加工 $\xrightarrow{\text{掺足水，旺火烧沸}}$ 原料放入蒸柜（笼）$\longrightarrow$
蒸制 $\xrightarrow{\text{中火，短时间}}$ 控制原料成熟度 $\xrightarrow{\text{根据成菜要求}}$ 取出 $\longrightarrow$ 备用

2. 适用原料

中火沸水蒸制主要适用于新鲜度较高、细嫩易熟、不耐高温的原料，如制作菜肴绣球鱼翅中的绣球、竹荪肝膏的肝膏、鸡（肉、兔、鱼等）糕、嫩蛋等半成品的熟处理。

3. 操作要领

（1）控制好火力以及蒸汽量。火力要适当，水量要足，蒸柜中蒸汽量适中，保证蒸制后的半成品质地细嫩，不起蜂窝眼，形态美观。

（2）控制好汽蒸时间。原料刚熟即可，长时间蒸制会使原料颜色不正或质老。

三、汽蒸的原则

（1）掌握好火候。根据原料的质地、类别、特性、形状等选用不同火力与蒸制时间，保证成菜质量。

（2）与其他处理方法配合。部分原料汽蒸前需先焯水、过油、走红，部分原料需要提前码味、定型，个别原料需要先制成茸、泥等。

（3）多种原料同时蒸制，要防止串味串色。

第七节　其　他

一、微波加热

微波是一种电磁波，在加热过程中，微波穿透烹饪原料内外，使容易吸收微波的水分、油脂、糖、精盐等分子产生剧烈振动，相互摩擦碰撞，产生大量的热能，使烹饪原料表里都发热，温度迅速上升，从而使烹饪原料快速成熟。烹调中盛装烹饪原料的微波炉专用器具因不吸收微波不会变热，且炉体本身也是冷的，因此热能损失很小。

微波加热是烹饪原料内部直接加热，使烹饪原料内外加热均匀，避免传统加热方法出现的表面过热而内部升温缓慢且不均匀现象，保留了烹饪原料原有的色、香、味，同时也减少了营养的损失。

二、烤箱加热

烤箱加热是利用热空气通过热传导来加热使原料成熟。

操作程序：

原料选择→原料初加工→放入烤箱→调节温度与时间→控制成熟度→备用

烤箱加热是由外而内，并且烤箱温度往往较高，烹饪原料表面高温受热，容易形成皮酥的效果。烹饪原料内部传热主要是通过热传导方式，传热速度较慢，因此，烹饪原料内部能保持细嫩质感。通过烤箱加热，能使原料形成皮酥肉嫩、香鲜醇厚、色泽美观、形态大方的特点。

基本功训练

基本功训练一　焯水、过油的基本功训练

训练名称　焯水、过油的基本功训练

训练目的　通过对焯水、过油两种初步熟处理的训练，掌握原料初步熟处理的基本方法和技巧。

训练原料　四季豆 100 g、猪里脊肉 200 g、水淀粉 30 g、色拉油 1 000 g、温度计（以每组为训练单位）

训练过程

1. 焯水基本功训练：四季豆择洗干净，平均分成两份。锅中掺入清水，放在火上，下第一份四季豆采用冷水锅焯水，水开后再煮 1 分钟，捞出晾凉。再将水烧开后放入第二份四季豆，水沸后煮 1 分钟捞出晾凉。观察两次焯水四季豆的颜色、质感，并将两次结果进行比较，做记录。

2. 过油基本功训练：猪瘦肉切成二粗丝，加入水淀粉抓拌均匀，平均分成两份。炒锅放在中火上，倒入色拉油，测定油温，油温升至 80 ℃ 时将一份猪肉丝放入油锅中滑散，注意防止原料脱浆，一分钟后将肉丝捞出，沥干油；将油温升高至 150 ℃ 时分散放入另一份猪肉丝，一分钟后捞出，沥干油。比较两次过油的过程和结果，做记录。

训练总结

本章小结

本章主要讲述了原料初步熟处理的作用、种类、操作关键，并通过实际训练，使学生熟练掌握各种熟处理的方法，并能正确掌握熟处理的火候，保证半成品的成熟度恰到好处。

复习思考题

1. 如何掌握好过油时的油温？
2. 动物原料焯水时怎样鉴别原料的成熟程度？
3. 汽蒸的方法分为哪几种？各适用于哪些原料？

第六章

原料保护与优化加工工艺

通过本章的学习，了解保护与优化加工的原理，熟悉淀粉等原料的性质，掌握保护与优化加工的具体方法，能熟练运用上浆、挂糊、勾芡等技能。

在加热烹调前或烹调过程中，针对原料固有的风味、质地、形态、营养成分等对原料进行的保护和进一步改良的加工方法，叫保护与优化加工工艺。

保护与优化加工主要存在两种情况：一是原料经过初步加工处理后，在烹调前以包裹为主要方法进行的再加工处理，能优化原料品质。例如，炒、爆、鲜熘等方法烹调的肉类原料，通过上浆处理后加热，其鲜嫩度较好；制作菊花鱼时，对剞刀处理的鱼肉扑上干淀粉，高温炸制后，成形就会美如菊花状；制作肉排时，将腌制好的肉脯粘裹上吉列粉，炸制后的肉脯就会色泽金黄、外松脆内鲜嫩、香气四溢。二是在菜肴加热后期，通过对锅中的汤汁和调味料以增加稠度为主要目的进行的再加工，能使原料的食用价值和风味效果更佳，优化原料的品质。例如，炒、爆、鲜熘菜肴，为了使调味料粘裹在所有主辅料上，可以通过勾芡来增加味汁稠度，达到粘裹、上味、增加光泽亮度等效果；汤羹类菜肴通过淀粉、鸡蛋使汤汁增稠，使各种原料悬浮在汤羹中，食用起来方便，质地细滑，保温。这些保护与优化加工工艺可以提高菜肴的视觉、味觉品质，给人们增添进餐过程中的情趣，实现菜肴的美食效果。

保护及优化加工的工艺范围主要包括上浆与挂糊、芡汁与勾芡工艺内容。

第一节　保护与优化加工工艺及原理

保护与优化加工原料有淀粉、禽蛋、油脂、食品添加剂、面包糠、米粉、芝麻、各种果仁等。

一、淀　粉

淀粉是食物的重要组成部分，是植物体中贮存的重要养分，存在于种子和块茎中。烹饪所使用的淀粉是从植物体中加工提取制成的干制品，包括直链淀粉和支链淀粉两类。直链淀粉占天然淀粉总量的 15%～25%，能溶于热水（70 ℃～80 ℃），黏性小；支链淀粉占天然淀粉总量的 75%～85%，不易溶于热水，能在热水中膨胀，在高温下才溶解于水中，黏性大。植物原料黏性越大，其支链淀粉含量越多，糯米淀粉几乎含 100% 支链淀粉。

（一）淀粉在烹饪中的变化及作用

淀粉是烹饪过程中使用较多的重要辅料，它在加热过程中的变化对菜肴的品质起着十分重要的作用。

1. 淀粉的糊化作用

糊化作用是指淀粉在一定温度条件下在水中膨胀、分裂，形成均匀糊状溶胶的现象。淀粉粒不溶于冷水，在常温条件下基本没有变化，吸水率和膨胀性很低。水温在 30 ℃ 时，淀粉只能吸收 30% 左右的水分，淀粉粒不膨胀，仍保持硬粒状。当水温达到 50 ℃ 时，淀粉开始明显膨胀，吸水量增大。当水温达到 60 ℃ 时，淀粉开始糊化，形成黏性淀粉溶胶，这时淀粉的吸水率大大增加。

淀粉糊化过程可分为三个阶段：

（1）可逆吸水阶段。水分进入淀粉粒的非晶质部分，体积略有膨胀，此时冷却干燥，颗粒可以复原，双折射现象不变。

（2）不可逆吸水阶段。随着温度升高，水分进入淀粉微晶间隙，淀粉粒不可逆地大量吸水，双折射现象逐渐模糊以至消失，亦称结晶溶解，淀粉粒膨胀至原始体积的 50 ~ 100 倍。

（3）淀粉粒解体阶段。淀粉分子全部进入溶液，淀粉糊化程度越大，吸水越多，黏性也越大。淀粉糊化作用的本质是淀粉中有规则状（晶体）和无规则状（非晶体）淀粉分子间的氢键断裂，分散在水中成为胶体溶液。

不同淀粉的糊化温度不同，一般为 60 ℃ ~ 80 ℃。一般来说，小麦、玉米中的淀粉较马铃薯、甘薯中的淀粉容易糊化。

淀粉糊化在保护与优化加工工艺中是最重要、使用最频繁的。

2. 淀粉的水解现象

淀粉在酸、酶和高温作用下可发生水解，水解产物主要有糊精、麦芽糖。淀粉经水解，黏度迅速降低，水溶性不断增强。

烹饪过程中淀粉发生水解现象往往是淀粉糊化后过度加热或过度放置所致，导致稠度降低，影响保护与优化作用，从而影响菜肴质量。

3. 淀粉的老化现象

淀粉溶胶或淀粉凝胶在冷却放置一定时间后会变成不透明状甚至产生沉淀，淀粉制品表现为口感变差、干硬、易掉渣，这种现象称为淀粉老化。淀粉老化的实质是：糊化后的淀粉分子自动从无序状态排列成有序状态，相邻分子间的氢键又逐步恢复，失去与水的结合，从而形成致密且高度晶化的淀粉分子束。老化过程可以看作是糊化的逆过程，但老化不可能使淀粉彻底复原到原始的结构状态。老化的淀粉黏度降低，糊化能力降低，增稠作用逐步失去。淀粉的老化受淀粉的种类、组成、含水量、温度、共存物质等因素影响。不同种类的淀粉，老化难易程度不同：一般直链淀粉比支链淀粉容易老化；随温度的降低，老化速度变快，淀粉老化最适宜的温度为 2 ℃ ~ 4 ℃，高于 60 ℃ 或低于 – 20 ℃ 都不易发生老化；糊化不充分的淀粉容易发生老化；弱酸性条件会促进淀粉老化；加入大量蔗糖可减弱淀粉老化；添加乳化剂可抗老化。

在菜肴预制过程中，烹饪原料加热后长时间放置容易出现淀粉的老化现象，灵活掌握存放时间，可以避免老化现象出现。

（二）淀粉的种类

1. 豌豆淀粉

豌豆淀粉又称豌豆粉，是从豌豆粒中提炼出的淀粉，具有色白黏性足、吸水性小、有光泽、糊化后不易老化的特征，是传统菜肴制作中最常用的淀粉之一。豌豆淀粉一般属于传统工艺制作成品呈颗粒不规则状，直接使用不方便，所以在菜肴保护与优化加工时很少使用。

2. 绿豆淀粉

绿豆淀粉又称绿豆粉，是从绿豆粒中提炼出的淀粉，含直链淀粉较多，占60%以上，淀粉颗粒细小而均匀，色白，热黏度高，黏性足，细腻有光泽，稳定性和透明度好，最宜勾芡。但因价格相对偏高，在保护与优化加工过程中使用得较少。

3. 玉米淀粉

玉米淀粉又称玉米粉、粟米淀粉、粟粉，是从玉米粒中提炼出的淀粉。玉米淀粉为不规则的多角形，颗粒小而不均匀，色白，含直链淀粉25%左右，糊化温度较高（64 ℃ ~ 72 ℃），糊化过程较慢，糊化热黏度上升缓慢，透明度较差，黏性一般，吸水性中等，质地细腻有光泽，价格便宜，使用方便，是目前最常使用的淀粉。

4. 土豆淀粉

土豆淀粉又称马铃薯淀粉、土豆粉，是从土豆中提炼出的淀粉，粉粒为卵圆形，颗粒较大，颜色较白，直链淀粉含量约为25%，糊化温度较低（59 ℃ ~ 67 ℃），糊化速度快，糊化后很快达到最高黏度，黏性一般，质地较粗，透明度好，但糊化后容易老化，宜作浆糊使用，是较好的淀粉品种。

5. 番薯淀粉

番薯淀粉又称地瓜淀粉、红苕淀粉，是从鲜薯中提炼出的淀粉。番薯淀粉的颗粒呈椭圆形，颗粒大，色较深，糊化温度高达70 ℃ ~ 76 ℃，含直链淀粉约为19%，吸水能力和糊化能力都较强，热黏度高，较透明，但光泽度差，色泽偏灰。一般红苕淀粉呈颗粒状，色较深，在保护与优化加工过程中使用不便，只在个别乡土菜中有使用，可用于制作红苕粉。

6. 木薯淀粉

木薯淀粉又称木薯粉、菱粉、生粉，是从木薯中提炼出的淀粉，黏性一般，吸水性中等，质地细腻，糊化能力强，透光度好，不易老化，是目前餐饮企业使用较多的淀粉。

7. 小麦淀粉

小麦淀粉又称澄粉，是从面粉中提炼而成，呈圆球形，含有25%的直链淀粉，糊化温度为65 ℃ ~ 68 ℃，质地细腻，热黏度低，透明度和凝胶能力都较差，黏性一般，吸水性一般，在菜肴制作中使用较少，主要用于制作象形点心。

8. 糯米淀粉

糯米淀粉几乎不含直链淀粉，不易老化，易吸水膨胀，也较易糊化，有较强的黏性，质地细腻，可用于特殊菜肴的挂糊和勾芡。

此外，国内还生产有菱角淀粉、莲藕淀粉、马蹄淀粉等品种，其用途与玉米淀粉、生粉较相似。

9. 变性淀粉

为改善淀粉的特殊性能、改良应用范围，利用物理、化学或酶法处理，在淀粉分子上引入新的官能团、或改变淀粉分子大小和淀粉颗粒性质，从而改变淀粉的天然特性，使其更适合于淀粉应用的要求。这种经过淀粉的再次加工，改变性质的淀粉统称为变性淀粉。原淀粉经过这种加工处理后，不同程度地改变其原来的物理或化学特性。如：糊化温度、热黏度、稳定性、凝胶力、透明性、抗老化等。

二、禽 蛋

禽蛋也是菜肴制作中的重要辅料，在改善菜肴制品的色、香、味、形和提高菜肴营养价值及制作工艺等方面都有一定作用。烹饪中最常使用的禽蛋原料主要是鸡蛋。

（一）鸡蛋的结构

鸡蛋是烹饪原料中的一种典型壳类原料，由蛋壳、蛋清和蛋黄三个主要部分组成。

1. 蛋 壳

蛋壳在鸡蛋的最外层，呈石灰质硬壳椭圆状，一头较大，一头较小。壳外还有一层胶质性的黏液——外蛋壳膜，属可溶性蛋白物质，短期内能防止微生物的污染。

2. 蛋 清

蛋清呈白色半透明状，有黏性，是半流体胶状物质。体积占全蛋的 57% ~ 59%，蛋清中约含蛋白质 12%，主要是卵白蛋白。蛋清的最外层有两层薄膜包围，称为蛋白膜和内蛋壳膜。蛋清的两端各有一条带状物连着蛋黄，称为系带。在蛋大头一端，蛋壳和蛋清之间形成一个大小不等的空隙，称为气室。蛋清有浓厚蛋清和稀薄蛋清之分，靠近蛋黄的部分蛋清浓度较高，靠近蛋壳的部分蛋清浓度较稀。蛋清中浓蛋清黏稠，富有弹性，但随着贮存时间的延长，会慢慢变稀失去弹性，转变为稀薄蛋清。

3. 蛋 黄

蛋黄多居于蛋清的中央，是由系带悬于两极呈不透明的半流体乳状黏稠物，外包着一层薄膜（称为蛋黄膜）。随着贮存时间的延长，蛋黄膜会失去弹性而破裂，变成散黄蛋。蛋黄体积占全蛋的 30% ~ 32%，主要组成物质为卵黄磷蛋白，脂肪含量为 28.2%。蛋黄内有胚珠。

（二）鲜鸡蛋在烹饪中的变化及作用

1. 蛋清的起泡性

蛋清中的主要组成部分卵白蛋白，具有结晶性，蛋清的其他部分有较强的黏性。蛋清经高速搅打，其中细小的晶体会裹吸空气，形成泡沫状球形。蛋白胶体具有的黏度使蛋清泡沫层变得浓厚而更加稳定，因此，蛋清具有良好的起泡性。蛋清的起泡性可以使鸡蛋调制的糊具有松泡性，使制成品体积膨胀，外形饱满。

2. 蛋黄的乳化性

蛋黄中含有许多磷脂和脂肪，磷脂具有亲油和亲水双重性，是一种天然的乳化剂。经搅拌，它能使油、水和其他原料均匀地融合在一起。蛋黄的起泡性可以使鸡蛋调制的浆糊质地均匀细滑，制品细腻，有一定松脆性。

3. 蛋液的黏结性

蛋液是一种亲水性胶体，具有一定黏结力，一方面能增强蛋液调制的糊浆的黏附性，另一方面也能增强原料表体对干、松、碎小原料的粘裹效果，并可以使原材料之间的粘贴更加平整坚实，常用于包、卷、贴等菜肴的造型处理。

4. 蛋白质的热凝固性

蛋液中的蛋白质对热较敏感，温度在 58 ℃ 时就开始凝固变性。蛋液变性的过程中，变性蛋白质的黏度增大，使菜肴外观滑嫩光亮，可以增加汤羹的稠度和强化视觉效果。蛋液的热凝固物经高温脱水后具有松脆性，在煎炸制菜肴中可以增加色泽，改良品质，并使菜肴具有特殊的蛋香味。

三、油　脂

植物油和动物脂统称为油脂。油脂分布十分广泛，各种植物的种子、动物的组织器官中都存在一定数量的油脂，特别是油料作物的种子和动物皮下的脂肪组织，油脂含量丰富。保护与优化加工使用的全部是常温下呈液体的植物油。

（一）植物油的种类

1. 大豆油

大豆油是从大豆中提取的一种植物油，全国均有生产，东北地区生产较多。大豆油状态稳定，亚油酸含量高，不含胆固醇，是一种良好的食用油。普通的大豆油具有较强的豆腥味，使用前应用高温加热炼制，去除豆腥味。

2. 花生油

花生油是从花生中提取的一种植物油，是我国华北、华东、南方等地的主要食用油。花生油有浓郁的香味，随温度降低，所含硬脂酸析出，油脂变浑浊，因此在温度较低的冬天和冷藏条件下，会适度变稠。

3. 菜籽油

菜籽油是从油菜籽中提取的油，除东北地区外，全国均有生产，其中长江流域和珠江流域各省较多。菜籽油中芥酸和油酸含量高，饱和脂肪酸含量较低。普通菜籽油为深黄色，精制后为浅黄色，带有菜籽的特殊气味和滋味，经高温加热炼制可除去芥酸等。

4. 芝麻油

芝麻油又称香油，是从芝麻仁中提取的一种油，具有特殊的浓郁香气，全国各地区均有出产。由于加工方法不同，分为小磨香油和大槽香油。小磨香油呈褐色，香味醇厚，生熟可食。在加工过程中，芝麻中的芝麻酚素在高温下水解为芝麻酚。芝麻酚不仅具有特殊的香气，还有很强的抗氧化能力，因而芝麻油较其他植物油不易酸败。

（二）植物油的作用

1. 可以改良浆糊的物理性质

在调制浆糊时加入油，经调制后植物油分布在蛋白质、淀粉颗粒周围形成油膜，限制浆糊中的蛋白质吸水，使浆糊中的微粒相互隔离，从而使形成的微粒不易黏结，降低浆糊的弹性、黏度、韧性，便于挂糊操作，使菜肴成形美观、质地松脆。

2. 油脂的起酥性

在浆糊调制过程中加入油脂，经调制能使浆糊中的微粒表面覆盖一层油脂微粒，能更大程度地限制蛋白质形成大分子结构，使制品口感酥松，入口易化。在脆浆中加入油脂，对脆浆的质地影响最具代表性。影响油的起酥性有以下几个因素：

（1）油的用量越多，起酥性越好，但过多，制品成形过分松散，影响成形的完整性。

（2）加热温度影响油的起酥性，过高或过低，都会降低油脂的起酥效果。

（3）鸡蛋、乳化剂、炼乳等原料对起酥性有辅助作用。

（4）油脂和浆糊的混合过程就是一个乳化过程，搅拌的方法及程度都会影响起酥效果。

3. 油脂的充气性

油脂的充气性是指油脂在空气中经搅拌，空气中的细小气泡被油脂吸入的性质。在浆糊调制的过程中，油脂结合了较多的空气，当浆糊加热时，油脂受热流散，气体膨胀并向两相的界面流动，此时浆糊中的空气、发酵产生的气体、水蒸气也向油脂流散的界面聚集，使制品碎裂成为片状或椭圆形的多孔结构，从而产品体积膨大、酥松。

4. 油脂的润滑阻隔性

油脂润滑细腻，与空气、水分基本互不兼容，能阻隔空气、水分对原料的影响。在上浆时用少量油脂，可以使加工后的原料下锅滑油时不易黏结，同时也起到一定保水作用，增加原料嫩度。如果上浆后的原料需要存放，油脂可以使原料表面的水分不蒸发，含水量均匀一致。

四、食品添加剂

食品添加剂是指为改善食品品质和色、香、味、形、营养价值，以及为贮存和加工工艺的需要而加入食品中的化学合成或天然物质。食品添加剂在烹饪中的应用并不是一个时髦的概念，特别是全国各地餐饮业高速发展，各地餐饮业规模化程度和企业化程度提高，连锁经营广泛实施，使得传统烹饪工艺中的各加工工艺流程逐步向标准化操作过渡，使得传统手工烹饪向广义的大批量规模化生产发展。同时，随着消费者美食鉴赏水平的提高，传统烹饪制作的食物风味很难满足消费者的口味需求，所以食品添加剂正以一种新的应用形式被餐饮业和烹调师广泛应用。

食品添加剂包括营养添加剂、食品加工辅助剂等。食品添加剂可以是一种物质或多种物质的混合物，它们中大多数并不是基本食品原料本身所固有的物质，而是在生产、贮存、包装、使用等过程中为达到某一目的有意添加的物质。食品添加剂一般都不能单独作为食品来食用，它的添加量有严格的控制，通常添加量也很少。食品添加剂作为厨艺的特殊秘密武器，正逐步应用于烹饪工艺。

（一）食品添加剂的主要功能

食品添加剂主要有以下功能：
（1）提高食品质量。
（2）增加食品的品种，增强方便性，并可开发食品新资源。
（3）有利于食品加工，使加工工艺变得容易可行。
（4）有利于满足不同人群的特殊需求，并增强食品的个性特征。
（5）有利于原材料的综合应用。

（二）食品添加剂的种类

目前，国际上对食品添加剂的分类还没有统一的标准，各国、各地区的使用情况、特点和传统习惯也不尽相同，而许多食品添加剂的作用是多方面的，各国、各地区大都根据本国的具体情况来分类。我国在《食品添加剂分类和代码》（GB/T 12493—1990）中，除香料外，将其分成 21 种：酸度调节剂、抗结剂、消泡剂、抗氧剂、漂白剂、膨松剂、胶母糖基础剂、着色剂、护色剂、乳化剂、酶制剂、增味剂、面粉处理剂、被膜剂、水分保持剂、营养强化剂、防腐剂、稳定和凝固剂、甜味剂、增稠剂和其他。下面介绍几种在保护与优化加工过程中常用的添加剂。

1. 鲜味剂

能增强食品风味的食品添加剂叫增味剂，也叫鲜味剂，味精就是最传统的代表物。增味剂主要呈现鲜味。鲜味是一种复杂的美味感。自然界中具有鲜味的物质很多，但有的鲜味不足，有的制取困难，应用于食品的主要是有机酸类型增味剂。代表商品有鲜味蛋白、味特鲜、I+G、琥珀酸钠、酵母抽提物等。这些添加剂能赋予菜品宽广的风味，突出鲜味，使菜品味感浓郁，可增进食欲，对人体机能有调节作用，能调和动、植物原料的风味，掩盖植物性原料的味道，改善蛋白质和脂肪的亲和性，使菜品在风味、质地上更易为消费者所接受。鲜味剂主要使菜肴增味提鲜，带有汤汁或汁液较多的菜肴更宜使用。

2. 肉味香精

所谓肉味香精，就是具有肉类风味或某些菜肴风味的物质。随着科学技术的发展，现在人们已经可以用各种手段分离存在于各种烹调中的香味成分，并检测出存在于各种动物组织中、能在烹调时产生香气的成分，分析出以上香味成分的关键物质，进行人工合成或从天然物质中提取，将关键物质与其他物质以适当的比例配制成香精。目前已成功地生产了许多与天然肉类风味及某些菜肴风味相似的肉味香精，食用效果都很好。代表商品有纯鸡粉、纯牛粉、纯鸡油、海味素、烧腊香味素、海鲜香精、牛肉香精、牛肉粉精、猪肉香精、鸡肉香精、虾粉香精、烤肉粉精、肉味粉精、鲍鱼素、鱼翅精、鲜鸡汁等。这些肉味香精有膏状、粉末状、液态几种，可运用于对应肉类原料烹制的菜肴，使用时多在加热前的腌制和加热后期勾芡时放入。

3. 香味剂

香料是具有挥发性的含香物质。按来源或制法可以分为天然香料和人造香料两大类。每种天然香料都含有复杂成分，并非单一化合物。天然香料因制取方法的不同，可得到不同形态的产品，如精油、浸膏等。人造香料可分为天然等同香料及人造香料两类，包括单离香料及合成香料。香料在食品中通常是几种乃至上十种香料调和起来，共同使用，才能满足应用上的需要。这种由香料配制而成的产品称为香精，所以，香料也是香精的原料。从天然物中提取天然的食用香味剂，制取手段复杂，生产成本很高，因而在天然香味剂中往往加入一些其他香料以降低成本，增加风味。代表商品有蒜粉精、姜粉精、葱粉精、百草粉精、茴香粉精、丁香粉精、川椒粉精、辣味剂、辣味酱香剂、鲜茴油、鲜桂油、鲜洋葱油、鲜姜油、鲜蒜油、薄荷油、留兰香油、芥末油。这类香味添加剂多用于制作各种调味汁，在菜肴制作后期放入，特别在很多外来的时尚创新菜肴中运用更多。

4. 品质改良剂

品质改良剂是改善或稳定食品各组成成分的物理性质或改善食品组织状态的添加剂，它们对食品的形和质以及食品加工工艺性能起着重要作用。代表商品有：

（1）腌渍品改良剂，可增加蔬菜及其腌渍品甜、爽、脆的风味效果，并使制成品不变色，应用于制作四川泡菜效果极佳，也用于时下流行的蔬菜生吃，可增加脆嫩爽口之效果。

（2）特效增稠剂，改善增稠效果，比日常用淀粉勾芡更加细腻匀滑，光亮悦目，放置较长时间不会老化变稀，常用于浓汤菜品和高档菜品的收汁使用。

（3）肉制品增脆剂，可增强肉制品吸水性，抑制肉质硬化，使制成品成熟后质地爽脆有弹性，特别适宜追求脆嫩质地效果的毛肚、鸭鹅肠、脆肚、脆牛肉以及爽口肉丸的加工。常用的商品有弹力素。

（4）肉制品改良剂，增强肉制品吸水性和保持水分的能力，对提高产量及品质有显著功效。常用的有松肉粉、小苏打、苏打。

（5）乳化剂，添加少量即可显著降低油水两相界面的张力，产生乳化效果。食物是含有水、蛋白质、脂肪、糖类等组分的多相体系，其中许多成分是互不相溶的，各组成成分混合不匀，乳化剂正是能使食品的多相体系各组成成分相互融合，形成稳定均匀的形态，改善内部结构，简化和控制加工过程，提高食品质量的一类添加剂。在烹饪加工中常使用它来达到乳化、分散、起酥、稳定、发泡等目的。

5. 色泽改良剂

菜品色调的选择依据是心理或习惯上对菜品颜色的要求，以及色与原料、色与菜肴风味的关系。目前可以用着色剂、护色剂、漂白剂调制出相应的颜色，以达到菜肴的最佳色泽效果。常用的有着色剂、各种色素、焦糖色剂，可根据具体的使用情况灵活调配，以满足成菜色泽的需要。特别值得推荐的是焦糖，它完全可以替代传统厨艺中的糖色，用于炸收、卤制、酱制、红烧等烹调方法制作的菜肴，不但色泽鲜艳光亮，而且色调不因人为因素而发生品质的波动。

第二节　上浆与挂糊

一、上浆与挂糊的概念

上浆与挂糊，行业上习称糊浆处理，因各地差异又称为着衣、穿袍、穿衣、粉浆，作为中国烹饪技术中最常用的原料预处理方法，是指在经过刀工处理的原料表面粘裹一层以淀粉为主要原料调制成的黏性浆糊状物质。上浆与挂糊并不完全相同，但工艺原理和烹饪作用近似。上浆广泛用于常见的炒、爆、熘、汆、烧、烩、焖的烹调过程，还可以用于原料熟处理方法焯水、滑油前的原料预处理，适用于质地细嫩的鸡、鸭、鹅、猪、牛、羊、鱼、虾、蟹等各类烹饪原料。原料需加工成丝、条、丁、片，所需的黏性浆糊状物质较稀薄，用量较少，原料上浆后最好放置一定时间，使水溶淀粉饱和后再加热。而挂糊适用于大多数动植物原料，原料成形较大，可以是花形原料、块、条，可以带骨，甚至整形原料，所需的黏性浆糊状物质较浓稠，用量较多，原料挂糊后最好立即加热，主要应用于炸、煎、烤等烹调方法。

二、上浆与挂糊的作用

上浆与挂糊作为预处理技术，具有重要的作用，具体如下：

1. 保持原料水分和固有质地

原料通过上浆或挂糊处理，在加热过程中，表面的浆糊会缓冲高温对原料组织的直接作用，避免原料组织骤然受热而失水；同时浆糊受热形成胶状致密的外衣，阻止了原料内部水分的外溢，从而保持了原料本身特有的细嫩质地。

2. 改善原料的质感

上浆或挂糊处理过的原料，在加热过程中，表面的浆糊由于淀粉糊化，短时间内会形成细腻光亮、细嫩软滑的外表效果，形成独有的嫩滑质感。如果加热时间长、加热温度高，往往会使浆糊骤然受热，使水分大量快速流失，形成色泽金黄、香味浓郁、质地松脆的外表效果，大大丰富了菜肴质感，并形成独特的内外质感的对比效果。

3. 保护原料形态，增强定型效果

烹饪原料加工成丝、条、丁、片等形状，在加热中容易萎缩变形，甚至碎散不成形。原料通过上浆或挂糊处理，在加热过程中，浆糊会保护原料的形态，使原料形态完整饱满，特别是经过高温和较长加热时间的处理，对于原料形体需要固定的菜肴，具有良好的固定作用和定型效果，能帮助体现烹饪的艺术性。

4. 提高营养价值，增强调味料的粘裹效果

在烹饪加热过程中，原料的营养成分易被破坏，尤其是维生素的损失与蛋白质的变化。上浆或挂糊处理则对原料有显著的保护作用，避免营养物质的大量流失，避免营养物质受高温的破坏，同时表面的淀粉物质又对加入的调味料和汤汁有好的裹覆性，从而促进整个菜肴的调味效果。

三、上浆与挂糊的机理

上浆与挂糊并不完全相同，但工艺原理和烹饪作用近似。浆糊主要适用于动物原料，包括动物横纹肌，水产的鱼肉、虾肉、贝类的闭壳肌等。动物横纹肌，如常见的猪、牛、鸡肉组织，可以看到一条条肌纤维组成的肌束，各个肌纤维由结缔组织连接，在肌纤维内充满着肌原纤维，这种结构使肌肉加工后不易破碎，但易于失水萎缩而老化。鱼肉是由肌纤维较细

的单个肌群组成，肌群间存在很多可溶性胶原蛋白类物质，肉质显得非常柔软，比较松散，成熟后易破碎。虾肉肌纤维膜较厚，由伸、屈肌构成肌肉块，含水量大，易流失而使肉质老木。闭壳肌以鲜贝为代表，由肌纤维组成整形肌肉块，含水量大，成熟后易流失，而使外形收缩，肉质变老。这些原料中所含蛋白质和水分、加入的基础调味料、各种淀粉制品是上浆挂糊制作工艺的关键。上浆挂糊的机理是在基础调味料物理搅拌的作用下，原料中以各种形式存在的水被原料中的蛋白质吸附，再被原料表面的淀粉、鸡蛋组织包裹，通过加热，利用蛋白质、淀粉、鸡蛋等烹饪原料的物理、生物、化学变化，特别是上浆挂糊后经加热淀粉糊化形成黏性很大的胶体，紧紧包裹在原料表面，使原料内的水分、风味物质不易流失，显得饱满鲜嫩，并使原料在加热中不易散碎，从而起到保嫩、保鲜、保持形态、增强定型效果、改善原料质感、提高营养价值、增强调味料的粘裹效果、提高风味与营养的综合优化作用。

动物原料上浆挂糊，适宜选择肌肉僵持后期。此时为最佳时机，这时肉体开始软化，肌原纤维逐渐破碎，肌肉逐渐伸长，持水性逐渐提高，在组织蛋白酶的作用下，蛋白质部分水解成肽和氨基酸游离出来，大大改善了原料的风味。上浆挂糊所需的黏性浆糊状物质用量较少，浓度较稀薄。原料上浆挂糊后最好放置一定时间再加热，主要应用于炒、爆、熘、氽、炸的烹调处理，还可以用于原料熟处理方法焯水、滑油前的原料预处理。挂糊还可用于部分植物性原料。

四、烹调中常备的浆糊

（一）配制浆糊的常备原料

1. 基础调味料

基础调味料包括精盐、白糖、味精等，以精盐为主要代表。基础调味料是上浆挂糊的关键用料，除了基本调味作用之外，精盐可以在原料的表面形成浓度较高的电解质溶液，将肌肉破损处的肌球蛋白提取出来，形成一种黏性较大的蛋白质溶液，从而增加蛋白质水化层的厚度，提高蛋白质的亲水能力，同时可以增加蛋白质表面的电荷，提高蛋白质的持水能力，使肌肉更加饱满细嫩，有利于上浆挂糊。这一作用表现得很明显，在加精盐之前，原料表面松散没黏性，而加盐拌匀后，原料表面就会有一层透明的黏液，在上浆中起着溶剂的作用，它可以溶解盐、蛋白质等物质，便于盐溶性蛋白的溶出；可以分散不溶性的淀粉颗粒，使其均匀地黏附于原料表面，使原料大量吸水，增加嫩度。

2. 淀　粉

淀粉是调制浆糊的主要原料，其吸水性能对浆糊十分重要。在对同样原料进行浆糊处理时，吸水性强的淀粉用量应少于吸水性弱的淀粉。不论浆糊调制的辅助原料差异，不论浆糊的稠度如何，总体上要求淀粉与原材料在拌和中厚薄均匀，用量合适，受热糊化后能形成均匀的胶体，才能紧紧包裹原料，使其水分及营养素不易流失，显得饱满、鲜嫩。淀粉用量应根据原料的不同性质和具体形状区别掌握，若用量多，则黏度大、易起团、不易散籽、不光滑；用量少，则黏性小、易脱落、不饱满、不鲜嫩。

3. 鸡 蛋

不论是使用全蛋、蛋清还是蛋黄，受热后鸡蛋的蛋白质变性凝固，能形成一层保护层，阻止原料中的水分流出，使原料保持良好的嫩度，在滑油处理时效果最好，不会变色，并取得刚刚成熟的最佳效果；在走油处理时，会因焦糖化反应和梅拉德反应而发生变色，特别是鸡蛋或蛋黄用量大时，因含脂肪多，油润阻水，更容易变色酥脆。

通常来说，使用时需将蛋液搅打均匀（一般不能搅打成泡沫，引起蛋白质物理变性，使黏度下降而影响质量），再与淀粉搅拌均匀，制成各种浆糊。具体浆糊的用量及干湿稠度，应根据菜肴要求和原料性质而随机掌握，太多会泻浆或黏度过大而不利于划油分散，易起团、不光滑；用量少，则黏性小、易脱落、不饱满、不光滑。

4. 水

上浆挂糊过程中的水分，不论是来源于原料，还是浆糊调制过程中添加的清水，以及鸡蛋中的水分，在浆糊中都起着溶剂的作用。它可以使各种浆糊真实可用；可以溶解精盐等基础调味料、蛋白质等物质，便于可溶性蛋白的溶出；可以分散不溶性淀粉颗粒，使淀粉均匀地黏附于原料表面，水还可以被原料大量吸附，增加原料持水量，增加嫩度。

5. 品质改良剂

加入品质改良剂，主要是肉制品增脆剂和肉制品改良剂，可使肌原纤维中蛋白质吸水膨胀，破坏肌肉蛋白中的一些化学键，软化腐蚀纤维膜，从而使肌肉组织疏松，含水量增大，可增强肉制品的吸水性和保持水分的能力，抑制肉质硬化，对提高产量及品质有显著功效，达到改良肉类原料质地的目的。品质改良剂往往与精盐同时放入搅拌，使用量一定要参考使用说明书（一般为原料的 0.3% 左右），上浆挂糊后需冷藏（不能结冰）静置 1 小时左右。

6. 姜、葱、料酒类原料

加入姜、葱、料酒等调味料，是为了除去异味，增加香味。特别是羊肉、牛肉、水产、野味等原料本身带有一些异味，加入姜、葱、料酒等调味料，能减轻或消除原料自身的不良味道，并增加调味料带来的浓郁香味。

（二）浆的类型、特征与配制

1. 水淀粉

水淀粉又称水粉浆、湿粉。用清水将干淀粉浸泡，淀粉吸水膨胀后再调匀即成水淀粉。使用时，先将切成丝、片、丁的动物原料调味，再加入水粉浆拌匀，薄而均匀地粘裹在原料外表。适用于爆、炒、氽等烹调方法。水淀粉是目前使用最为广泛的浆。

2. 蛋清淀粉浆

蛋清淀粉浆又称蛋清粉浆、蛋白湿粉。将鸡蛋清搅打均匀，加入干细淀粉或湿淀粉调匀成稀浆状。使用时，先将切成丝、片、丁的动物原料调味，再加入蛋清淀粉拌匀，薄而均匀地粘裹在原料外表。适用于爆、鲜熘、滑炒等烹调方法，特别适用于质地细嫩、本色菜肴原料的上浆，如清炒虾仁、鲜熘鱼片。

3. 全蛋淀粉浆

全蛋淀粉浆又称全蛋粉浆、全蛋浆。将全蛋液搅打均匀，加入干细淀粉或湿淀粉调匀成稀浆状。使用时，先将切成丝、片、丁的动物原料调味，再加入全蛋粉浆拌匀，薄而均匀地粘裹在原料外表。对于质地较粗的原料，可以加适量泡打粉或苏打，使原料经滑油后松软而嫩。适用于需经滑油上浆的原料。全蛋浆色泽淡黄，适用于对有色菜肴上浆。

4. 苏打浆

将鸡蛋清搅打均匀，加入湿淀粉、适量苏打调匀成稀浆状即成苏打浆。使用时，先将刀工处理后的原料调味，加入苏打浆拌匀，薄而均匀地粘裹在原料外表。此浆具有致嫩膨松的作用，多用于对牛羊肉的上浆。

（三）糊的类型、特征与配制

1. 水粉糊

水粉糊又称干浆糊。先用清水将干淀粉润湿，揉搓至无硬粒，再加清水调成干粥状，以能挂上主料为宜。一般投料标准为：干淀粉 500 g 加清水 350 g 调匀，需反复多次搅拌淀粉，使之产生黏性，与水融和充分，才能挂糊。多用于煎、炸类菜肴。使用时，先将成形原料调味，再加入水粉糊拌匀，使其均匀地粘裹在原料外表。过油加热后成品口感较脆，色泽金黄，定型效果好。

2. 干湿淀粉糊

干湿淀粉糊又称硬糊。多用于煎、炸等。使用时，先将原料调味，加入水粉糊拌匀，再在原料表面黏附一层干淀粉。经过油加热后成品外表质地酥脆，定型效果好。

3. 蛋粉糊

蛋粉糊指用鸡蛋同淀粉、面粉一起调制而成的糊。根据使用鸡蛋部位的不同，蛋粉糊分为全蛋糊、蛋黄糊、蛋清糊。

（1）全蛋淀粉糊，又称全蛋糊、蛋粉糊、金衣糊、皮糊、窝贴浆。用全蛋液、淀粉调制而成，一般鸡蛋与淀粉的比例为 1：3，可以加少量清水、面粉。多用于煎、塌、炸熘、软炸、拔丝等菜肴。使用时，先将原料调味，加入全蛋、豆粉拌匀，经过油加热后成品色泽金黄、外酥香内软嫩。

（2）蛋清淀粉糊，又称蛋白糊、银酥糊、白汁糊、清稀糊、蛋清糊、蛋白稀浆糊，是一种软质糊，由于蛋白中胶体不易致脆，成熟时原料外部糊层触觉较软。用鸡蛋清、淀粉按 1：1 比例调制而成，可以加少许清水、面粉。多用于炸熘、烩等烹调方法的菜肴和软炸类菜肴。经过油加热后成品色泽洁白、成形饱满、质地软嫩。

（3）蛋黄糊，用鸡蛋黄与面粉、淀粉、水、液态猪油一起调制而成。多用于炸的烹调方法。经过油后成品色泽金黄、成形饱满、质地松酥。

4. 蛋泡糊

蛋泡糊又称抽糊、雪衣糊、高丽糊、芙蓉糊、起糊、蛋泡豆粉、雪花糊。将鸡蛋清用搅蛋器或筷子不断向同一方向搅打成雪白的泡沫状，加入干淀粉、干面粉（或不加）轻轻拌匀即成。一般淀粉与面粉的比例为 2：1，100 g 蛋泡可加 33~50 g 淀粉、面粉调制，主要应用于炸制方法的菜肴。经过油加热后成品色白如雪、饱满松软。调制蛋泡糊应现调现用，放置则会因空气流失而变稀。

5. 脆浆糊

脆浆糊是现代常用的一种功能性极强的浆糊。脆浆的个性特征是可使食品变得外表圆滑、体积胀大、色泽金黄、外脆酥化内软嫩。多应用于炸制方法的菜肴。脆浆糊主要分为酵粉脆浆和发粉脆浆两大类。

（1）酵粉脆浆：以老面、面粉、淀粉、清水调成匀浆，静置发酵膨胀，当浆糊中有大量气体时，加植物油、碱水调匀，静置后即可使用。一般投料比例是：面粉 375 g、老面 75 g、淀粉 150 g、水 550 g、花生油 160 g、碱水适量。

（2）发粉脆浆。用面粉、淀粉、植物油、泡打粉、清水调成匀浆，静置一会儿即可使用。一般投料比例是：面粉 500 g、淀粉 150 g、发酵粉 20 g、花生油 150 g、水 600 g。

6. 鸡　糊

鸡脯肉砸成泥，加蛋清、淀粉搅上劲，再加葱姜水及精盐搅打成糊状，最后加入适量熟猪油搅匀即成。可用作挂糊料。同样可以用鱼肉、虾肉制作鱼糊、虾糊。

7. 发粉糊

发粉糊又称酥炸糊、回酥糊、松糊。主要用面粉（可以用少许糯米粉）、泡打粉、清水、熟猪油调制而成，炸制后质地酥松、入口即化。

8. 扑　粉

扑粉又称上粉、拍粉，指在刀工处理和腌制后的半成品原料外表轻轻黏附一层干细淀粉，再用于炸或煎的原料处理方法。经过油加热后成品成型美观、质地酥脆、外酥内嫩。

9. 半煎炸粉

半煎炸粉又称拍粉拖蛋糊，指在刀工处理和腌制后的半成品原料外表均匀地粘裹一层鸡蛋液，再在蛋液外表黏附一层干细淀粉的方法。适用于先煎再炸的烹调方法。经过油加热后成品定型效果好、外酥内嫩、裹汁效果佳。

10. 拖香糊

拖香糊指在刀工处理和腌制后的半成品原料外表均匀粘裹一层鸡蛋液或全蛋粉，再黏附一层芝麻仁或花生仁、松子仁、甜杏仁等果仁，以及这些果仁的碎粒、薄片。适用于炸制的菜肴，经过油加热后成品色泽金黄、外酥脆内松嫩、香味浓郁。在黏附果仁后用手按一下，以免油炸时脱落。注意控制炸制油温，140 ℃~170 ℃ 油温最佳。

11. 吉列粉

吉列粉又称拖蛋糊滚面包粉、面包渣糊、面包粉。咸味面包去皮后烘干，擀压成碎粒制成面包粉，或称面包糠。吉列粉指在刀工处理和腌制后的半成品原料外表均匀粘裹一层鸡蛋液或全蛋粉，再黏附一层面包粉的方法。适用于炸制的菜肴，经过油加热后成品色泽金黄、外松酥内鲜嫩。

作为浆糊的种类，从全国各地方菜系来讲，还有很多，像苏打糊、发粉糊、松糊、发面糊等等都是。

五、上浆、挂糊的技法与要求

（一）上浆、挂糊的基本程序和操作技法

1. 调味料腌制

基础调味料指精盐、葱姜类、料酒类等基础类调味料，其中以精盐为主要代表。基础调味料是上浆的关键用料，除了基本调味作用之外，精盐可以在原料的表面形成浓度较高的电解质溶液，使肌球蛋白溶解出来，形成一种黏性较大的蛋白质溶液，提高蛋白质的亲水能力，同时可以增加蛋白质表面的电荷，提高蛋白质的持水能力，引起分子体积增大，黏液增多，使肌肉更加饱满细嫩，有利于上浆挂糊，使制成品品质更优。有些原料在腌制前，还需进行清水浸漂褪色处理，或需进行质地改良处理。

2. 调制糊浆

根据上浆挂糊的具体需要，将浆糊所需的各种用料混合搅拌成稠度合理、质地均匀、细腻无颗粒的浆糊。一般来说，调制浆糊的用料没有绝对固定的标准配方，要根据具体菜肴的制作要求和原料的个性特征随机掌握。在实际应用中需注意如下问题：① 无论什么样的浆糊，均需搅打均匀，细腻无颗粒，质地匀滑。② 浆糊的用量应适当，太多会泻浆；黏度过大不利于加热时分散；太少会不完全包裹原料，或包裹厚度不够，加热时原料水分流失，原料表面光泽暗淡。③ 浆糊的稠度应根据原料情况灵活调整，对一些结构粗老而含水量少的原料，如牛肉、鸡脯，应将浆糊调得稀薄一些，可以增加原料的嫩度和风味。

3. 上浆、挂糊操作

根据具体原料特性进行上浆、挂糊操作，一般是将腌制好的原料置于调成的浆糊中，有些轻轻拌和均匀，有些要充分搅拌，有些还需再粘上其他辅助原料，使浆糊充分均匀地黏附在原料之上。在拌和过程中，应对不同原料性质区别采用不同的力量和搅拌时间。一般来说，挂糊、上浆的原料可以直接加热，制作成菜。但为保证上浆后的原料成菜品质，可以增加以下两个操作程序：

（1）冷藏放置。通过冷藏放置，能使腌制上浆后的原料通过蛋白质分子进一步水化，同时原料表面发生凝结，阻止了水分子的扩散运动，使原料持水能力达到最高值。上浆后的原料一般需在 5 ℃温度中静置 1 小时左右，再行加热，制作成菜。

（2）加入油脂。在冷藏放置过程中，要加入适量油脂在上浆后的原料表面。目的是起密封作用，使原料在放置过程中不暴露在空气中，阻止原料失去水分，同时利于原料在加热时迅速分散，受热均匀，并对原料成熟时的光泽度和润滑性有一定的增强作用。

（二）上浆、挂糊的操作要求

（1）调制浆糊的淀粉最好是各种干细淀粉。若是颗粒状淀粉，在使用前应用水浸泡湿润，调制好的浆糊最好放置一会儿，使淀粉粒充分吸水膨胀，以获得较高的黏度，从而增强在烹

饪原料上的黏附性。

（2）浆糊的浓稠度要根据原料特性灵活掌握。质地较老的原料，本身所含的水分较少，可容纳糊中较多的水分向内渗透，所以浓度应低一些；质地较嫩的原料，本身所含水分就较多，糊中的水分要向内渗透就比较困难，所以浓度就应高一些。特别是一些果蔬原料，因水分较多，受热后容易变形软烂，如果糊过稀，成品变软就不容易成型，所以果蔬原料使用的糊应浓稠一些。

（3）对于表面水分较多、光滑的原料进行上浆挂糊时，可以用干毛巾吸去水分，或在原料的表面先拍上一层干粉，或将浆糊调制得浓稠一些，以免降低浆糊的黏度，影响浆糊的黏附能力，造成烹饪过程中的脱浆脱糊现象。

（4）上浆、挂糊操作时，浆糊要均匀包裹原料，不能出现没有浆糊的地方，否则原料的水分会溢出。

第三节　勾芡与芡汁

一、勾芡与芡汁的概念

勾芡，是指根据烹调要求，在菜肴加热后期即将成熟起锅时，加入以淀粉为主要原料调制的粉汁，使锅中汁液变得浓稠，黏附或部分黏附于菜肴之上的操作方法。勾芡也称为打芡、埋芡、拢芡、上芡、挂芡、着腻、走芡、发芡、抓汁、勾糊、打献，是烹饪过程中应用的一种增稠工艺，主要利用加入的淀粉受热糊化而达到增稠目的。

芡汁又称芡液、芡头、献汁。在菜肴制作工艺中有两层意思，一是指勾芡后锅中形成的稠粘状的胶态汁液，二是指勾芡前以湿淀粉加入调味品、汤汁调制而成的混合物。

二、勾芡的作用

在中国菜肴制作工艺中，勾芡是非常重要的基础技术，对菜肴品质影响极大，芡汁的好坏是评定菜肴质量的重要依据。勾芡主要有以下作用：

1. 增加菜肴汁液的黏稠度

在菜肴制作过程中，要加入适量汤水及调味品，同时，加热会使原料的组织液外流，锅中自然就会有汁液。汁液绝大部分较为稀薄，流动性强，不易附着在原料表体，特别是装盘成菜后，盘中汤汁较多，会使菜肴味淡味寡。勾芡后，淀粉的糊化作用增加和增强了菜肴汁液的浓度和黏稠性，使之能较多地附着在菜肴之上；食用时，芡汁更容易分散在舌表面刺激味蕾，增加接触面积和时间，提高人们对菜肴滋味的感受。

2. 增加菜肴滋味

炒、爆、鲜熘的菜肴基本要求不带汤水，味美脆嫩。但在烹调中，这一类菜品事先不能加入调味汤汁，只能把芡汁在烹调后期加入，芡汁很快变浓变黏，只要略加颠翻，就基本上可以紧紧包裹在原料外表形成味汁外衣，俗称收汁，从而达到浓味的烹调要求。

3. 保持原料炸制的特色

对炸熘菜肴勾芡，可增加调味汁的黏稠度，既达到上味效果，同时又有效地防止味汁内渗，从而保持菜肴原料炸制后外脆里嫩的风味特色。

4. 促使汤汁和菜肴融合

由于烧、烩、焖等烹调方法加热时间较长，原料风味物质、调味料基本溶于汤汁中，但汤汁不易变浓，往往是汤汁与原料分家，达不到交融一起的要求。勾芡后，汤汁的浓度和黏性得到增大或增强，味汁浓稠，汤汁与菜肴融合在一起，更能突出滋味。

5. 突出主料

羹汤菜中有大量汤水，主料往往下沉，只见汤，不见料。勾芡后，汤水变稠，主料就会漂浮起来，均匀分布在羹汤中，从而主料突出，汤汁匀滑，滋润可口。

6. 使菜肴更加柔嫩光滑

勾芡后，糊化的芡汁紧包原料，可防止原料的水分外溢，从而保持了菜肴细嫩的口感，并使菜肴形体饱满光滑，将菜肴原料的自然色彩更加鲜明地反映出来，具有良好的光影效果，显得光滑透亮。成菜后，由于汤汁较浓，菜肴可以在较长时间内保持润滑饱满的外观效果，不会干瘪。

7. 保持菜肴的温度

由于芡汁淀粉糊化，浓度增加，能减慢菜肴热量的散发，保持菜肴的温度，利于人们食用菜肴。

三、烹调中常见芡汁类型和特征

根据浓稠度，可以将芡汁分为包芡、糊芡、二流芡、清芡等。

1. 包　芡

包芡又称油包芡、抱汁芡、浓芡、抱芡、立芡、包心芡、厚芡，是芡汁中浓度最高的一种，用于汁液较少的炒、爆、鲜熘类菜肴。这一类菜品在烹调中，前期不加入调味汤汁，在菜品成熟的烹调后期再把芡汁加入，芡汁中淀粉很快糊化变稠变黏，只要略加颠翻，就基本上可以紧紧包裹在原料外表形成味汁外衣，俗称收汁，达到猛火速成的烹调要求，即所谓芡而不见芡流，所有的芡汁应包裹在原料上，吃完后盘底不留汁液。

2. 糊　芡

糊芡是比包芡稍稀薄的芡汁。芡汁成熟后成糊状，芡汁较宽，可使菜肴原材料与汤汁交融，口感浓厚而润滑，多用于糊状类菜肴。

3. 二流芡

二流芡又称泻脚芡、流芡、杨柳芡，要求芡汁一部分裹挂在原料上，另一部分则流泻在餐具中。这种芡汁多适用于烧、焖、扒、炸熘等烹调方法的菜肴，具有光泽度好、上味效果好等特征。

4. 清　芡

清芡又称米汤芡、清二流芡、玻璃芡、薄芡，淀粉用量较少，用于烧、烩等烹调方法的菜肴和汤羹类菜肴。芡汁成熟后比较稀薄，芡汁稀如米汤，透明，原料、调味品、汤水彼此交融，柔软匀滑。

四、芡汁的调制与使用

在调制芡汁过程中，依据是否加入调味品，将芡汁分为调味芡汁、单纯芡汁两种。

1. 调味芡汁

先将调味品、湿淀粉、汤汁放入同一盛器内和匀调成芡汁，在烹制过程后期淋入锅中加热至淀粉糊化，起收汁浓味的作用，这种调味方式形成的芡汁称为调味芡汁，有些地方也称为碗芡、兑汁芡。此类芡汁适用于旺火速成的炒、爆、鲜熘等烹调方法。这类烹调方法要求火旺、时间短、动作速度快，因此，如果调味品逐一下锅，既影响速度，又使口味不易调准调匀，故需使用碗芡的方法勾芡。目前"碗芡"都不用碗，一般是在炒勺内兑制完成。

2. 单纯芡汁

单纯芡汁就是将湿淀粉直接加入锅内进行勾芡的方式，也称锅上芡。单纯芡汁适用于加热时间较长的烹调方法。这类烹调方法要求加热时间长，因此加入调味品的时间充足，原料的滋味物质也易融入汤汁之中，入味很好，但汤汁不浓，加入湿淀粉勾芡，就变稠了。

五、勾芡的方法与要求

（一）勾芡的方法

勾芡因烹调方法不同、菜式不同，有烹入法、淋入法、粘裹法三种方法。

1. 烹入法

烹入法指在应用炒、爆、鲜熘等烹调方法制作菜肴的过程中，事先不加入调味汤汁，在菜肴即将成熟时，将调味芡汁倒入锅内，翻炒均匀，淀粉糊化收汁，紧紧包裹在原料外表形成包芡。这种方法使用面广，芡汁成熟迅速，裹料均匀，适宜旺火速成的菜肴勾芡。

2. 淋入法

在应用烧、烩、焖等烹调方法制作菜肴的过程中，由于加热时间较长，原料风味物质、调味料基本溶于较多的汤汁中。为了使菜肴成菜时汁稠味浓，在菜肴即将成熟时，将单纯芡汁淋入锅中，同时晃动锅中原料，或用炒勺推动原料，待淀粉糊化后即可收到汁稠味浓的效果。通过这种方式进行的勾芡叫淋入法。这种方法平稳、糊化均匀，可使汤汁与菜肴交融结合，滑润柔嫩，汁稠味浓。常用于中、小火力长时间加热的菜肴勾芡或有较多汤汁菜肴的勾芡，成芡一般为二流芡或清二流芡。

3. 粘裹法

粘裹法就是将调味品、汤汁、湿淀粉汁一起下锅加热至芡汁浓稠时，将已炸制好的原料放入锅内迅速翻炒和颠锅，使芡汁均匀地粘裹在原料上。此法一般适用于炸熘、煎、烤等菜肴。

（二）勾芡的要求

1. 勾芡的时机要恰当

勾芡都是在菜肴即将或已经成熟快起锅时进行，过早或过迟勾芡都会影响菜肴质量。勾芡后见芡汁糊化立即出锅，菜肴在锅中不能停留时间过长，特别是不能再加热，否则，芡汁易黏结锅底，使得芡汁干枯，质地变老，光亮度差，甚至会变色、焦煳。

2. 芡汁浓稠适度

根据不同烹调方法的要求、火力的大小、菜肴分量的多少，灵活掌握芡汁的浓度。当芡汁已经糊化后才发现芡汁稠了再加水或稀了再加湿淀粉，都会影响菜肴的口味、质地、美观，所以芡汁中淀粉必须用量恰当。

3. 先调味后勾芡

不论什么样的芡汁，都必须调准菜肴风味后再行勾芡，这样芡汁和调味品能很好地融合，粘包住原料，风味才均匀。如果勾芡后再加调味品，后加的调味品不易渗透入味，风味不均匀。

4. 勾芡均匀

无论采用什么样的勾芡方法，都要求芡汁入锅分布均匀，糊化后才能与原料粘裹均匀。勾芡时需要配合翻炒、晃动、推搅、徐徐下芡等操作手法。

5. 勾芡得当

尽管勾芡有很多好处，但并不是所有的菜肴都需要勾芡，若使用不当，反而降低菜肴品质。菜肴是否需要勾芡以及勾芡的稠度，应区别使用。如甜面酱、黄酱等调味品烹制的菜肴，因酱料本身有一些稠度，可以少勾芡或不勾芡。含胶质丰富的原料经长时间加热后，由于胶原蛋白水解，溶于水起了黏性，有自来芡的说法，也可以不勾芡或少勾芡。

基本功训练

基本功训练一　上浆、勾芡训练

训练名称　白油肉片的制作

训练目的　通过制作白油肉片，掌握上浆的基本手法及操作要领，同时认识勾芡的浓稠度，了解勾芡调制的方法及运用。

成菜要求　色泽洁白美观，咸鲜可口，紧汁亮油，肉片细嫩

训练原料　猪里脊肉 100 g、净青笋 50 g、水发木耳 25 g、姜片 5 g、蒜片 10 g、马耳朵葱 15 g、马耳朵泡红辣椒 15 g、精盐 2 g、味精 0.5 g、料酒 1 g、鲜汤 25 g、水淀粉 20 g、色拉油 50 g（以每人为训练单位）

训练过程

1. 刀工训练：将猪里脊肉切成长 5 cm、宽 3 cm、厚 0.2 cm 的片，净青笋切成菱形片，水发木耳洗净后用手摘成小块。

2. 兑滋汁训练：将精盐、料酒、味精、鲜汤、水淀粉调成咸鲜味的芡汁，注意掌握各种原料的使用量。

3. 码味上浆训练：将猪肉片与精盐、料酒、水淀粉拌匀，注意观察上浆后肉片的干稀程度，同时注意上浆的手法。

4. 勾芡训练：炒锅置于火上，放油烧至六成油温，放肉片，快速翻炒至肉片断生，加马耳朵泡辣椒、姜片、蒜片、马耳朵葱炒香，放青笋片、木耳炒至断生，倒入调制好的芡汁（注意烹制芡汁的手法），待收汁亮油时起锅装盘成菜。

训练总结

基本功训练二　挂糊、勾芡训练

训练名称　糖醋里脊的制作

训练目的　通过制作糖醋里脊，掌握挂糊的基本手法及操作要领，同时认识二流芡的浓稠度，了解二流芡调制的方法及运用。

成菜要求　色泽洁白美观，酸甜适口

训练原料　猪里脊肉 150 g、鸡蛋 50 g、干细淀粉 75 g、姜米 5 g、蒜米 10 g、葱花 15 g、精盐 4 g、料酒 10 g、酱油 10 g、白糖 30 g、醋 25 g、味精 0.5 g、水淀粉 10 g、鲜汤 100 g、色拉油 500 g（耗 100 g）（以每人为训练单位）

训练过程

1. 刀工训练：将猪里脊肉两面分别剞十字交叉花纹，再改成 5 cm 长、1 cm 粗的小一字条，加精盐 1 g、料酒 3 g 抓拌均匀，放置约 10 分钟。

2. 调糊训练：鸡蛋打入碗中，搅散，加入干细淀粉，调成全蛋淀粉糊，注意调制的浓稠度。

3. 挂糊训练：将里脊肉放入全蛋淀粉糊中，裹上一层全蛋淀粉糊，放入 150 ℃ 油锅中炸至里脊肉定型、成熟后捞出，再升高油温至 220 ℃ 冲油炸至里脊肉外酥里嫩、颜色金黄时，滗去多余的炸油，装盘。特别注意观察里脊挂糊的干稀厚薄程度，同时注意挂糊的手法以及挂糊与炸制的结合。

4. 勾芡训练：先将精盐、料酒、酱油、白糖、醋、味精、鲜汤、水淀粉调成调味芡汁，注意掌握各种调味原料及鲜汤的使用量。再将炒锅置于火上，留色拉油，下蒜米、姜米、葱花炒香，烹入兑好的芡汁（注意烹制芡汁的手法），收汁浓味后起锅装入小碗中配里脊即成。

训练总结

本章小结

本章从保护及优化加工原料的角度讲述了原料的性质，介绍了保护及优化加工等种类，重点介绍了上浆、挂糊、勾芡的种类、方法、制作要领等。

复习思考题

1. 淀粉在菜肴制作时对菜肴品质有何影响？
2. 浆、糊有哪些种类？各适合制作哪些菜肴？
3. 勾芡应注意哪些问题？

第七章

制汤工艺

通过本章的学习，使学生了解制汤的含义、制汤的基本原理和汤汁的种类与应用；熟悉制汤的基本原则和要求。

第一节 制汤工艺及汤的作用

先秦时期饮食中的羹是一种肉汁或菜汁，品种颇多。南北朝时期贾思勰的名著《齐民要术》一书中记载有鸡汁、鹅鸭汁、肉汁等，这可以说是制汤的初始阶段。至唐代出现羹汤，如王建的诗《新嫁娘》，其中有"三日入厨下，洗手做羹汤"之句。羹汤是由羹演变而来，是一种有原料有汤汁的汤菜。元朝忽思慧的《饮膳正要》中有多种汤菜，如八儿不汤、鹿头汤、松黄汤、阿菜汤、黄汤等，都是以羊肉为主料制取的。此外还有团鱼汤、熊汤等多款汤菜。清代的烹饪著作《调鼎集》记载有虾仁汤、神仙汤、九丝汤、鲟鱼汤、蛤蜊鲫鱼汤、玉兰片瑶柱汤等。以上所述是汤菜的形成与发展过程。至于鲜汤提清之术，古代即有此构思。如宋元时期有提清汁法，乃是将生虾加酱捣成泥，放汤中，使汤锅从一面沸起，撇去浮沫及渣滓，如此提清数轮至鲜汤澄清。明代有用浸泡鲜肉溶出的血水提取清汤的方法。也有取竹笋、瓜瓠、鸡、鱼、猪肉等分煮再合而过滤，澄清后即为荤素鲜汤。还有用蔗秆段、笋、瓜瓠等一起煮制的素汤。清代制作鲜汤的原料，荤汤取畜类禽类，素汤则多用黄豆芽、黄豆、蚕豆、冬笋、菌菇类等。而鲜汤的提清之法则有坠汤法。现代烹调制汤颇为完善，而鲜汤提清之法则多利用鸡肉茸、精肉茸、牛肉茸等为吸附物料，效果亦佳。

制汤工艺，又称吊汤工艺，是用一些富含鲜味成分的动植物原料经水煮提取鲜汤的过程。鲜汤，常简称为汤，取自原料的天然滋味，由多种鲜味成分组合而成，鲜味醇正、醇厚，具有较浓的香气，这是味精根本无法相比的。俗话说"唱戏的腔，做菜的汤"，可见汤在菜肴制作中的重要地位。汤在烹调中的具体作用表现为：

（1）为菜肴提供半成品。制作菜肴时经常会使用鲜汤，特别是有些菜肴成菜后要求汤汁较多，这就更需要质量较好的鲜汤。

（2）增加菜肴鲜香滋味。中国的烹饪原料非常丰富，其特点也各有千秋。从滋味方面讲，有一些原料，甚至一些较昂贵的原料，如海参、燕窝、鱼翅等本身滋味很淡，经过涨发漂洗之后，用味道鲜美的汤反复煨味，让鲜味物质渗透进去，使这些原料更加鲜美；有些原料虽然有独特的鲜香滋味，但是在制作菜肴时添加适当的鲜汤，可以使原料的鲜香滋味更加浓厚，使菜肴成菜后达到浓香醇厚的特点。利用鲜汤制作出来的菜肴味道更加鲜美，是任何增鲜剂都代替不了的。

第二节 制汤原料的选择

汤，从古至今在饮食中都占据着重要的位置，十分讲究。清代戏剧理论家李渔曾说过："宁可食无馔，不可饭无汤。"现代医学也推荐"汤"，它在养生中具有祛病健身、延年益寿的作用。

汤制作考究，工艺细致，种类繁多，营养丰富，汤味鲜美可口，常用于烹调菜肴的鲜味调味液、制作汤菜的底汤和作为面食的汤汁。

制汤的原料有两个大类，即动物原料和植物原料，因而汤可分为荤汤（动物原料熬制）和素汤（植物原料熬制）。制汤原料的营养成分以蛋白质、脂肪为主，其所含鲜味物质则颇为复杂，有谷氨酸、鸟苷酸、肌苷酸、酰胺等40余种。不同原料所含呈鲜物质的主要成分不同，如母鸡含谷氨酸多，猪肉、火腿含多种肌苷酸，用不同原料制出的汤鲜味有差异。

一、动物原料与选用

制汤的动物原料一般有家禽类如鸡、鸭及其骨架（包括头、颈、翅、足），畜类如猪瘦肉、猪棒子骨、猪蹄肘、牛肉（骨）、羊肉（骨）等，水产类如干贝、鱼（骨、皮、肉）等。

1. 家禽类原料与选用

家禽类原料宜选用肥而老的母鸡、阉鸡和老母鸭，并以土鸡、土鸭为好，这类鸡、鸭脂肪多、蛋白质丰富，制成的汤鲜度高；不宜选用瘦鸡鸭或嫩鸡鸭，尤其是不宜选用"洋鸡、鸭"（肉鸡、鸭或饲料鸡、鸭），它们所含的鲜味成分很少。

2. 畜类原料与选用

畜类原料宜选用肥壮的猪、牛、羊的瘦肉、肘、腱子、爪（蹄）、骨等，这些原料易煮烂，可溶性物质较多，易溶于汤中。

3. 水产类原料与选用

此类原料一般用在家禽、畜类为主的汤中作为配料使用，如干贝、淡菜等，原料宜选用粒大、颗圆而整齐、干燥、有光泽、呈鲜黄色的，鲜味成分含量多；反之，品质差，制成的汤不鲜美。

二、植物原料与选用

植物原料熬汤的品种选择较动物原料少，一般有黄豆芽、鲜笋、口蘑、香菇等，这些原料含有丰富的蛋白质、氨基酸、含氮浸出物等，制作的汤称为素汤。素汤鲜味较浓郁。

第三节　制汤的基本原理与要求

一、制汤的基本原理

从制汤的原料来看，都含有丰富的鲜味成分、蛋白质及一定量的脂肪等。在制汤的过程中，这些营养成分在水中加热会发生一系列物理及化学变化，如鲜味成分的溶出、蛋白质的水解、脂肪的乳化等，使汤汁具有汤味鲜香、汤质黏浓、汤色乳白或汤液澄清等特点。下面从汤汁各特点的形成来阐明制汤的基本原理。

（一）鲜香汤味的形成原理

汤在烹调中有增鲜提味的作用，其浓郁的鲜味来源于各种制汤原料的浸出物中所含有的呈鲜物质，如畜禽鱼肉、骨中的肌苷酸、谷氨酸、牛磺酸、玻璃酸、肽等，以及蕈类中的鸟苷酸、豆芽和竹笋中的天门冬酰胺等。在加热过程中，由于蛋白质的变性和原料组织的受损，各种呈鲜物质就会从原料中渗透出来，进入周围的水中，从而形成鲜汤。不同的原料所含呈鲜物质的组成有一定差别，因此各有不同程度的鲜味。当把数种原料混合煮制时，所产生的鲜味就更为浓厚。

汤都有一定的香味，这与在加热过程中制汤原料风味成分的挥发以及浸出物中氨基酸与糖发生的碳氨反应有关。前者是植物性原料香味产生的主要原因，后者是动物类原料香味形成的主要途径。不同的制汤原料所含的挥发性成分及氨基酸组成不一样，所以产生的香味千差万别。总之，用不同的原料制得的汤香型不同。用数种原料同煮，形成的又是一种风格特别的复合型香味。

（二）黏浓汤质的形成原理

汤除了具有鲜醇的滋味和浓香的气味之外，还具有黏稠感，这主要是因为胶原蛋白的水解。制汤原料含有丰富的胶原蛋白，在水中受热，初始阶段表现为大幅度收缩，随着加热时间的延长，便会逐渐发生水解，生成可溶于热水的明胶。明胶体积较大，在分子间相对运动时有较大阻力，分散于热水之后形成的是溶胶，具有较大的黏性。黏性随其浓度的增大而提高。制汤原料在水中较长时间煮制，所含的胶原蛋白便较大程度地发生上述变化。这样制成的汤实际上是以明胶为主要"溶质"——浓度较高的溶胶，故而具有黏稠的口感。

黏稠汤质的形成，主要是胶原蛋白水解生成明胶的作用，而原料中浸出物的大量溶出、脂肪的乳化等也有一定的帮助。

（三）汤色的形成原理

1. 奶汤的形成原理

不论是荤汤还是素汤，都具有味道鲜美、色泽乳白、汤汁浓稠等特点。乳白汤色的形成主要是由于从原料中溶出的水溶性蛋白质及水解所释出的明胶与水油乳化等的相互作用，也有固醇、磷脂等的作用。

制汤时，原料中的水溶性蛋白质有相当一部分会被水抽提出来，胶原蛋白水解生成的明胶也会分散于水中。原料组织的脂肪结构破裂，使脂肪流出而进入水中。在一般情况下，水溶性蛋白质因热变性而凝固，呈沫状漂浮于水面（制汤时需撇去）或呈微粒状悬浮于水中；明胶呈粒状（肉眼看不见）均匀分散于水里；脂肪则漂浮于水面，与水形成界限分明的两层。如果加热使水沸腾，各种分子会互相碰撞，水面的脂肪层会遭到严重破坏。脂肪呈微滴状分散于水中，与呈分散状态的蛋白质及固醇、磷脂等进行广泛接触并与之结合，形成稳定的分散状态（沸腾停止后静置较长时间，脂肪也不会与水分离而漂浮在水面上）。分散在水中的脂肪微滴与蛋白质等的结合体体积会变大，呈均匀的颗粒状，它们在光的照射下会产生不规则的光折射，这样就形成了乳白的汤色。

从本质上讲，乳白汤色的形成是脂肪乳化的结果。蛋白质、固醇、磷脂等是乳化剂，它们的分子较大，其一端具有亲水性，另一端具有疏水性（亲脂性）。水沸腾使脂肪呈微滴状分散时，乳化剂就会与油滴定向结合，疏水端指向油滴，亲水端伸往水中，把油滴包围起来。这样疏水性的油滴变成了亲水性，可以均匀而稳定地分散在水中了。

2. 清汤的形成原理

清汤与奶汤相反，要求味鲜、汤汁透明、清澈见底，也就是说，不能让汤汁中存在较多的使光产生不规则折射的悬浮大微粒。但是，单纯靠控制火候很难达到十分满意的效果。要使汤汁澄清，一般需要在熬煮好的汤中加入粗细适中的鸡茸或肉茸（猪肉茸或牛肉茸）。此种做法的基本原理是：

不用大块禽畜肉而是用肉茸，可增大肉与汤的接触面积，使原料中的水溶性蛋白质尽可能多地溶入汤中，这些蛋白质一经受热便发生变化，变性凝固成絮状。在凝固的同时，它们与汤中悬浮的蛋白质与脂肪组成的颗粒及其他小型沉淀物以静电引力相互作用，聚集在一起。在一定条件下形成的这种复合絮状物，密度较小，会慢慢浮于汤面，在上浮的过程中起到了过滤作用。撇去汤面上的絮状物，汤汁就清澈见底了。

3. 素汤的熬制原理

素汤在菜肴制作中也较常用，尤其是特殊素菜。按菜肴制作需求，素汤制作可分为两类，即素清汤和素奶汤。其制作原理如下：

（1）素清汤形成的原理。素清汤所选用的原料为香菇、口蘑、鲜笋等植物蛋白质、核酸、维生素等含量丰富的原料。素清汤一般是将香菇、口蘑、鲜笋等原料经过冷水清洗后放入锅中用小火慢慢烧煮，使原料中的鲜味和香味物质尽可能多地溶于水中，经澄清形成素清汤。经过小火慢煮，原料中所含的鲜味物质慢慢渗透出来，小火加热又不会使营养物质与水形成大分子物质或乳化现象，从而使熬制出来的素汤既鲜美又清澈。

（2）素奶汤形成的原理。素奶汤一般选用黄豆、黄豆芽、腐竹或鲜笋等含蛋白质、脂肪、磷脂等丰富的植物原料，这些原料经过长时间的加热，能使汤汁清香鲜醇、汤色乳白。

黄豆、黄豆芽、腐竹等原料富含植物蛋白和核酸及多种氨基酸、肌苷酸、鸟苷酸等，这些物质都是鲜味物质，当其最大限度地溶解于水中，能使汤汁滋味鲜醇。素奶汤的颜色主要是蛋白质、脂肪、磷脂的乳化液和植物原料本身的色素所致。一般情况下，植物色素的颜色溶入汤中后比较稳定，而植物性原料中胶原蛋白的含量微乎其微，不能参与乳化反应，致使素奶汤的颜色稳定性较差，时间长了，其乳白的色泽会不同程度地降低。

二、制汤的基本要求

要制作一份好汤，从选料到成汤整个过程的每一个环节都很重要，忽视任何一个环节都会影响到汤的质量。为了保证汤的质量，制汤操作时应注意以下几点：

1. 制汤原料选择恰当

汤的质量优劣，首先受到制汤原料质量好坏的影响。制汤原料要求富含鲜味物质、胶原蛋白、脂肪含量适中、无腥膻异味等。不使用易使汤汁变色的原料，如八角、桂皮、丁香等。

水可以选择沸水或凉开水（或矿泉水）。最好不使用纯净水与蒸馏水。纯净水过滤得太彻底，除了氧以外不含其他成分；而蒸馏水属于纯水，连氧也没有。制汤忌用三种水，其一，时间过长的老化水。这类水的细菌指标过高，即便煮汤，水中细菌不仅容易污染原料，而且煮沸后还有沉淀污物。其二，炉火上沸腾了太长时间的水。煮得过久，重金属及亚硝酸盐含量会偏高，饮用此类水易引起腹泻、肠胃不适甚至机体缺氧。其三，反复煮沸的"千滚水"，它的亚硝酸盐含量增加，对人体不利。

2. 投料的水温及水量选择准确

投料的水温关系到原料所含物质渗透的速度和渗透的程度。一般来说，熬制鲜汤应采用冷水下料，水量一次加足，逐步升温，使汤料中的浸出物在表面受热凝固紧缩之前较大量地渗透出来进入水中，并逐步形成较多的毛细通道，从而提高汤汁的鲜味程度。若采用沸水放入原料，原料表面骤然受热，表层蛋白质变性凝固，组织紧缩，在原料表面形成一层保护层，不利于内部浸出物的溶出，汤料的鲜美滋味就难以得到充分体现。

水量一次加足，可使原料在煮制过程中受热均衡，以保证原料与汤汁进行物质交换的毛细通道畅通，便于浸出物持续不断地溶出。若中途添水，尤其是凉水，会打破原来物质交换的均衡状态，减缓物质交换速度，使变性蛋白质等物质将一些毛细通道堵塞，从而降低汤汁的鲜味程度。制汤时原料与水的比例以1∶2为佳，过多会降低鲜香滋味，过少则原料所含的各种滋味物质不能完全析出，原料的利用率降低。

3. 火候控制得当

应根据奶汤与清汤不同的要求，采用不同的火候。

（1）熬制奶汤，要求采用旺火烧开，用中火保持沸腾一直熬制到汤味鲜美、汤色乳白即可。这样既可以使原料所含的物质尽量渗透出来，又可以较好地产生乳化现象和蛋白质聚集形成白色的汤汁，同时又不至于因火力过大而使水分蒸发过快。

熬制清汤，一般采用旺火烧开，小火保持微沸加热到所需程度。采用旺火烧开，一是为了节省时间，二是通过水温的快速上升，加速原料中浸出物的溶出，并使溶出通道稳固下来，利于在小火煮制时毛细通道畅通，溶出大量的浸出物。小火保持微沸，是提高汤汁质量的火候保证。在此状态下，汤水流动有规律，原料受热均匀，便于物质交换。如果水剧烈沸腾，则原料受热不均匀（气态水接触处热流量较小，液态水接触处热流量较大），不利于原料煮烂，又不便于物质交换，还会使汤水快速大量气化、香气大量挥发等，严重影响汤汁的质量。

（2）熬汤的时间不宜过长。时间太长会导致氨基酸氧化，使蛋白质过分变性，从而产生酰胺碱，使汤的鲜味随之降低。从健康角度来说，煮汤一般1～2小时，最多4小时。根据制汤原料的纤维质的不同，煮制的时间也有区别，如鸡汤1～2小时，牛肉汤3～4小时，一般素汤1～2小时。

4. 正确掌握调料的投放时机

（1）制汤原料如鸡、猪肉、鱼等虽富含鲜香成分，但也带有不同程度的异味，在熬制时需放入葱、姜、料酒等去异味、增鲜香。这些调味原料应在制汤原料入锅后即放入，尽量达到除异增香的效果。

（2）熬制清汤时有的会用葱头、胡萝卜、芹菜等含有挥发油和香气成分的原料，为了避免这些挥发成分过早挥发掉，影响汤的风味，应在清汤煮好前一定时间放入，使原料香味溶入汤中不至于挥发。

（3）熬汤要特别注意精盐的投放。在熬制鲜汤的过程中一般不要投放，因为精盐是强电解质，进入水中便会全部电离成氯离子和钠离子，而氯离子和钠离子能促进蛋白质的凝固。在制汤时过早投放，会使原料表层的蛋白质凝固形成一层较致密的膜状结构，妨碍浸出物的溶出，影响鲜味的形成，这对熬制鲜汤非常不利。同时，鲜汤带有一定咸味，也不利于下一步制作菜肴。

（4）熬制鲜汤时一般不需要加入八角、桂皮等香料，这些香料含有鞣酸，会使汤色变暗发黑，影响汤的质量。

5. 注重熬汤技巧

（1）动物原料制汤前一般需要进行焯水处理，方法为：原料放入沸水锅中，加热至沸后撇掉浮沫，捞出，待用。焯水时间掌握适度，过短造成原料尚未断生，血污尚未去尽；过长则原料中可溶性物质流失过大，影响鲜汤滋味。

（2）熬制鲜汤时，不要撇尽汤面的浮油。熬制鲜汤过程中，在汤的表面会逐渐出现一层浮油。在微沸状态下，油层比较完整，起着防止汤内香气外溢的作用。很多香气成分为脂溶性物质而溶于浮油中，当浮油被乳化时，这些香气成分便随之分散于汤中，油脂乳化还是奶汤乳白色泽形成的关键，所以，在熬汤过程中一般不要撇去浮油。我们制汤时会撇去浮沫，浮沫是一些杂质凝固的产物，浮于汤面，色泽褐灰，影响汤汁美观。因此，需要注意掌握撇去浮沫的时机：在旺火烧沸后立即撇去，可减少浮油损失。汤面浮油也不能过多，尤其是制取清汤。

（3）一般需要加盖熬制鲜汤。汤锅加盖是防止汤汁香气外溢的有效措施，同时可减少水分的蒸发。

第四节　常见汤汁的种类与应用

制汤又称吊汤或熬汤，在饮食业中还称"锅汤"，是将制汤原料随清水放入锅中，经过较长时间加热使汤料中所含的营养成分和鲜味物质充分析出，溶于汤中，使汤味道鲜美、营养丰富的过程。这种汤也常称鲜汤。

一、汤汁的种类

（1）按用途分，有原汁汤和专用调味汤。

（2）按原料性质来分，有荤汤和素汤。

（3）按汤的味型分，有单一味汤和复合味汤。

（4）按汤的色泽分，有清汤和奶汤。清汤口味清纯，汤清见底；奶汤口味浓厚，汤色乳白。奶汤又分为一般奶汤和浓奶汤。

（5）按制汤的工艺方法，分单吊汤、双吊汤、三吊汤等。

（6）根据汤的制作方法、用途及汤色的不同，可分为三种：一为上汤，又称头汤、原汤，汤色深略白，汤味鲜醇，营养丰富；二为清汤，清澈而鲜醇，味道最佳，浓度最大，质量最好；三为毛汤，又称二汤，汤色平淡，鲜味清和，质量较次。

二、各种汤汁的制作

（一）一般奶汤

原料：老母鸡 2 kg（1 只）、鸭子 1.5 kg（1 只）、猪棒子骨 2 kg、猪肘 1 kg（1 个）、猪肚 1 kg（1 个）、葱 100 g、姜 50 g、料酒 125 g、胡椒粉 2 g、清水 15 kg。

制法：将老母鸡、鸭子、猪棒子骨、猪肘、猪肚洗净，分别放入沸水锅内焯水，捞出洗净，再放入汤锅内，加入清水，旺火烧沸，撇尽浮沫，加入葱（挽结）、姜（拍松）、料酒、胡椒粉，加盖，用中火加热 2 小时熬至汤白而浓时，将汤舀起晾一下，用丝箩筛滤去沉渣即成。

一般奶汤只供制作普通菜肴使用，如砂锅鱼头汤等。

（二）特制奶汤

选用含蛋白质、脂肪丰富的原料来制作。因地域的不同，其做法大同小异。

原料：老母鸡 2 kg（1 只）、老母鸭 1.5 kg（1 只）、猪排骨 2.5 kg、猪棒子骨 1 kg、猪蹄髈 1.5 kg、姜 50 g、葱 100 g、料酒 125 g、胡椒粉 2 g、清水 20 kg。

制法：先将老母鸡、老母鸭、猪排骨、猪棒子骨、猪蹄髈洗净，分别放入沸水锅内焯水，捞出洗净，再放入汤锅内，加入清水，旺火烧沸，撇尽浮沫，加入葱（挽结）、姜（拍松）、料酒、胡椒粉，加盖，改用中火，保持汤的沸腾状态，熬制约 4 小时，至汤呈奶白，原料肉质软烂，捞出原料，将汤过滤后即可。

特制奶汤因成品色泽似奶汁而名，成品具有色白如奶、汁浓鲜香的特点，常用于奶汤类菜肴和以奶汤作调味料的烧、烩白汁菜肴，如奶汤素烩、白汁鱼肚、奶汤白菜等。

（三）一般清汤

原料：老母鸡 2 kg（1 只）、老母鸭 1.5 kg（1 只）、猪排骨 1.5 kg、猪棒子骨 500 g、猪瘦肉 500 g、姜 50 g、葱 100 g、料酒 100 g、胡椒粉 2 g、清水 15 kg。

制法：先将老母鸡、老母鸭、猪排骨、猪棒子骨、猪瘦肉洗净，分别放入沸水锅内焯水，捞出洗净，再放入汤锅内，加入清水，旺火烧沸，撇尽浮沫，加入葱（挽结）、姜（拍松）、料酒、胡椒粉，改用小火或微火保持沸而不腾状态熬制约 3 小时后，除去浮油过滤残渣即可。

运用：汤色较清澈，味鲜美，主要用于一般清汤菜肴，如清汤火锅。

（四）特制清汤

原料：一般清汤 5 kg、白茸（鸡脯茸 250 g + 清水 500 g）、红茸（猪瘦肉茸 250 g + 清水 500 g）、精盐 30 g、料酒 50 g。

制法：将已熬制好的一般清汤倒入锅中，加入精盐、料酒，旺火加热至沸，改为小火，用汤勺将汤搅动旋转起来，倒入红茸水，保持小火加热，待红茸充分受热浮起后用漏勺轻轻撇去浮沫；再倒入白茸水，待其充分受热并浮面后用漏勺轻轻撇去浮沫；将捞出的肉茸用纱布包裹放入原汤中煨制 2 小时以上，捞出肉茸包，用纱布将汤汁过滤，再静置一段时间，取澄清部分即可。

特制清汤清澈见底，味美鲜香。广泛用于高级汤菜，如开水白菜、鸡豆花、清汤鸡丸等。

（五）素　汤

1. 黄豆芽汤

原料：黄豆芽 2 kg、清水 10 kg、色拉油 50 g。

制法：锅内加入色拉油加热至 140 ℃，放入黄豆芽煸炒至八成熟，加入清水，用旺火烧开，改为中火煮 50 分钟左右，待汤汁呈乳白色、汁浓味鲜时捞出黄豆芽即成。

黄豆芽汤味道鲜美，色泽乳白，是炒、烩、煮等白色菜肴和白汤菜的用汤。如不用黄豆芽，也可用黄豆制作。将黄豆用清水浸泡回软，再放入火上焖煮，但煮的时间要比用黄豆芽熬制素汤的时间长，一般为 2 小时左右即可。

2. 鲜笋汤

原料：鲜笋 2 kg、清水 9 kg。

制法：将笋尖与笋根分开，笋根入汤锅加水 6 kg，小火煮制 3 小时左右，待汤汁变浓时将笋根捞出；与此同时，另用一只汤锅，将笋尖放入，加入清水 3 kg，用小火煮焖 1 小时左右，待汤汁变浓时捞出笋尖；将笋根汤和笋尖汤合二为一，即得到鲜笋汤。

鲜笋汤清香鲜浓，色泽黄绿，是烹制白汁排翅、西湖莼菜等菜肴的上等原料。

3. 口蘑汤

口蘑汤是口蘑涨发过程中的副产品。

原料：干口蘑 1 kg、清水 3 kg。

制法：干口蘑用凉水洗净放入汤锅中，掺入清水烧开，改用小火煮 30 分钟左右，待口蘑发透无硬心时，将口蘑捞出另用。口蘑汤沉淀后，取上层澄清部分，用纱布过滤即可。

口蘑汤汤色灰暗，汤味鲜醇，一般用于比较高档的菜肴，如素三鲜、口蘑锅巴等菜肴。

注意：口蘑洗的时间不要太长，以免味道流失。

4. 香菇汤

香菇汤是香菇泡发过程中的副产品。

原料：干香菇 1 kg、清水 10 kg。

制法：将干香菇的菌柄和菌盖剪开；菌盖用 70 ℃ 的温水 4 kg 浸泡 2 小时，将菌盖取出并用手挤出汁水，全部汁水经沉淀去泥沙，再用纱布滤去杂质；与此同时，另将菌柄放汤锅中，另加清水 6 kg 煮 2 小时捞出，用纱布将煮菌柄的汤中杂质滤去；将泡菌盖的汁水和煮菌柄的汤合二为一，并用火烧开即得香菇汤。

香菇汤味道鲜香，是高档菜肴调味时经常使用的汤，如制作烧二冬、扒猴头蘑等菜肴。

制汤原料种类繁多，这里列举了烹饪中最基本且最常用的一些原料和制汤方法。好的鲜汤，是菜肴增鲜的最佳手段之一，是烹调师们在菜肴制作中必不可少的鲜味来源。要制出好汤，原料非常重要。只有掌握了各种原料的特性及在烹饪中的具体应用，才能熬制出各种不同特色的汤品。

（六）复配调料汤料包

复配调味汤料包是以基础调味料和各类动物骨类提取物，按一定的比例混合而成，称为复配调味汤料包。由于这类汤料包在配制时多为各种调料混合而成，各种味道相互起到互补和完善的作用。目前市场上多见于粉状、颗粒、膏状物及液态状出现。

1．鸡骨髓浸膏

原料：新鲜骨骼、淀粉、辛香料、水、抗氧化物、盐等。

制法：带骨鸡肉→粉碎→软化→磨浆→炒浆→加热→调味、加油→炒制→肉骨浆→冷却→包装。

应用方式：调水加热与原料混合使用。

2．牛肉味粉汤料

原料：牛肉粉、玉米淀粉、葡萄糖、食盐、味精、食品添加剂、食用香料等。

制法：牛肉原料→清理→烘干→粉碎处理→按一定比例混合→筛选、雾化处理→包装、检查→成品。

应用方式：水解后加热处理，再与原料混合使用。

3．鱼肉奶汤

原料：鱼肉（骨）、水、乳清粉、棕榈油、食品添加剂、磷酸氢二钠等。

制法：鱼肉骨清理配搭→烫洗（70 ℃～80 ℃）除异味→颗粒处理→加热处理→调香→过滤冷却→装复合袋→封口杀菌→成品→低温冷藏。

应用方式：加温溶化使用。

基本功训练

基本功训练　特制清汤的制作

训练名称　特制清汤扫汤训练

训练目的　通过对特制清汤扫汤过程的训练，掌握特制清汤扫汤过程及要领，了解各种汤的熬制方法。

材料准备　一般清汤 1 500 g、猪瘦肉 100 g、鸡脯肉 100 g、干净纱布一张、精盐 10 g、料酒 25 g、胡椒粉 1 g、清水 400 g（以每组为训练单位）

训练过程

1．捶茸训练：将猪瘦肉放于干净菜墩上，用刀背将其捶成细茸，装入碗中，加入 500 g 清水调成红茸；同样方法，将鸡脯肉捶成茸加清水制成白茸。

2．扫汤训练：将已熬制好的一般清汤倒入锅中，加精盐、胡椒粉、料酒，旺火烧开，改为小火，保持汤面沸而不腾，用炒勺将汤搅动旋转起来，再倒入红茸水，保持小火加热，待红茸充分受热浮起后用漏勺轻轻撇去浮沫；倒入白茸水，小火加热，待其充分受热并浮面后用漏勺轻轻撇去浮沫。将肉茸捞出用纱布包裹，放入原汤中煨制 2 小时以上，捞出，用纱布将汤汁过滤，再静置一段时间，取澄清部分即可。

训练总结

📖 **本章小结**

　　汤的好坏直接影响成菜的品质，本章专门介绍熬制汤的知识和技能。较详细地介绍了制汤的原料以及制汤的原理，讲述了制汤的作用、常用汤的种类和操作关键。

📒 **复习思考题**

　　1. 制汤的作用和意义有哪些？

　　2. 常用汤有哪些种类？它们的制作方法及使用范围如何？

　　3. 如何选择制汤的原料？

第八章

菜肴组配与设计工艺

通过本章的学习，了解菜肴结构要素和意义，掌握菜肴组配的要求和原则，熟悉筵席菜肴组配的原则与方法。

第一节　菜肴结构要素及意义

　　菜肴组配工艺，是指将各种相关的可食性原料有规律地按照一定质和量有机组合，使其通过加热即可形成一份完整菜肴或调味后可直接食用的菜肴的操作过程。一份菜肴包括主料、辅料、调料三大部分。主料在菜肴组配中占据主导地位，是形成个性菜肴的核心，它所占的比例最大，约占整个菜肴组配用料的 60% 以上，主要表现菜肴风味特性及原料个性。辅料仅次于主料地位，其作用是从属、陪衬、点缀主料，在原料品质和风味的表现上略低于主体原料，数量少于主料，占菜肴组成的 20%～30%，规格也略小于主料。调料又称调味品、调味料，指在烹调过程中主要用于调和食物口味的一类原料的统称。如盐、酱油、胡椒粉、香料、人工合成色素、天然色素、合成添加剂等。调料在菜肴中起着非凡的作用，是确立菜肴的味型及丰富菜肴口味的重要环节。它的作用非常大，但用量很少，占据菜肴组成比例 10% 左右。

　　在菜肴组配上，主料起着主导地位，是确立菜肴内容的核心。相对来讲，主料的品种、数量、质地、形态结构都有一定的要求，是按照菜肴预先设计而定，它基本不变。而辅料在菜肴组配中起着辅助、补充、点缀、烘托主料的作用，往往受条件限制和影响，时常会发生一些变化，可变因素较大。如四川回锅肉中的辅料，一般情况下采用蒜苗衬托主料，但因季节、环境变化，也可选用大葱、青椒等替换。因此，菜肴规格质量的确定，是保证菜肴价格、营养成分、烹调方法、口味、形态、色泽等的发挥。

　　菜肴组配工艺在烹调加工中起着举足轻重的作用，决定和确立菜肴的规格质量，同时也是鉴定菜肴品质和确定其运用方向的重要依据，它在烹调工艺流程中紧随刀工操作、在菜肴制作之前，是初坯菜肴定性的一项重要环节，并为菜肴定量、规范化操作、提高成品的稳定性提供先决条件。

　　菜肴组配按照其配制的内容可分为单一菜肴的组配和多种菜肴的组配两类。两类组配考虑的内容不同，单一菜肴的组配主要考虑组成菜肴的原料之间的合理搭配，而多种菜肴的组配则更多考虑菜肴与菜肴之间的搭配。但是究其搭配的本质，还是落实到构成菜肴的各原料之间的搭配。通过对单个菜肴或多种菜肴原料合理有效的组合、搭配，可以确定菜肴的主体风味和成本，同时也为菜肴设计与创新提供思路和手段。因此，菜肴组配工艺在实际工作中具有非常重要的意义，主要表现在以下方面：

　　（1）营养卫生的确立。依据人体对营养物质的需要，在对菜肴组配时要注意对六大营养素的充分考虑和平衡，强调食物的酸碱平衡，注重各类食物之间的比例配搭，同时充分考虑食物中营养素的损失情况，合理有效地整合，使其更加满足人体对营养的需求。另外，在讲究菜肴营养组配的同时，也注重食物安全性的选择，要求无毒、无病虫害、无农药残留物。组配菜肴时，对原料分隔放置及处理，减少或避免食物交叉污染，配置餐盘与成菜餐盘分开放置。

（2）菜肴风味的确立。菜肴风味泛指人们通过嗅觉、视觉、触觉、听觉、味觉、温觉等对食物变化感受的一个综合反映。依据原料本身的色、香、味，按照人们习惯的接受方式，将各种原料巧妙组配在一起，形成独具风味的菜肴，从而确立菜肴的倾向性特征。

（3）筵席规格及质量的确立。筵席的规格及质量构成，是由多种或几组菜肴组配而成的，通过菜肴组配的数量、质量、加工难易程度、个性菜肴风味倾向性，最终确立筵席的规格、档次和风味性。

（4）菜肴个性表现形式的确立。对不同的原料，根据其个性倾向性，加工前期质地与加工中及后期变化，再根据菜肴最后设计风格，加以组配，最大限度地表现不同种类原料的不同性能，形成独特造型，为菜肴组配"一菜一格"提供丰富特定的形态结构。

第二节　菜肴组配工艺形式及方法

一、菜肴组配工艺形式

菜肴组配按照运用，大致分为单一菜肴和筵席菜肴组配两大类。单一菜肴组配是将不同种类的原料，按照其性质、个性特征、个性倾向性，根据菜肴最后运用方向和要求，进行适当的搭配，使其可以独立加工成菜肴。筵席菜肴组配是将单一菜肴相互组配，形成一整套菜点，其中最具代表性的套餐菜肴就是我们常说的"筵席"，是将单一菜肴加以巧妙配搭，充分体现筵席的特征风味，形成和表现地方风味的一个重要标志，也是单一菜肴组配的集中体现，反映了餐厅和烹调师综合技能的水平。菜肴组配的具体形式见图8-1。

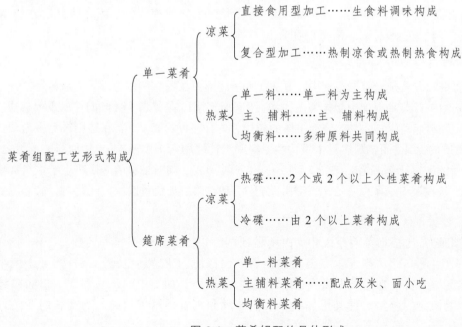

图 8-1　菜肴组配的具体形式

127

1. 单一菜肴的组配

单一菜肴即一个独立而完整的菜肴。其原料的组配形式如下：第一，按菜肴的冷热不同，分为凉菜配制和热菜配制；第二，按菜肴的艺术性不同，分为一般菜配制和工艺菜配制；第三，一般菜配制可按用料种数不同进一步细分。

2. 筵席菜肴（套餐菜肴）的组配

筵席菜肴（套餐菜肴）指由数个不同种类的单个菜肴组合的一整套菜肴，通常由凉菜、热菜和小吃共同组成。根据其档次、规格的不同，它可分为便餐套菜和筵席套菜两类。便餐套菜档次较低，不太讲规格，可由凉菜和热菜组成特色菜肴菜谱，也可只用数个热菜，一般不用工艺菜。筵席套菜档次较高，强调规格，一般由多个凉菜和热菜组成，并把菜肴分为冷碟、风味热菜、主菜等，可以穿插，常用工艺菜。

二、菜肴组配的方法

根据菜肴最后成菜的特性，按比例和要求进行组配。按照菜肴组配习惯性，大致有三种组配方法，如图 8-2 所示。

$$\text{菜肴组配方法}\begin{cases}\text{单一料组配}\cdots\cdots\text{表现主体风格}\\\text{主辅料组配}\cdots\cdots\text{主体突出、辅料烘托}\\\text{均衡料组配}\cdots\cdots\text{无中心点、互衬相应}\end{cases}$$

图 8-2　菜肴组配方法示意图

1. 单一原料组配方法

这种方法是指在菜肴组配实体中，由一种主体原料构成菜肴。在组配上，所选用的主体原料具有独特性、新鲜度高、品质精良，菜肴形成后，体现为鲜、素、雅致、本味等特色。如蒜泥白肉、五香熏鱼、清蒸江团、清炖全鸡。

2. 主、辅料组配方法

主、辅料组配方法是指菜肴组配中，由主辅料最终形成菜肴结构的组配。主辅料是按一定比例关系构成。主料在菜肴组配中起作为主体和突出表现作用，是菜肴个性倾向性的重要标志，是菜肴中的魂。辅料起着烘托主体、修饰主体的作用，具有辅佐功能。主料在选用料上多为动物性原料，是菜肴质的保证，而辅料多见于植物性原料或增补性用料，用以弥补主体原料的不足之处。主料和辅料量的配置比例多为 8∶2、7∶3、6∶4 三种形式，同时辅料的规格略小于主料规格。主辅料组配方法在菜肴组配中占 2/3，运用十分广泛和普遍。如鱼香肉丝、回锅肉、家常海参。

3. 均衡料组配方法

均衡料组配方法是指菜肴组配中，由两种或两种以上原料按照相等的数量、比例配搭，无主辅之分的组配。此法组配重点突出原料的个性特征、质感、色差、互补性等，使组配的菜肴内容更加丰富。在组配时要考虑原料的个性差异、加工中的难易程度、口味差异，在数量方面做相应的调整，使其更加适合人们味觉和视觉的审美情趣。均衡料组配的代表菜肴有素烩什锦、三色鸡元、红烧三鲜。

三、菜肴组配的要求

1. 熟悉原料市场供应情况及餐厅库存情况

配菜人员要熟悉原料市场供应情况与采购运销的变化以及本单位的库存情况，以便确定本餐厅目前可以供应的菜品并保证其使用，或提供采购意见，灵活采用时鲜原料，减少积压，降低成本。

2. 熟悉菜肴名称及制作特点

配菜人员要对本餐厅供应的菜品名称及制作特点了如指掌，要熟悉刀工技术和烹调方法，能做到迅速准确配料，保证成菜符合特色风味。

3. 掌握菜肴质量标准及成本核算

配菜人员必须掌握本餐厅供应菜品的质量标准，以及所用原料从毛料到净料的损耗率，菜肴中每个菜的主料、辅料、调料的质量、数量和成本，配菜时做到料足量准，成本与价格合理。

4. 熟悉各原料品质及各部位特征

烹饪原料品种繁多，各具特色，在选料时应扬长避短，充分体现原料的优势，使制作出的菜肴色、香、味、形、质等都达到要求。因此，不熟悉原料的品质及部位特征就不能做出正确选择。

5. 讲究营养卫生

原料含有各种营养成分，配菜时必须按照人体对营养素的需求，将原料进行科学合理的搭配，使菜肴营养合理丰富。同时还要使配制出的菜肴符合卫生要求，使制作出来的菜品卫生、安全。

第三节 菜肴组配遵循的基本原则

一、菜肴组配质与量规格的确立原则

菜肴是由一定的质和量构成的。一定的质量构成菜肴的基本格式，同时也决定了它的食用价值和经济价值。质是指组成菜肴的各种原料总的营养成分和风味指标，是菜肴品质的基础，体现原料本质特征。量是指菜肴组配中各种原料的数量。在菜肴组配中，原料数量常以其重量或体积来表示。因此，确定菜肴的规格是菜肴组配工艺的基础。

二、菜肴营养与卫生的确立原则

菜肴组配决定了人体所需要的能量和各种营养素的来源。改善菜肴组配对人体的营养生理需要起着重要作用。因此，合理组配菜肴有利于人体健康和发展。要做好菜肴营养组配平衡，应注意以下几个方面：

130

1. 组配时应注意食物中营养素的消化吸收

食物中的纤维素和无机盐一般通过消化可直接被机体吸收，而蛋白质、脂肪及碳水化合物多为大分子结构，较难溶解，须经消化系统机械性和化学性加工后，在酶的作用下，分解成易溶解物质，然后被人体利用和吸收。因此，在菜肴组配时，应充分考虑人体对食物消化吸收的程度，尽可能减少不易消化吸收的食物。

2. 组配时应充分考虑营养合理、平衡、充分

菜肴所含的营养素存在于各类原料中，通过组配，能让各种营养素充分被人体吸收消化。事实说明用料多样的菜肴比单一原料菜肴营养合理得多，避免了原料中营养素的单一性，防止了烹调加工中营养素的损失。所以，在菜肴组配时，提倡多料配置。另外，在菜肴组配时强调荤素搭配，不仅可使菜肴营养平衡，而且对调节人体内的酸碱平衡起着重要作用。

3. 组配时应充分考虑熟处理对营养素的损失

在组配菜肴时，应充分考虑热制加工中原料营养容易损失。如绿色蔬菜不宜长时间加热，组织紧密质地较老的原料也不宜用高温快速加热。

4. 应提供安全卫生的菜肴组合

在菜肴组配时，尽可能选用安全性强、无毒无副作用、无污染、无虫害、无农药残留物的原料组合。在组配时，生料、半成品料、成品料应严格分开，减少相互污染。盛装组配原料的盛器也应与成菜器皿分开，确保菜品卫生。

三、口味的确立原则

食物的口味是多种多样的，口味是中餐菜肴的灵魂，是形成菜肴多样化的依据。在菜肴组配时，口味的确立应讲究"一菜一格、百菜百味"，遵循对原料"突出、补充、添增"的原则。

具体而言，组配菜肴要充分考虑以下几个原则：

（1）突出主体口味原则。突出主体口味是指在菜肴组配中主料占据比例最大，原料本身具有一定的特殊味性，形成菜肴后其口味为主要味感，就是人们常说的主料本味。一般以清淡本色见长，组配中辅料和调味料使用都较少，烹调方法简易，加工难度小。具体配置方式为"淡配鲜，油腻配清淡，鲜配鲜"。

（2）调和滋味原则。利用调味品的多味性和复杂性，对原料的某些味感缺乏或不良味进行矫正，形成菜肴的主味。一般通过较大量的调味品来确立主体味型，味较浓厚。

（3）适口原则。"物无定味，适口者珍"，是指在确定口味时应遵循不同地域和不同人群的喜好而使其能被大多数人所接受，按不同的习俗和个性味觉习惯配置，如"东淡西浓、南甜北咸"的习惯。

（4）应时原则。菜肴配置应根据不同季节和人群生理需求变化，充分合时调节口味变化。配置菜肴一般遵循"冬浓夏淡、春爽秋润"的原则，充分结合原料的时效性和味的浓淡，以满足人体的需求。

在菜肴组配时，常采用以下几种手法确立口味：

（1）吸附法，油腻偏重多配清淡味独特、内部结构疏松多孔状的原料；

（2）压抑法，腥膻臊味重的料配辛香调味料；

（3）增补法，鲜香原料配增鲜辅料，鲜上加鲜；

（4）互补法，主体原料香和味差的配增香和味的配料和调味品，弥补增强；

（5）添加法，营养价值偏低的原料配营养价值高的配料。

四、香味的确立原则

香气是通过嗅觉来实现的，是食物中挥发性香味物质的微粒漂浮于空气中，经过人体嗅觉得到的感觉。食物中香气形成的途径大致为生物合成、酶的直接作用或酶的间接作用以及高温分解作用（见表 8-1）。在菜肴组配中主要以主料、辅料、调味品综合作用来形成香味。

表 8-1　食物中香味形成的途径

类 型	说 明	实 例
生物合成	直接由生物合成形成的香味成分	香蕉、柑橘、香菜、薄荷
酶直接作用	酶对香味前体物质作用形成香味成分	洋葱、大蒜、香葱、莲花白
酶间接作用（氧化作用）	酶促生成氧化剂，对香味前体物质氧化生成香味成分	红茶
高温分解作用	加热或烘烤处理，使前体物质成为香味成分	咖啡、面包、巧克力

在组配菜肴时，应注重以下原则：

（1）突出主料香气的原则。充分利用主料所具有的特殊香气特性，辅料和调味品尽可能不压抑主体香气，起着辅助的作用，避免喧宾夺主。如在配置酸萝卜老鸭汤时，辅料的香气以不压鸭香为度。

（2）辅料辅佐的原则。由于在菜肴组配中常遇到主料本身的香气不足，为了使菜肴更合理和平衡，在组配中利用辅料本身独有的香气来弥补主料的不足，增加菜肴整体风味。如鱼翅本身香气不足，营养价值偏低，在组配上多配以增鲜的火腿、鸡、鸭来增加其香味。

（3）调味品香气形成个性的原则。利用调味品多香这一特性，如香料的香味、酒类香、水果香、干果香等，可形成菜肴的特殊香型，给人们一种清新醒味的感受。

具体在组配菜肴时，增香手法有：

（1）芳香型调味料配油腻偏重的原料，如香料配猪肉；

（2）酶直接作用原料配腥臊味重的原料，如洋葱配牛肉；

（3）特殊香味配料配鲜味原料，如韭菜配虾仁；

（4）刺激性香气调味品配香气不明显原料，如芥末配生鱼片。

五、质地的确立原则

质地是指人体对食物外观接触所反馈的一种刺激感受，即老、嫩、韧、软、脆等特性，是反映基础菜肴和变化菜肴的特性，可称为"菜之性格"或"菜之个性"。质地有二：一是原料本身具有的特性，称为质地；二是通过烹饪技法加工处理而改变原料质地的菜品，在人们口中咀嚼的感觉所应具备的特性，常称质感，其表现有硬、软、绵、嫩、酥、糯、脆等。在我们的实际菜肴制作中，真正能使原料改变质地的是烹饪加工方法。因此，应用各种技法对原料进行加工，改变原料菜品的质地来创新出无数的菜肴。在菜肴组配中，充分利用它们的性质和差异性进行合理配置，使其更加符合烹调要求和成菜后人们对菜品的需求爱好。具体有以下两个组配原则：

（1）相似组配，是指由两种或两种以上原料，自身质地特性相同或相似，结合而构成菜肴的一种形式。具体在菜肴组配中采用"脆配脆、嫩配嫩、软配软"等方法，如火爆双脆。

（2）相反组配，是指菜肴组配中由两种或两种以上原料构成，自身特性各有不同或相反，组合构成菜肴的一种形式，如火爆嫩脆、宫保鸡丁、锅巴鲜鱿。这种组配多用于主辅料菜肴，运用十分广泛。

六、色泽的确立原则

食物的色泽是诱发刺激人们食欲的核心之一，是反映菜肴质量的主要内容，是菜肴各方面的客观反映。色泽的偏差往往直接影响味的纯正，"色败而味变"就说明了这一点。在菜肴色的组配时，应注重三个方面：

（1）充分考虑各种原料加工前后的色泽变化。在配置菜肴时必须充分了解每种原料在形成菜肴过程中色泽变化情况，才能正确达到菜肴所要求的呈色标准。如新鲜猪肉，在加工前期色泽为粉红色，通过加热熟化处理后颜色变为灰白色，通过了解原料在加工中的这一特性，在组配菜肴时所选择的色泽为白色，为最终使用色泽。

（2）充分利用原料本色确立菜肴整体色。原料的色彩给人们带来一种感观刺激，不同的色泽会给人带来不同的感受。一般在菜肴组配时宜选用的色泽，主要来源于原料本身所固有的色泽。主体色泽多选用白、红、绿、棕色；黑、紫、蓝则用于点缀和辅助调色。组配时先确立好主色调，再配以辅色来补充和点缀。另外，在原料色泽出现不分明或缺陷时，也常采用初步熟处理方法如过油、走红等加工技法来完成色泽美化。也可通过一些调味品本身具有的吸附功能来完成色泽配搭。

（3）利用原料数量来调控色泽。菜肴组配一般由三个部分构成，即主料、辅料、调料。在组配时为了更加突出菜肴形成后的感观刺激性，通常在配置中将原料数量占据优势的确定为主色调，量少的确立为辅色调，这样更加表现了主体和完整性。

具体在菜肴色泽组配中采用以下手法：

（1）顺色搭配（同类色）。一般要求主辅料是同一种或相近似的颜色搭配，成菜后形成统一色。如鲜熘三白就是利用鸡片、鱼片、冬笋片的白色来构成成菜后的最终色，形成主色调。成菜后给人以爽洁、素雅的感觉。

（2）异色搭配（对比色配）。由两种或两种以上不同颜色的原料组配成菜肴的过程，称为异色搭配。异色搭配的菜肴色调丰富，层次感分明，色调反差大，更能突出主料的特性。如鲜熘鸡丝以白色鸡丝为主色调，用丝瓜绿色、西红柿红色点缀烘托主色，使菜品形成层次分明的色泽。这种组配菜肴方法运用十分广泛，充分突出原料个性特征，对比强烈，有跳跃感。

七、形的确立原则

菜肴形的组配是指在正式烹调加热前，按照菜肴成菜要求，对所需原料按一定形状切割进行组配，最终构成菜肴特定形态的过程。菜肴形的组配直接关系到菜肴的外观，同时也影响着烹调和菜肴质量及营养。所以，菜肴好的形配会给予菜肴美的外观，给人美的享受，并且增加食欲；反之，会给人带来不良的感官效果。基于菜肴形的组配的复杂性，在形的组配时应注重以下几个方面：

（1）按原料成熟度来确定菜肴形配。由于各种原料特性、风味有所不同，在进行烹调加工时受热程度及成熟度不同，所需加热时间都各有所异，因而也影响到菜肴最终成形效果。基于这一现象，在菜肴组配中最好按原料成熟的最佳时机来确立菜肴的形态，这样不仅使原料充分体现自身的食用价值，同时也使原料的形态得到最大限度的体现。

（2）根据烹调所需确定菜肴形配。菜肴的形成一般采用非加热方式和加热方式。加热方式的长短会影响菜肴的形态，如长时间加热，原料加工得太薄太小会造成菜肴的外形感观质量下降，同时也影响整体菜肴质量。所以菜肴加热必须考虑加热时间的长短及原料所达到的成熟度。如果需要加热时间较长，组配时应选用较大或较厚的原料，形态宜简单自然，充分体现原料的自然形态，如整鸡、鱼。

（3）根据投料先后组配菜肴形态。菜肴在加热时受热程度不同，需要体现的风味也不相同，按照投料的顺序和菜肴最终所要表现的形态，要求形的组配也有所不同。一般情况下，主料的形态大于辅料和调料的形态。

（4）根据主体料成形统一菜肴形态。按照菜肴成菜要求，确立主体原料形状后，必然会对菜肴中所用的各种原料的切割程度和形态进行规定，使菜肴成菜后形整统一，和谐匀称。常见手法为丁配丁、丝配丝、片配片、块配块。

（5）造型的变化。在菜肴制作中为了使菜肴更有实际意义，常采用各种艺术加工，使制作的菜肴既能成为美味佳肴，让人大快朵颐，一饱口福，也可细细观赏，领会其中之意。在技艺造型的变化上，可利用娴熟刀工技艺将烹饪原料剖出各种形态，如松果形、玉米形、龙舟形、菠萝形、菊花形、曼陀罗花形、凤尾形、麦穗形、牡丹花形、燕子形等，有的可以直接烹调成菜，例如菊花鱼、飞燕鱼等，有的需要进一步组合、加工，最后成为一件可食的艺术作品。

第四节　筵席菜肴组配设计

一、筵席菜肴组配设计的特征

筵席菜肴组配设计是一门综合艺术，它反映出设计者各方面的基本素质及现代人们所追求的饮食食风，因而在组配筵席菜肴时具有下面的特征：

（1）以酒为中心。酒在筵席菜肴组配中起到画龙点睛的作用，早在古时酒水就广泛应用于筵席。

（2）组配菜点讲究完整性。在筵席菜肴组配上，讲究的是主次分明、层次合理、虚实相间、突出重点、布局完整。因此在一般情况下，在菜肴配置上首先采用最适口的佐酒凉菜拉开序幕，将人们的注意力引入菜肴之中，随之以大菜引出主题，将整个氛围推向高潮，其间穿插不同风味精美点心，恰如其分烘托主题，突出主体的风采，使主客和谐统一。

（3）讲究设计者的风格和独创性。菜肴及菜点组配于一席之中，质量好坏、创意是否新颖、风格是否独特，关键在于设计者的烹饪技术和艺术水平。

二、筵席菜肴设计的原则

1. 根据就餐对象配菜，满足消费需求

筵席配菜时首先要通过调查研究，了解就餐者的实际情况，如国籍、民族、宗教、职业、年龄、性别、体质和嗜好忌讳等，并依此灵活掌握，确定品种，重点保证主宾，同时兼顾其他。

2. 根据季节配菜，突出时序特点

季节不同，原料出产的品种和品质不同，人们对菜品的需求也有变化。不同的季节有不同的鲜活原料应市，在筵席菜肴配制时必须充分地体现出来。如早春的蒜薹、韭黄、蚕豆、椿芽、春笋、蕺菜；春夏之交的四季豆、黄瓜；秋冬的豌豆苗、菠菜；入冬霜降后的白菜、萝卜；冬天的竹笋等。不同季节人们的生理会发生变化，对菜肴口味、质感、色彩、营养都会有特殊要求，如炎热的季节应凉拌、卤制、汤菜等多一些，寒冷季节以烧、蒸、烩、焖的菜肴多一些；冬季菜肴倾向于浓稠，人体进补要在秋冬季节。

3. 根据具体价格配菜，讲究质价相等

筵席菜肴配制要根据客人预订筵席的金额来确定具体菜品，按照质价相等的原则和筵席的等级确定菜肴的品种。一般来说，应遵循粗菜细作、细菜精作的原则，高档筵席原料要求质优品高。

4. 根据设筵目的配菜，烘托筵席气氛

设筵都有一定的目的性，根据目的，有针对性地安排恰当的菜肴，既满足消费者对菜品的需求，同时又深化了主题。如婚宴上安排诸如"早生贵子""白头偕老""鸳鸯戏水"等菜肴，使婚宴气氛热烈。

5. 根据具体情况配菜，使筵席更合理

筵席制作水平的高低，反映了烹调师的烹饪技术水平和内涵修养。配菜时应充分考虑实际情况，如主人的具体要求、习俗、筵席的桌数、档次的高低、货源的供应、技术的专长、本店的名菜、设备的好坏、餐室的大小、开宴的时间等，只有充分考虑各方面的影响因素，才能使筵席更好地、有序地进行。

三、筵席菜肴配置组合的格式

筵席经过长时间的积累和发展，已形成较为完善的体系，在对筵席菜肴进行组配时，应遵循一定的格式，具体格式参照表 8-2。

表 8-2　筵席菜肴组合格式（四川筵席）

类　型	菜品名称	主辅原料	技　法	色泽配置	器　皿
凉菜组配	单碟、双拼、彩盘、攒盒、围碟				
热菜组配	1. 主菜/头菜				
	2. 第二主菜				
	3. 二汤菜				
	4. 行菜/地方风味菜品				
	5. 行菜/家禽、家畜菜品				
	6. 鱼菜				
	7. 时令素菜				
	8. 甜菜				
	9. 座汤				
小吃、水果	小吃、水果拼盘				

四川筵席菜肴组合席单案例

案例一：四川传统筵席

凉菜：

中盘　　什锦大拼
围碟　　怪味鸡丝　　　虾须牛肉　　　樟茶鸭子　　　陈皮猪肉
　　　　麻酱凤尾　　　糖粘花生　　　炝黄瓜　　　　炸收腐干

热菜：　网油灯笼鸡（配寿桃）　　鱼香大虾　　　　开水白菜
　　　　豆渣鸭脯　　　　　　　　鲍鱼双色菜心　　红烧牛排
　　　　清蒸鼋鱼　　　　　　　　雪花桃泥（配点）

座汤： 双色鱼元
小吃： 银耳什锦　　口蘑豆花　　担担面　　　小笼牛肉
水果： 鲜果拼盘

案例二：四川农村田席

起席： 黑瓜子
凉菜： 姜汁肚丝　　鱼香排骨　　椒盐炸肝　　　松花皮蛋
大菜： 芙蓉杂烩　　白油兰片　　酱烧鸭条
　　　　软炸子盖　　豆瓣鲜鱼　　姜汁热味鸡
　　　　稀卤脑髓　　红烧肘子　　八宝饭
点心： 包子二盘

四、菜点设计与筵席菜点组合创新

菜肴设计与创新是在继承烹饪传统的基础上，根据相关的要求和原则，利用新技术、新工艺、新设备、新原料、新调味、新组合对菜点进行改良、完善和发展，以适应消费者不断变化的饮食需求。

1. 新工艺、新原料的发展

科技的进步和食品加工业的发展导致了许多新原料、新技术的出现。如荷兰豆彩椒、三文鱼、夏威夷果、皇帝蟹、鳕鱼、象拔蚌等原料的出现；微波技术、多功能设备、自动化设备等烹饪技术的发展。

2. 消费需求的变化

人们对菜品的要求是不断变化的，餐饮企业如果不推陈出新研制新菜品，就难以受到消费者的青睐，最后导致被淘汰。

3. 菜点生命周期缩短

所有的产品都会经历导入期、成长期、成熟期、衰退期四个阶段，餐饮企业研制的新菜点受到消费者的认可后，会迅速被模仿制作，因此其成长期和成熟期的时间会缩短，从而缩短其生命周期。

五、菜点创新组配类型

1. 制作全新菜品型

完全的新菜品是指采用新技术、新原料、新设备等开发出来的创新菜品，在市场上还没有可以与之比较的菜品，如福建名菜佛跳墙。

2. 改进传统菜品型

改良的新菜品是指在原有菜品的基础上，部分采用新原理、新技术、新原料、新结构，使菜品的色、香、味、形等有重大突破的菜品，如现代流行的新派川菜。

3. 引进仿制菜品型

仿制的新菜品是指根据外来菜品模仿制作的菜品，有时在模仿时也会进行局部的改进或创新，如四川的松鼠鱼就是仿制苏菜松鼠鳜鱼制作的菜品。

六、新菜点设计组配创新方向

1. 突出营养保健特点

随着生活水平的提高，人们越来越看重菜品的营养保健功能，药膳食品、黑色食品、绿色食品等大受欢迎。

2. 挖掘回归自然

崇尚自然、回归自然，利用无污染、无公害的绿色食品原料制作菜品，如时鲜厚皮菜、秋葵、有机豆芽等。

3．展示中外融合特色

国际交往的频繁与扩大，人们对国外餐饮的期望与兴趣，使菜点创新自然而然与西方烹饪结合。

七、菜点设计与组配创新思路

1．从模仿中获得创新的灵感

模仿是创造的起点，在模仿制作传统菜点的基础上进行改良和创新，制作出不同的菜点。例如：传统菜品改变主料制作的菜点。

2．在描摹中创造新菜品

描摹自然，以自然界的万事万物为对象之源，直接从客观世界汲取营养，获取菜点创作的灵感。采用描摹自然之法，主要借用生物的原型制作出多姿多彩的菜点。

3．在联想中开发新佳品

由此彼此进行联想，是菜点创新的有效途径。在菜点创制过程中，可以就某一种原料进行想象来创新。以鱼为例，烹调方法可以考虑蒸、烧、炸、煎、煮等，形状可以考虑整形、丝、丁、片、条、块等，同时联想鱼的烹饪特性进行考虑。

4．巧变传统技法应用逆向思维

改变工艺技法，首先寻找要改变的对象，要有创意，如"明炉"、干锅等系列菜品。打破常规将某些程序、规章按新的观点和思路进行新的剪辑，为菜品的创新增加新意。利用独特烹饪技艺或借助一些奇特的效果来制造新的风格，以渲染菜品的气势。

八、菜点设计与组配创新案例

案例一

凉菜：珊瑚核桃仁　　　　老上海熏鲳鱼
　　　　五香酱牛腱　　　　红袍糖醋排骨
　　　　健康生态黑木耳　　日式拌秋葵

图 8-3　高档美食养生宴会菜品一

热菜： XO 酱爆炒鲜鲍粒　　　　石锅海胆豆腐

　　　　烧汁雪龙牛肉粒　　　　　照烧酥皮银鳕鱼

　　　　黄油焗波士顿龙虾　　　　吊烧臻品河鳗

　　　　刺身拼盘　　　　　　　　蟹黄时蔬

　　　　招牌咖喱焗膏蟹　　　　　金蒜粉丝蒸元贝

炖品： 皇汤海参鲍鱼煲

小吃： 招牌一根面　　　　港式蛋塔　　　　滋润银耳露

图 8-4　高档美食养生宴会菜品二

设计思路

　　这是一桌高档的养生商务宴席，主料以高档海鲜和其他高档食材为主，经过精湛的技术处理过后，既保留了原材料的原汁原味，又能让原料的滋味多变。现在的消费人群都注重食材的新鲜、卫生和营养，所以作为一桌高档的养生商务宴席，不仅要营养搭配，更需要让各式原料之间形成一种默契，达到色、香、味、型、养的结合，再配以各种精致的器皿，使餐桌上的人并不只是吃，而是在欣赏、在陶醉，在一场美食的盛宴当中升华。

　　再者，商务宴请的主题是突出主人的品位和格调，各种高档海鲜和原材料打造出了淋漓尽致的奢华享受。包房富丽堂皇的装潢和餐具、盛具的美妙结合，突出了菜品的高端大气，同时，也将主人的品位提升了一个档次。

　　案例二

凉菜： 秘制酱鸭　　　　爽口山药　　　　　卤水金钱肚　　　　五香糯板栗

　　　　麻将凤尾　　　　桂花粘藕

热菜： 葱烧辽参　　　　蜜汁火方

　　　　开水白菜　　　　紫苏炒虾　　　　　茶树菇炒肉　　　　红烧武昌鱼

　　　　蟹粉狮子头　　　波萝咕噜肉　　　　蒜香牛仔骨　　　　金华四宝蔬

小吃： 鸡汁锅贴　　　　水晶虾饺

汤： 银耳汤　　　　　鸡豆花

图 8-5　高档美食养生宴会菜品三

设计思路：

凉菜、热炒大菜、点心茶果分别占宴席成本的 16%、70% 和 14%。毛利率为 60%，基本合理。本宴席为主题团圆宴，根据各地不同的口味习惯、风俗制作而成；本菜单热菜十道，且有全鱼、圆子等，象征着团团圆圆、十全十美；因为是在湖北，所以本菜单设计运用了湖北擅长的烹调方法如烧、煨等，鄂菜比重也相对多些，材料和口味上迎合了各地的特色。本菜单膳食搭配合理，营养均衡，多用"蒸""炖"等烹饪方法，既有利于健康，又有利于菜品的批量生产和成品保温；本菜单适合于家庭年饭、企业年终聚餐等，菜品原料和制作工艺流程也相对简单，且每道特色菜都充满着浓浓家乡滋味，让客人足不出户就可以尽享各地美食，让在外的游子感受到回家的团圆气氛。从原料构成看，这桌宴席合理使用了江鲜、海味、畜肉、禽肉、蛋类、蔬菜及主食，特别是武昌鱼，凸显了地方特色。从菜品感官上来看，这桌宴席的菜肴兼顾了色、质、味、形的合理搭配。菜肴口味有干香、咸鲜、酱香、酸爽、酸辣等；菜品的质地、色泽、外形等更是一菜一格，各不相同；从营养搭配的角度上看，其最大的特色是高蛋白的食品居于主导地位，素料和主食也占有较大的比例，整桌宴席广泛取料、荤素结合及蛋白质互补。

第五节　菜肴命名方式

菜肴的命名是赋予菜肴主题和灵魂，是菜肴内容和形态的反映。菜肴的命名内容多样，形式上一般采用两种方式来完成，其一，先取名后对菜肴设计。例如根据一些史料、传说、典故、诗歌、地域风格等启发而设计菜肴，重点体现菜肴神韵，听其名知其菜，如太白鸡、宫保鸡丁。其二，根据当时流行的菜肴命名，或是事先已将菜肴组配好后再进行命名。这种命名多在原料品种、成形、味型、质感、烹调技法、特殊调味品等方面加以突出和体现。菜肴命名常用以下几种手法：

（1）复制挖掘经典菜肴命名。根据历史文献、小说、戏剧、野史中所描述的内容先确定菜肴名称，再根据其寓意仿制出新菜肴，如红楼菜、三国菜、仿唐菜等。

（2）以特殊调味品结合主料来命名。主要是根据不同地域所产的特殊调味品与其他原料搭配构成的菜肴结构，充分突出其调味料的主要功能和特性。一般见名便知其味，反映菜肴的主体味型。如泡椒牛蛙、豆瓣鲜鱼、蚝油豆腐。

（3）以主料与辅料结合命名。在菜肴中重点突出主料和辅料的特性和质感，给予人们某种视觉、触觉、味觉冲击。此法在菜肴命名中较为普遍。如芹黄鱼丝、洋葱牛肉。

（4）以烹调方法结合主料命名。在菜肴形成中，利用加热方式的变化，突出成熟方法，让人们对制作菜肴的基本特征一目了然。如干烧鱼、清蒸鲜鱼、锅贴鸡片、干煸鸡。

（5）在主料前赋予菜肴色、香、味、形、质等命名。原料加工成菜后具有自己的特点，表现在色、香、味、形、质感等多方面。为了充分突出原料成菜后所产生的特点，引起人们对菜肴的注意，菜肴命名时考虑其最具特色的一面。如注重质感的脆皮鱼、酥皮鸡糕；注重味型的麻辣酥鱼、红油鸡片；注重颜色的白汁鸡糕、三色鸡元；注重形状的菊花鸡肫、松鼠鱼；注重香味的蒜香骨、飘香兔。

（6）在主料前冠以人名、地名命名。充分体现地域所发生经典事件，让人们借菜怀旧。如宫保鸡丁、太白鸡、东坡肉、合川肉片。

（7）以形象寓意命名。利用形象寓意对菜肴的色泽、形式、结构等方面进行生动而形象的比喻，增强菜肴的可食性和观赏性。如翡翠虾仁、玉珠鲶鱼、雪花鸡淖。

（8）以器皿和主料结合命名。充分突出器皿的独特造型和色彩，烘托菜肴中主料优势，激发人们视觉、味觉的享受。如砂锅鱼头、鱼香茄子煲、汽锅鸡。

（9）以祝福语命名。通过菜肴来寄托人们的祝福，使人心情愉悦。如开门红、节节高、四喜丸子。

基本功训练

基本功训练一　单一菜肴组配训练

训练名称　单一菜肴组配训练

训练目的　通过本次训练，掌握菜肴组配的方法和原则，能灵活地进行搭配。

训练原料　鸡脯肉250 g、草鱼600 g、豆腐500 g（其他辅料自备）（以每组为训练单位）

训练过程

根据所提供的三种主料，自己选择适当的辅料，进行适当的搭配。

训练要求

1. 配制1个凉菜、4个热菜、1个汤菜。

2. 配制时要注意菜肴的量。

3. 要注意原料形状的变化。

训练总结

基本功训练二　筵席套餐菜肴组配训练

训练名称　筵席套餐菜肴组配训练

训练目的　通过对套餐菜肴的组配，掌握套餐菜肴组配的原则和方法，能灵活运用所学的知识设计筵席菜单。

训练过程

先确立筵席的主题，根据主题设计出适当的菜肴，并形成筵席菜单。

训练要求

1. 有明确的主题；

2. 符合筵席规格；

3. 菜肴搭配合理；

4. 质价基本相符。

训练总结

本章小结

组配工艺是烹饪工艺的重要组成部分，本章重点介绍了菜肴组配工艺的要求、原则，分别介绍了单一菜肴、筵席菜肴（套餐菜肴）的组配方法和组配原则。

复习思考题

1. 组配工艺在菜肴制作工艺中的作用有哪些？

2. 菜肴组配的原则有哪些？

3. 如何组配筵席？其格式如何？

4. 根据自己了解的知识，阐述如何通过菜肴的组配对菜肴进行创新设计。

第九章

调味工艺

通过本章的学习，了解味觉的定义、基本要素、特性，掌握调味的基本原则。熟悉常用调味品的调味特性以及常用预制复合调味品的制作方法，能灵活地调制各种复合味型。

调味，是运用各种调味原料和有效的调制手段，使调味原料之间以及调味原料与主辅原料之间相互作用，形成菜肴独特滋味的操作技术。具体说来，调味是将组成菜肴的主料、辅料以及各种调味原料有机组合，在一定的条件下使其相互作用、协调配合，通过一些物理、化学变化，去除原料腥膻等异味、增加原料鲜香滋味，使菜肴适合人们口味的一种操作工艺。

中国菜肴非常讲究"味"的可口，在评判一份菜肴好坏时，往往把菜肴的"味"放在首位。菜肴味道鲜美，可以刺激人们的食欲，因此，调味在烹饪中具有非常重要的作用，具体表现在以下方面：

（1）确定菜肴的滋味。调味最重要的作用是确定菜肴的滋味。通过调味，使调味品之间以及调味品与原料发生作用，确定菜肴特有的风味，例如以草鱼为原料，通过调味可以制作糖醋鱼（糖醋味）、白汁鱼（咸鲜味）、酸辣鱼（酸辣味）、水煮鱼（麻辣味）、豆瓣鱼（豆瓣味）等，从而确定菜肴不同的滋味。

（2）除异解腻。异味是指某些原料本身带有的不受人喜欢的、影响食欲的特殊味道，如牛羊肉的膻味，鱼、虾、蟹等水产品的腥味和禽畜内脏的腥味，有些蔬菜瓜果有苦涩味等。这些异味虽然在调味前的加工过程中已经除去一部分，但往往还残留有一部分，需要在调味过程中予以除去或矫正，达到除尽异味的效果，而有些调味品如酒、醋、葱、姜、香料等能有效地转化和矫正这些异味。

有些原料过于肥腻，也可以通过适当的调味减轻肥腻效果，使菜肴美味可口。

（3）增加鲜美滋味。很多原料，如海参、鱼翅、燕窝、凉粉、粉条等，本身淡薄无味，需要采用调味以增加原料鲜美滋味，从而增进人们的食欲。

（4）调和各类原料的滋味。菜肴主要是由主料、辅料、调料三部分构成，不同原料有不同的口味特点，有的滋味较浓，有的滋味较淡，有的较肥腻，有的较清淡。通过调味，使原料间互相配合、取长补短，最后使各种味相互融合，形成一种复合味感，这种复合味感就是各种原料融合在一起的综合味道。

（5）突出地方风味特色。味是菜肴的灵魂，而我国地域辽阔，不同地域的人口味差别较大，在长期生活中形成了自己独特的味觉习惯，因此，在调味时也有自己的偏爱。通过调味能反映地方风味，如四川人喜食麻辣味，调味时也多采用麻辣；苏州、无锡一带调味时菜肴多带有甜味。

（6）美化色彩。调味时通过调味品的作用，赋予菜肴特有的色泽，达到美化效果。如利用西红柿酱调味，能使菜肴呈现鲜红的颜色。

第一节 味觉及调味规律

一、味觉

味觉是指食物中可溶解于水和唾液的化学物质作用于舌头表面和口腔黏膜上的味蕾所引起的感觉。食物进入口腔后，其中可溶性成分溶于唾液中，刺激舌头表面的味蕾，再由味蕾通过神经纤维把刺激传导到大脑的味觉中枢，经过大脑分析而产生味觉。从味觉产生的全过程来看，呈味物质、味觉感受器、溶剂（唾液）等是形成味觉的基本要素，它们缺一不可。

二、味觉的基本特征

味觉具有灵敏性、适应性、可融性、变异性、关联性等五个基本特性，是形成调味规律的生理基础。

（一）灵敏性

味觉的灵敏性是指味觉的敏感程度，由感味速度、呈味阈值和味的分辨力等三个方面综合反映。

（1）感味速度，是指对味的感知速度。呈味物质进入口腔，很快就产生味觉。一般从刺激到感觉仅需 $1.5 \times 10^{-3} \sim 4.0 \times 10^{-3}$ s，接近神经传导的极限速度。

（2）呈味阈值，是指可以引起味觉的最小刺激值，通常用浓度来表示。呈味阈值越低，敏感度越高。呈味物质的阈值一般较小，并且随种类的不同而有一定差异。

（3）味的分辨力，是指对各种味感之间差异的分辨能力。人对味的分辨力很强，实验证明，通常人的味觉能分辨出 5 000 余种不同的味觉信息。

味觉的灵敏性高，是形成"百菜百味"的重要基础。调味要做到精益求精，既要突出菜肴的主味，又要使各味有机融合，为味觉的灵敏分辨提供物质前提。

（二）适应性

味觉的适应性是指由于持续受到某一种味的作用而产生的对该味的适应。根据产生适应性后消失的时间不同，可分为短暂适应与永久适应两种形式。

（1）短暂适应，是指在较短时间内多次受某一种味的刺激而产生的味觉瞬时对比现象。它只会在一定时间内存在，超过一定时间便会消失。配制套餐菜肴时要尽可能防止短暂适应的产生，其方法是同一桌菜肴尽可能安排不同味型的菜肴，上菜顺序也尽可能安排相邻菜肴味型相差较大的菜肴。

（2）永久适应，是指由于长期受到某一种过浓滋味的反复刺激而形成的适应，并在相当长的一段时间内都难以消失。具有特定口味习惯的人，长期接受某一种味的反复刺激，形成永久适应，如四川人喜欢麻味，山西人喜欢较重的酸味等。味觉的永久适应形成地方饮食风俗。

俗话说"一方水土养一方人"，味觉的永久适应要求在调味时应注意根据食用者的具体情况灵活调味。正所谓"物无定味，适口者珍"，调味要讲究适口。

（三）可融性

味觉的可融性是指多种不同的味可以相互融合而形成一种新的味觉。味觉的可融性表现在味的对比、相加、掩盖、转化等多个方面，是调制各种复合味型的基础，调制味型时必须将各种味有机地融合。

（四）变异性

味觉的变异性是指在某种因素影响下味觉感度发生变化的现象。这种变异性受生理条件、温度、浓度、季节等因素影响。

（1）生理条件主要有年龄、性别及某些特殊生理状况等。如年龄越小，味感越灵敏，随着年龄的增长，味感会逐渐衰退；性别不同，对味的分辨力也有差异，女性辨味能力，除咸味之外都强于男性；生病时味感会因病情减退；人处在饥饿状态时对味敏感，饱食后则迟钝。

（2）温度。一般来说，最能刺激味觉的温度为 10 ℃～40 ℃，其中以 30 ℃ 左右时味觉最灵敏。随着温度的升高或降低，味感都会降低。如在调制糖醋味时，热菜糖醋味加入的醋明显比凉菜少，但是所表现的糖醋味感基本一致。

（3）浓度。呈味物质的浓度直接影响味觉感度。浓度越大，味感越强。只有最适浓度时，才能获得满意的效果。不同种类的菜肴，对呈味物质最适浓度的要求略有不同。如精盐在汤菜中浓度一般为 0.8%～1.2%，在烧焖菜肴中浓度为 1.5%～2%，在炒爆菜肴中浓度为 2% 左右；佐酒菜浓度稍小，佐饭菜浓度较大。

（4）季节。一般来说，盛夏多喜清淡，严冬偏爱浓重口味。

此外，味觉感度还因就餐时的心情、环境等不同而有所变异。

（五）关联性

味觉的关联性是指味觉与其他感觉相互作用的特性。与味觉关联的其他感觉主要有嗅觉、触觉、视觉、听觉等。

（1）味觉与嗅觉的关联：味觉与嗅觉的关系最为密切。通常我们感觉到的各种滋味，都是味觉和嗅觉协同作用的结果。鼻塞时会降低对菜肴的味觉感度。

（2）味觉与触觉的关联：触觉是对外界物质接触后产生的感觉，有软、硬、粗、细、老、嫩等感觉，与味觉也能产生关系，如鲜嫩则味淡等。

（3）味觉与视觉的关联：菜肴的视觉是对菜肴色泽和造型的感觉，是一种心理作用下产生的联觉。菜肴色泽鲜艳、造型美观，对人的食欲刺激很大，自然对味觉也有刺激作用。

（4）味觉与听觉的关联：菜肴的听觉是菜肴发出的声音给人的刺激感觉。与视觉的关联一样，也是一种心理作用下产生的联觉。现代不少菜肴都有很好的听觉效应，如铁板菜、桑拿菜、石烹菜等，对渲染就餐气氛起到了十分重要的作用。

综上所述，味觉的基本性质是控制调味标准的依据，是形成调味规律的基础。

三、调味工艺的基本规律

（一）突出本味

本味是指烹饪原料自身带有的鲜美滋味。突出原料的本味应注意处理好菜肴中主料、辅料之间的配合，突出、衬托、补充主料的鲜味，同时处理好调味品对原料的影响，除去原料异味，突出原料本味，使其本味能得到更好、更充分的体现。

（二）注意时序

季节气候不同，人们对菜肴味的要求会发生改变，因此调味时要合乎时序。古人云："春多酸，夏多苦，秋多辛，冬多咸，调以滑甘。"说明调味时应遵循"合乎时序"的规律。

（三）体现调和

调味的实质就是使调味料之间以及调味料与主辅料之间相互作用，协调配合，赋予菜肴新的滋味。在整个操作过程中讲究的是"调和"二字，虽然调味所用的调味品多种多样，但是调制出来的各种味型都强调协调一致。

（四）强调适口

人们对味的感觉受着很多因素的影响，条件不同，对味的感受也不同，因此在具体调味时要因人而异，不能千篇一律，甚至针对同一个人，在不同条件下也有所变化。调味要讲究适口，只有适口的菜肴才受人们喜欢。

第二节　基本味及调味品

概括说来，菜肴的味可分为基本味和复合味两种。通常人们感觉到的基本味有咸、甜、麻、辣、酸、鲜、香、苦。舌头对这些味的感觉敏感度是分区域的，舌尖对甜味最灵敏，舌根对苦味最灵敏，舌两侧前缘对咸味最灵敏，舌两侧后部对酸味最灵敏，舌根中部对鲜味最灵敏。香味、辣味和麻味不是由味蕾引起，而是嗅觉或表面皮肤受刺激引起的，但与味觉有关联性。苦味人们一般不是很接受，调味时一般不专门调制苦味。因此，在调味中所说的基本味包括7种，即：咸、甜、麻、辣、酸、鲜、香。

一、基本味及调味品

（一）咸味及调味品

咸味又称底味，是调味中的主味，除纯甜味菜肴以外，其他菜肴都要以咸味为基础，各种复合味都是在咸味的基础上表现，是能独立成味的基本味。咸味能解腻、提鲜、除腥膻臊味，能突出原料中的鲜香味道。调制时应做到"咸而不减"，使咸味恰到好处。

常用的咸味调味品主要是精盐和酱油。

精盐的主要成分是氯化钠。饮食中的精盐对维持人体正常生理机能、调节血液的渗透压有重要的作用。除纯甜菜点外，调味时一般都是在咸味的基础上，按各种菜肴的要求分别加鲜、酸或麻、辣来丰富菜肴的味道。

酱油是用粮食发酵酿制而成的调味品，除含有盐分以外，还含有蛋白质、葡萄糖和麸酸钠等多种天然鲜味物质。好的酱油浓度较大，颜色呈鲜艳的红褐色，有透明度，滋味鲜美醇厚。酱油是烹调中用途最广的咸味调味品之一，还可用于菜肴上色。

除此以外，具有咸味的调味品还有豆瓣酱、豆豉、泡菜等。

（二）甜味及调味品

甜味也是能独立调味的基本味，有调和诸味的作用，还能解腻，缓和辣味的刺激感，抑制原料的苦涩味，增加咸味的鲜醇，烹调中运用相当广泛。如炒菜、烧菜以及肉馅中添加适当甜味原料，能增加菜肴的风味。甜味在菜肴制作中要根据成菜要求考虑甜味的浓淡，用量恰当，应做到"甘而不浓"，有时需要甜而不腻，有时需要放糖不显甜。

甜味调味品可以分为天然甜味品（蔗糖、葡萄糖、果糖、麦芽糖、甜菊糖等）和人工合成甜味品（糖精、糖精钠等）。在烹调中常用的有白糖、红糖、冰糖，以及蜂糖、果酱、蜜饯等。

（1）白糖。常用的有白砂糖和绵白糖（俗称白糖）两种。

（2）红糖。常用的有红砂糖和水熬红糖（俗称红糖、黄糖）两种。红砂糖多用于豆沙、枣泥等甜馅中，而红糖多用于各种甜味小吃品种和面点中。

（3）冰糖。冰糖有两种：一种是白砂糖提纯再制品，其质地晶莹透明，形态趋于一致，糖味纯净；另一种是用甘蔗一次提炼而成的，其形状是不规则块形，色发暗，味甜香。冰糖多用于宴席中的甜菜，如冰糖银耳、冰糖莲子等。还可熬制糖色，即将冰糖放入盛有少量油的油锅中，炒成深红色后加水熬制而成，主要用于增加菜肴原料的褐红色泽，如红烧肉、卤肉、冰糖肘子等菜肴的上色。

（4）蜂糖，也称蜂蜜，富含单糖类的果糖、葡萄糖与多种维生素，其甜度高于白糖、冰糖。蜂糖的种类因季节性的蜂源而异。蜂糖多用于蜜汁类菜肴和点心、汤羹。

（5）饴糖，也叫青糖、糖稀，主要含麦芽糖和糊精，麦芽糖在人体内可转化为葡萄糖。饴糖具有吸湿、起脆、起色的作用，多用于制作点心以及烤制菜品时涂刷原料表面使之上色并具有酥脆效果。

（6）果酱与蜜饯。果酱是用水果加白糖熬制的，蜜饯是瓜果、蔬菜类原料用白糖渍制的，都富含果糖和蔗糖。蜜饯中还有一类是将玫瑰、桂花、茉莉等鲜花用白糖渍制，带有特定的扑鼻花香，用来烹制甜菜，以及做汤圆、鲜花饼等馅心。

（三）麻味及调味品

麻味是川菜特殊的味道。麻味在烹调中有抑制原料异味、解腥去腻、增香的独特功用，其味是由花椒、花椒粉、花椒油等体现出来的，不能单独成味。

花椒在全国各地都有出产，唯独四川花椒质量最佳，川椒作为贡品有两千多年的历史。四川汉源产的花椒颗粒大、色红油润、味麻籽少、清香浓郁，成为花椒中的上品。花椒特有的香和麻是源自所含的枯醇、桉牛儿醇、柠檬油醛等化学物质。花椒性涩，能解毒、杀虫、健胃，促进食欲，帮助消化。

（四）辣味及调味品

辣味是菜肴调味中刺激性最强的味，有显著的增香解腻、压低异味、刺激食欲的作用，但辣味用量过大会压低香味，尤其与清香味互不相融。在使用时应遵循"辛而不烈"的原则，用量因人、因时而异，恰当掌握，做到"辣而不燥"，富有鲜香。

辣味分辛辣和香辣两种。调味品中的辣椒含有辣椒碱，姜含有姜辛素，胡椒含有胡椒脂碱，葱蒜中分别含有葱辣素和蒜辣素，芥末含有芥末油，属于辛辣的范畴，由此构成了食物的辛辣味。辣椒加热再制而得的辣椒粉、红油辣椒、煳辣椒则属于香辣。

1. 辣　椒

辣椒可分为鲜辣椒、干辣椒、干辣椒粉、红油辣椒、泡红辣椒等。

新鲜辣椒尤其是微辣香甜的各种甜椒，不仅可以单炒，更常用于各种荤素菜肴的配料，能提味增香、增进食欲，是非常受欢迎的时鲜蔬菜。

干辣椒是用新鲜的红辣椒晾晒而成的，以干而籽少、色油红光亮者为佳。干辣椒有气味辛辣、温中祛寒、开胃健食的功效。辣椒虽富含维生素等营养素，但吃辣椒过多，会引起胃肠炎、腹痛等不适。干辣椒一般切节使用，可直接下沸汤中熬汤提味，或在主料下锅前用热油煸炒出煳辣香味，使菜肴具有煳辣辛香味。

辣椒粉一般采用手工制作，是将干辣椒在锅中略加热炒干出香味，再制成细粉。辣椒粉既可加入热菜调味或增色，也可以直接拌制凉菜和小吃。不同品种的辣椒粉辣味有所不同，如朝天椒较辛辣，二荆条则较温和辛香。

红油辣椒又叫辣椒油、红油、红油辣子，是用熟油烫制辣椒粉而成，色红辛香油润，广泛用于凉菜、热菜和各式小吃中。

泡红辣椒是用新鲜的红辣椒晾干表面水汽、放入泡菜坛中泡制而成。由于泡菜水中含有丰富的乳酸，经过乳酸发酵，泡好的辣椒用于烹调菜肴，具有特殊的香气和味道。

2. 豆　瓣

豆瓣又称豆瓣酱，是烹调中重要的调味品。最负盛名的是四川的郫县豆瓣，它由二荆条辣椒和胡豆瓣以 7：3 比例混合，再添加上等面粉经 20 多道工序酿制而成，色泽红褐、油润光亮、味鲜辣、瓣粒酥脆，有浓郁的酱香和清香味。烹调时，由于郫县豆瓣内有较大的辣椒皮和整粒的胡豆瓣，会影响菜肴成菜的美观，还会降低豆瓣使用率，因此，郫县豆瓣一般需要剁细使用。

3. 姜

姜含有姜辛素，具有芳香辛辣气味，有提鲜去腥、开胃消食等作用。烹调中分为仔姜、生姜两种。仔姜季节性强，为时令鲜蔬，可作辅料和腌渍成泡姜，如仔姜肉丝、拌仔姜、泡仔姜。生姜常加工成丝、片、末、汁，用于调味，可去异提鲜，广泛用于菜肴制作中。

4. 胡　椒

胡椒含有胡椒脂碱，气味辛辣芳香，有提味去腥的作用。胡椒产于南方各省，半成熟果实呈黑色，称为黑胡椒，成熟的果实去皮后成为白胡椒。

5. 大　蒜

大蒜含有大量的蒜辣素，具有独特的气味和辛辣味，能去腥、解腻、增香。蒜辣素还具有很强的杀菌作用。大蒜也可作辅料来烹制菜肴，如大蒜鲶鱼、大蒜肚条。

6. 葱

葱含挥发性葱辣素，具有辛辣味，有解腥气、开胃消食、杀菌解毒、促进食欲等作用。有大葱、小葱（火葱、香葱等）之分，小葱香气浓郁、辛辣味较轻，多切成葱花调制冷热菜；大葱主要用葱白作辅料和调料。

7. 芥　末

芥末是用芥籽磨成的粉末，含有辛辣的芥末油，发出特殊浓烈的辛辣刺激气味。

（五）酸味及调味品

酸味是多种味型的基本味，尤其在烹调鱼、虾、蟹类菜肴时使用较多。酸味具有增鲜、除腥、解腻的作用，同时还可促进食物中的钙质和氨基酸类物质的分解，达到骨酥肉烂。酸味还能在加热过程中使原料中的蛋白质凝固，使制作出来的菜肴脆嫩可口，并能减少维生素的破坏，提高食物滋味、增进食欲，促进消化和吸收。使用酸味时应做到"酸而不酷"。酸味原料可分为天然的和人工合成的两类。天然的包括原料自身含有的如柠檬酸、苹果酸、酒石酸，以及由食品发酵产生的乳酸、醋酸等。人工合成的有葡萄糖酸等。常用的酸味调味品有醋、西红柿酱等。

（1）食醋。食醋的主要成分是醋酸（即乙酸），质量好的食醋，酸而微甜，并带有香味。由于醋酸有较强的挥发性，所以，烹调时如果用醋来除去腥膻异味，溶解骨质，使肉类软熟、蔬菜脆嫩和保护维生素 C，一般应在烹调前和烹调中与原料一起下锅；如果是用醋来确定菜肴的酸味，或增鲜和味、醒酒解腻，则应在菜肴起锅前加入。

（2）西红柿酱、西红柿汁。西红柿中含有适口的果酸，加工制成的西红柿酱和西红柿汁使用方便。

（六）鲜味及调味品

鲜味可增加菜肴风味、提高食欲。鲜味只有在咸味的基础上才能显现出来，在复合味中有融合诸味的作用。鲜味主要是由各种氨基酸与钠离子结合，形成相应的钠盐而产生的。

鲜味主要调味品是味精。味精是从淀粉发酵中提取出来的，主要成分是谷氨酸钠（麸氨酸钠），有粉末与结晶体两种形态，易溶于水。味精耐酸不耐碱，在弱酸性溶液中更具有强烈的肉鲜味，而在碱性环境中则会变成无鲜味且有不良气味的谷氨酸二钠。味精也不耐高温，温度超过 100 ℃时，味精会分解成焦谷氨酸钠，对人体有害。味精的使用量要恰当，使用过多会产生一种似咸非咸、似酸非酸的怪味。卫生部门规定，一般成年人（体重 50 kg）每天的味精食用量不应超过 6 g，一岁以下婴儿不宜食用。

蘑菇、香菌等含的天门冬氨酸钠，虾蟹贝等含的琥珀酸，肉类含的肌苷酸钠等鲜味浓郁；各种鲜汤、酱油、鱼露等也是常用的增鲜调味品。近年来，市场上推出了许多提鲜的新品种，如鸡精、牛肉粉和海鲜精等。

（七）香味及调味品

香味有压异味、增食欲的作用，同时各种香味调料本身多含有去腥解腻的化学成分。

香味调味品的种类很多，常用的有料酒、醪糟、芝麻、芝麻酱、陈皮、豆腐乳以及各种天然香料与人工合成香料。这些原料据化学分析含有醇类、醛类、酮类、酯类、酸类等可挥发出来的芳香物质。

（1）料酒，又叫黄酒、绍酒，粮食酿成，酒精含量低，含丰富的脂类和多种氨基酸。由于料酒有较强的渗透性，在烹调前加入料酒，能使各种调料更迅速地渗透到原料内部，使原料有一定的基础味，同时去除腥、臊、膻等异味。料酒中的氨基酸在烹调中能与精盐结合成味道鲜美的氨基酸钠盐，使菜肴滋味更加鲜美；料酒中的主要成分在加热过程中与其他调料结合，会挥发出浓烈而醇和的诱人香味，使菜肴大为增香。所以许多煸、炒、煎的肉类菜肴都要在烹调中加入料酒。

与料酒作用相似的调味品还有红葡萄酒、啤酒。

（2）醪糟，由糯米加酒曲发酵酿制而成，酒精度很低，含有丰富的香味脂、醇和糖类，其味香甜。醪糟的作用与料酒相似，但使用醪糟调味，会使原料经烹调后成菜鲜香回甜。

（3）芝麻油、芝麻酱。芝麻以粒大饱满者为佳。芝麻含有60%的油脂，香味浓郁，是榨制香油和制作芝麻酱的主要原料，有白芝麻和黑芝麻之分。用芝麻磨制的芝麻酱能调制出风味独特的味型。芝麻榨制的香油普遍使用在各种冷、热菜肴中，起增香的作用。

（4）陈皮，是用成熟的橘皮晾干制成，以皮薄色红、香气浓郁者为佳。

（5）豆腐乳，是用豆腐切成小块，经人工接入毛霉菌的菌种发酵、搓毛和腌制之后，加入用料酒、红曲、面膏、香料、砂糖磨制的汤料，再经发酵制成的。豆腐乳外观颜色有红色、白色和青色三种，按风味可分为南味、北味、川味三类。豆腐乳色泽鲜艳，质软而细腻，味浓而鲜，有特殊的乳香味，酒香气也很浓。

（6）甜酱，又叫甜面酱，是用面粉加盐经过发酵制成，其特点是色泽棕红，咸味适口回甜，并有特别浓郁的酱香味。

（7）豆豉，由黄豆酿制。一般是将精选的黄豆经过浸渍、蒸煮之后，加少量面粉拌和，并加入米曲霉菌种酿制，再加入精盐或酱油拌匀，封贮2~3个月，取出风干即成。具有色泽黑褐，光滑油润，味鲜回甜，香气浓郁，颗粒完整，松散化渣的特点。豆豉下锅加热后有浓郁的豉香，常用作凉菜、热菜和火锅的调料。

（8）香料。除少数席点羹冻加入少量食用化学香精外，烹调中主要使用各种天然香料。香料种类众多，香气各有不同。常用的香料包括八角、桂皮、茴香、陈皮、草果、小茴、山柰、白蔻等。

二、调味品的盛装、保管与合理放置

调味品多种多样，要分别妥善存放，以免变质而影响烹调菜肴的质量和造成浪费。

1. 调味品的盛装

调味品的种类很多，性质也多种多样，有的怕光，有的怕热，有的易受潮，有的易挥发，有的易与其他物质起化学变化。调味品的盛装要求因调味品的性质不同而有所不同。如含盐分的精盐、酱油、甜酱、郫县豆瓣等和含酸的醋、果酸等，不宜使用金属容器盛装；而怕光的食用油脂不宜使用透明的器皿盛装；醋、料酒等易挥发的调味品应密闭保存；各种蜜饯果脯、花椒、干辣椒、白糖和味精等调味品怕受潮，应做防潮处理。

2. 调味品的保管

（1）存放的环境条件。存放调味品的环境要求温度不宜过高，应注意通风；湿度不宜太潮；注意避免长时间接触日光和空气，防止调味品因环境条件而变质。

（2）保管的注意事项。应掌握先进先出、先加工先使用的原则；掌握好采购和加工的调味品数量，要量力而出；不同性质的调味品应分别放置。

3. 调味品的合理放置

在烹调时，为了取用方便，加快操作速度，调味品的摆放要合理。各种调味品必须放在取用方便的地方，要根据使用次序和便于操作的原则来确定摆放的具体位置。一般来说，放置的原则是：常用的放近一些，不常用的放远一些；先用的放近一些，后用的放远一些；有色的放近一些，无色的放远一些；湿料放近一些，干料放远一些；颜色形态相同，应隔开安放或以不同容器加以区别，以免使用时发生混淆。

具体的放置方法应根据自己的喜好而定，没有固定要求，只要能方便快捷取用即可。

调味品要定期清理、调整，对各种调味品的质量、用量和存期做到心中有数。

第三节　厨房常备复制调味品调制

一、咸香制品

（一）复制酱油

特点：色泽棕褐，咸鲜带甜，香味浓郁，汁浓稠。

调料：酱油 500 g、红糖 75 g、八角 2 g、香叶 1 g、桂皮 5 g、草果 2 g、整花椒 1 g、生姜 10 g。

制作：

（1）红糖切碎，生姜切片，八角、桂皮、香叶、草果、整花椒等清洗后用纱布包裹起来，制成香料包；

（2）锅洗净，置于中火上，放入酱油、红糖、生姜、香料包等加热至沸，改用微火保持微沸，煮至酱油剩 2/3 时捞去生姜和香料包，倒入容器中即可。

制作要领：

（1）色泽深褐，不宜过浅。如果颜色较浅，可添加适当的糖色增加颜色。

（2）小火熬制，火力不能过大，防止水分过度蒸发。

（二）油酥豆豉

特点：色泽棕褐，香味浓。

调料：豆豉 100 g、色拉油 100 g。

制法：

（1）豆豉用刀面压成泥状，再用刀剁茸。

（2）锅内放油，用中火加热至 80 ℃ 时，放入豆豉茸，改用小火炒至香味浓郁，起锅，装于容器中存放即可。

制作要领：炒制时火力较小，注意防止粘锅焦煳。

二、辣椒制品

（一）辣椒油

辣椒油的制作

特点：色泽红亮，香辣味浓。

调料：辣椒粉 500 g、菜籽油 2 500 g、八角 2 g、姜片 5 g。

制法：将辣椒粉装于容器中，放入八角、姜片和匀，再将菜籽油炼熟，晾至 140 ℃ 左右，倒入装有辣椒粉的容器中搅匀，静放一段时间即可。

制作要领：

（1）选用色红质优的辣椒粉；油选用菜籽油、花生油等。不能选用动物油脂。

（2）辣椒粉和油的比例为 1 : 4 ~ 1 : 8。

（3）烫制的油温要根据辣椒粉的生或熟来确定，120 ℃ ~ 130 ℃ 烫制熟的辣椒粉，140 ℃ ~ 150 ℃ 烫制生的辣椒粉。

（4）炼制好的辣椒油存放 1 ~ 2 天后色红、味香辣，使用效果最佳。

（二）油酥豆瓣

特点：色泽红亮，香辣味浓。

调料：郫县豆瓣 100 g、植物油 200 g。

制法：郫县豆瓣剁细，放入 80 ℃ 的油中，小火炒至色泽红亮出香味后起锅，装入容器中即可。

制作要领：小火炒制，防止粘锅焦煳。

（三）糍粑辣椒

特点：色泽红亮，鲜辣味浓。

调料：干辣椒、清水。

制法：干辣椒切成小段，去籽，再将干辣椒段放入沸水锅中小火煮 2 分钟后，捞起，沥干水分，舂或绞成茸而成。

制作要领：尽量绞茸绞细。

（四）糊辣末

特点：色泽褐红，干香微辣。

调料：干辣椒 100 g、色拉油 25 g。

制法：将辣椒切节、去籽，锅中留少量油，放入干辣椒节炸出香味、颜色红褐取出，晾凉后用刀剁成末状即可。

制作要领：掌握好炒制干辣椒的火候，不能炒糊。

三、调味油

（一）姜油、蒜油、葱油

1. 姜　油

特点：姜味香浓。

调料：姜片 50 g、色拉油 500 g。

制法：锅内放油，用中火加热至 80 ℃，下姜片浸炸至金黄色出香味时，捞去姜片，澄清即成。

制作要领：浸炸时火力较小，保持 80 ℃ 油温。

2. 蒜　油

特点：油汁浓稠，蒜香味浓。

调料：大蒜 350 g、青椒 50 g、洋葱 50 g、香油 50 g、色拉油 1 200 g。

制法：

（1）大蒜、青椒、洋葱均绞成泥，和匀后装入盛器内，加香油搅拌均匀。

（2）将油加热至 150 ℃ 时徐徐浇在盛器内搅匀，晾凉即成。

制作要领：倒油时速度较慢，并充分搅拌，使原料受热均匀。

3. 葱　油

特点：葱香味浓。

调料：小葱 150 g、洋葱 50 g、色拉油 500 g。

制法：

（1）小葱和洋葱洗净，切成段。

（2）锅内放油，用中火加热至 120 ℃，将小葱和洋葱放入油中，改用小火慢慢炸制，待原料干瘪发黄时，捞去原料，将油澄清即可。

制作要领：贮存时注意密封保存，防止香气挥发。

（二）豆瓣老油

特点：色泽红亮，香辣味特浓。

调料：郫县豆瓣 250 g、辣椒粉 50 g、豆豉茸 20 g、姜 15 g、蒜 20 g、洋葱 20 g、芹菜 15 g、胡萝卜 15 g、白糖 50 g、香叶 2 g、八角 3 g、小茴 5 g、豆蔻 5 g、百里香 3 g、迷迭香 3 g、罗勒香 3 g、色拉油 2 kg。

制法：

（1）将洋葱、胡萝卜、芹菜、姜、蒜等切成小粒，郫县豆瓣剁细。

（2）锅内放油，用中火加热至 80 ℃ 时放入郫县豆瓣，改用小火炒香上色，再放入辣椒粉、豆豉茸略炒香，放入其他原料小火炒出香味起锅。

（3）将炒好的原料装入盆中，静放 24 小时，过滤取油脂即可。

制作要领：炒制时火力要小，要炒出香味。

（三）火锅老油

特点：色泽红亮，麻辣香浓。

调料：牛油和菜籽油各 1 kg、郫县豆瓣 250 g、豆豉 30 g、醪糟汁 50 g、整花椒 10 g、干辣椒段 100 g、料酒 500 g、姜片 50 g、蒜片 75 g、葱段 75 g、香叶 5 g、白蔻 3 g、桂皮 10 g、八角 10 g。

制法：锅内放入牛油和菜籽油，用旺火加热至 80 ℃ 时放入郫县豆瓣，改用小火慢慢炒香，放入蒜片、姜片、葱段和香料，继续用小火炒至出香味后放入豆豉、醪糟汁、料酒和匀炒香，取出静放 24 小时左右，去渣即可。

制作要领：

（1）炒制郫县豆瓣火力要小，慢慢炒香上色，注意防止粘锅焦煳。

（2）香料最好小火炒制 10 分钟以上，去除香料的药苦味。

（3）炒好后起锅，静放一段时间，使香味进一步浸泡出来，油的颜色更红亮。

（四）泡椒老油

特点：色泽红亮，泡椒味浓。

调料：色拉油 3 kg、泡红辣椒 1 kg、糍粑辣椒 100 g、洋葱 20 g、芹菜 15 g、胡萝卜 15 g、泡仔姜 50 g、八角 5 g、香叶 1 g、桂皮 3 g。

制法：

（1）将洋葱、胡萝卜、芹菜、泡仔姜等切成小粒，泡红辣椒剁细成茸状。

（2）锅内放油，用中火加热至 120 ℃，放入泡红辣椒末、糍粑辣椒，炒香炒红，再放入其他原料，小火炒制约 15 分钟，起锅盛入容器中，待冷却放置 24 小时，取面上的油脂即成。

制作要领：香料用量不宜过多，防止香味掩盖泡椒的鲜香。

（五）咖喱油

特点：色泽姜黄，香辛辣味浓。

调料：咖喱粉 50 g、胡椒粉 4 g、姜粉 10 g、干辣椒粉 10 g、洋葱末 15 g、蒜末 15 g、色拉油 250 g。

制法：锅内放油，用中火加热至 80 ℃ 时，依次放入干辣椒粉、胡椒粉、姜粉、蒜末、洋葱末，改用小火炒香，再加入咖喱粉略炒透出香味，出锅晾凉即可。

制作要领：炒制时油温要低，少炒勤制，不宜久放。

四、花椒制品

（一）椒麻糊

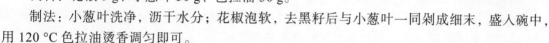
椒麻糊的制作

特点：色深绿，清香带麻。

调料：花椒 5 g、小葱叶 50 g、色拉油 30 g。

制法：小葱叶洗净，沥干水分；花椒泡软，去黑籽后与小葱叶一同剁成细末，盛入碗中，用 120 ℃ 色拉油烫香调匀即可。

制作要领：现制现用，不宜久存。

（二）刀口花椒

特点：香麻味浓。

调料：花椒 5 g、葱叶 30 g。

制法：葱叶洗净；花椒用清水泡软，去黑籽，与葱叶一起用刀剁成细末即可。

制作要领：最好用刀剁细，不要用机器绞，否则香味不浓。

（三）椒　盐

特点：咸鲜香麻。

调料：精盐 5 g、花椒粉 1 g、味精 1 g。

制法：锅置火上，放入精盐炒至颜色呈浅黄色，取出，晾至温度约 80 ℃，放入味精、花椒粉拌匀即可。

制作要领：拌入味精、花椒粉时，精盐的温度不宜高。

（四）花椒油

特点：香麻味浓。

调料：花椒 20 g、色拉油 50 g。

制法：色拉油加热至 120 ℃ 时放入花椒，炸至花椒变色，吐鱼眼泡时，连油一起倒入容器内冷却，捞出花椒即成。

制作要领：注意炸制花椒的油温，温度过高，花椒的麻味散失较快；温度过低，麻味又不能较好地提取出来。

（五）藤椒油

特点：色泽亮丽，口味清爽，麻香浓郁。

调料：藤椒（鲜青花椒）30 g、色拉油 50 g。

制法：藤椒清理后放入容器中，将色拉油加热至160 °C，倒入装有藤椒的容器中，盖上容器盖，浸渍至凉后捞出藤椒即成。

制作要领：藤椒油的香味与油温高低有很大关系，要控制好油温。

五、其他制品

（一）果酸甜汁（又称珊瑚汁）

特点：无色透明，甜酸味浓。

调料：白糖 200 g、清水 500 g、精盐 1 g、果酸 2 g。

制法：锅洗净，放于小火上，掺清水放入白糖、精盐熬溶化，加入果酸搅匀晾凉即可。

制作要领：小火加热，保持味汁的颜色及透明度。

（二）芥末糊

特点：色黄，冲味浓。

调料：芥末粉 50 g、白糖 15 g、醋 30 g、色拉油 20 g、沸水 50 g。

制法：芥末粉、白糖、醋等一起倒入有盖的容器中搅匀，快速冲入沸水，加色拉油搅匀，加盖激发冲味，待冲味突出时取出即可。

制作要领：水要沸腾，如温度不够，可将装有原料的容器放于沸水中隔水加热，使其冲味更浓郁。

（三）黑椒汁

特点：黑胡椒味浓。

调料：黑胡椒粉 150 g、洋葱 50 g、淡奶 250 g、黄油 20 g、老抽 50 g、蒜 10 g、精盐 1 g、味精 0.5 g、清水 50 g。

制法：洋葱切成小细粒，蒜切成末。先将黄油放入炒锅小火融化，放入黑胡椒粉炒出香味，再放入洋葱粒、蒜末炒香，加入清水和淡奶，用老抽将汤汁调色成咖啡色，最后加入精盐、味精，将汤汁收浓，香味浓郁时起锅即可。

制作要领：炒黑胡椒时火力要小，炒的时间稍长，其气味才能完全挥发出来。

（四）糖　色

特点：颜色深褐，甜味苦味均较淡。

调料：白糖（或冰糖）50 g、清水 150 g、色拉油 10 g。

制法：锅洗净后置于火上，放入色拉油，放入白糖（或冰糖），小火加热，并不断搅动，使白糖慢慢融化；继续加热，待锅内产生大量深棕色气泡，气泡开始减少并冒青烟时，迅速倒入清水，再用大火煮匀即成。

制作要领：注意炒糖时火力要均匀集中，防止锅边的白糖焦煳，影响成品色泽。

第四节 凉菜味型调制

味型是指两种或两种以上调味品经过适当的调和，形成的具有一定特征、相对稳定的味感类型。菜肴的味型多种多样，在制作上可分为凉菜味型和热菜味型两大类。下面介绍凉菜味型的调制方法。

一、咸鲜味型

味型特点：咸鲜醇厚，清淡可口。

调味原料：精盐、味精、香油、鲜汤。

调味原理：精盐确定基础咸味；味精增加鲜味；香油增香压异，增加脂润性；鲜汤辅助增加鲜味，溶解精盐和味精，并调剂味汁的稠度。

调味方法：先将精盐、味精放入调味碗中，加入鲜汤调匀，最后放入香油即可。

运用：多用于鲜味浓郁的原料，如鸡、虾等。

注意事项：

（1）咸度要适宜，应咸而不减。

（2）味精和香油不可多加，突出原料的鲜味。

（3）在调制鲜味时可酌情考虑添加酱油。

【菜例】 白油金针菇　白油鸡片

● 白油金针菇

主料：金针菇 100 g

辅料：红甜椒 30 g、葱丝 25 g

调料：精盐 3 g、味精 1 g、香油 10 g

调味程序：

1. 金针菇切去根部，放入沸水中焯水至熟，捞出漂凉滤干水分；红甜椒去蒂去籽后切成 5 cm 长的丝，用精盐腌渍，自然滴干水分。

2. 将金针菇、红甜椒丝、葱丝盛入盆内，加入精盐、味精、香油拌匀，装盘即成。

注意事项：

1. 金针菇焯水要熟透。

2. 调味汁可以先在调味碗中调匀后再拌入原料中。

二、红油味型

味型特点：色泽红亮，咸鲜香辣，回味略甜，四季皆宜。

调味原料：精盐、辣椒油、酱油、白糖、香油、味精。

调味原理：精盐确定基础咸味；辣椒油确定颜色和突出辣味，增加脂润性；酱油增鲜、提色、增香、辅助增加咸味，溶解精盐、白糖和味精；白糖和味回甜，和辣椒油一起调剂味汁的稠度；味精增加鲜味；香油增香压异，增加脂润性。

调味方法：将精盐、味精、白糖、酱油放入调味碗中调匀溶化，加入辣椒油略搅，再放入香油即成。

运用：该味属于凉菜中最常见的味型之一，在全国各地都有调制，一般用于凉拌菜肴和部分面食调味。红油味与其他调味配合均较相宜。佐以下酒、用饭的菜肴调味都较适宜。适用于鸡、鸭、牛等家禽家畜肉类和肚、舌、心等家畜内脏原料，也适用于鲜蔬原料。

注意事项：这几种调味品组成的咸甜味，应达到咸味恰当，甜味以进口微有感觉为度，在此基础上突出香辣味，重用辣椒油。通过组合，使味以咸鲜为基础，鲜味为辅助，香辣为重点，达到咸淡适中，咸中略甜，辣中有鲜，鲜上加香。根据菜肴的要求，可添加熟芝麻。

【菜例】 红油鸡丝 红油三丝

● **红油三丝**

主料：净青笋 100 g、白萝卜 150 g、胡萝卜 75 g

调料：辣椒油 50 g、酱油 5 g、精盐 2 g、白糖 10 g、香油 5 g、味精 1 g

调味程序：

1. 白萝卜、胡萝卜、净青笋洗净，分别切成 6 cm 长、0.2 cm 见方的细丝。加少量精盐拌匀，腌渍 5 分钟，自然滴干水分待用。

2. 将精盐、味精、白糖用酱油充分溶解，加入辣椒油调匀，再将原料与调味汁充分和匀，装盘，淋入香油和剩余的辣椒油即可。

注意事项：

1. 原料用精盐腌渍时所加入的精盐的量不宜多，否则原料吐水过多，影响原料的质感。

2. 应现拌现吃，不宜久放。

3. 装盘后淋辣椒油，使成菜颜色红亮。

三、姜汁味型

姜汁调味碟

味型特点：姜味浓郁，咸酸鲜香，清爽不腻。

调味原料：精盐、姜米、酱油、醋、味精、鲜汤、香油。

调味原理：精盐确定基础咸味；姜米体现姜味清香，突出主体味感；酱油增鲜、提色、增香，辅助增加咸味，溶解精盐和味精；在咸味的基础上重用醋，突出姜醋味感；味精增加鲜味；香油增香压异，增加脂润性；鲜汤辅助增加鲜味，溶解精盐和味精，使姜汁溶出，调剂味汁的颜色。

调味方法：先用鲜汤、醋浸渍姜米一定时间，加精盐、酱油、味精调匀，再放入香油即成。

运用：姜汁味清爽，可与其他味型搭配。最宜在夏季和春末秋初使用，佐酒更佳。

注意事项：姜汁味要突出姜醋的混合味，防止淡而无味。遵循酸而不酽、淡而不薄的原则。加鲜汤主要是浸泡姜末出味（突出姜味），但要注意量。醋的颜色不够，可加入少许酱油增色，但以不掩盖原料本色为准。味精用量不宜过大，否则影响鲜味。姜汁味可做清蒸（鱼等）、清炖（肘等）的味碟。

【菜例】 姜汁肚片 姜汁豇豆

- **姜汁豇豆**

主料：嫩豇豆 150 g

调料：精盐 4 g、味精 1 g、醋 10 g、姜 15 g、鲜汤 15 g、香油 3 g、色拉油 5 g

调味程序：

1. 将嫩豇豆摘去筋，洗净，放入沸水中焯水至熟透，捞出沥干水分，加入精盐和色拉油拌匀，切成 5 cm 的长段，整齐地摆于盘中。

2. 姜去掉外皮，用刀剁成极细的末，装入碗中，加入精盐、醋、鲜汤调匀，再加入味精、香油调成姜汁味。

3. 将调制好的姜汁味淋于豇豆上即可。

注意事项：

1. 味汁要在咸味的基础上突出姜汁的味道以及醋的酸味。

2. 颜色以浅茶色为宜，调味汁的颜色不能掩盖豇豆的翠绿色。

3. 豇豆焯水时注意保持其颜色翠绿，要求火力旺、水沸，焯水后加入精盐和色拉油可以较好地保持颜色鲜艳。

四、蒜泥味型

味型特点：蒜泥味浓，咸鲜香辣略甜。

调味原料：精盐、蒜泥、辣椒油、酱油、白糖、味精、香油。

调味原理：精盐确定基础咸味；蒜泥突出蒜香味，和白糖、辣椒油一起调剂味汁的稠度；辣椒油确定颜色和突出辣味，增加脂润性；酱油增鲜、提色、增香、辅助增加咸味，溶解精盐、白糖和味精；白糖和味回甜，降低辛辣度；味精增加鲜味；香油增香压异，增加脂润性。

调味方法：将精盐、味精、白糖放入调味碗中用酱油搅拌溶化，加入蒜泥、辣椒油调和均匀，放入香油即成。

运用：多用于春夏季节，蒜泥味浓郁，最宜佐餐下饭，但会败口味，对咸鲜味有压味作用。原料的运用范围是以猪肉、猪肚及蔬菜为多。

注意事项：蒜泥味宜拌后即食，调制时注意将蒜泥的味充分提取出来。配合中，应在咸鲜微甜的基础上重用蒜泥，突出蒜泥的味道，味精调和诸味，白糖和味，降低蒜泥和辣椒油的辣味，并使复合味感有层次，香油增加香味。调味品的用量上，除重用蒜泥外，酱油、精盐、味精所组成的咸鲜的味道应浓厚。但隔夜蒜泥不宜使用。在味的配合上注意与咸鲜味菜肴分隔，以免影响咸鲜味感。部分蒜泥味型直接用精盐、蒜泥、味精、香油调制而成。

【菜例】蒜泥白肉　蒜泥黄瓜

- **蒜泥白肉**

主料：带皮猪坐臀肉 250 g

调料：蒜泥 25 g、复制酱油 50 g、辣椒油 25 g

调味程序：

蒜泥白肉

1. 将带皮猪坐臀肉清洗干净后，放入汤锅内煮至刚熟（即肉切开不见血水）时捞出放入盆中，再加原汤浸泡至温热（约 40 ℃）即可。

2. 捞出浸泡的肉揾干水分，用平刀法片成长约 10 cm、宽约 5 cm、厚 0.1 cm 的大薄片，装入盘中。

3. 将蒜泥、复制酱油、辣椒油调成蒜泥味淋在白肉上即成。

注意事项：

1. 注意选用皮薄的坐臀肉。

2. 掌握煮肉的火候，以刚熟为好。

3. 白肉煮熟后一定用原汤浸泡。

4. 刀工时做到片张完整，薄而不穿，肥瘦相连。

五、麻辣味型

味型特点：色泽红亮，咸鲜麻辣，香味浓郁，四季皆宜。

调味原料：精盐、酱油、辣椒油、花椒粉（油）、白糖、味精、香油。

调味原理：精盐确定基础咸味；酱油增鲜、提色、增香，辅助增加咸味，溶解精盐、白糖和味精，和白糖、辣椒油一起调剂味汁的稠度；辣椒油确定颜色和突出辣味，增加脂润性；花椒粉（油）确定麻味，增加麻香；白糖和味，降低麻辣味感；味精增加鲜味；香油增香压异，增加脂润性，但不能压抑花椒与辣椒油香味。

调味方法：将精盐、白糖、味精、酱油放入调味碗中，调和均匀，再加入辣椒油、香油、花椒粉（油）调匀即成。

运用：味型配合上，除辣椒油外，与其他复合味配合均可，尤以与糖醋味、咸鲜味配合最佳，佐酒下饭都适合，原料选择范围也很广，大多数原料都可以调制麻辣味。

注意事项：有些菜肴为了保持原料颜色和质感，可不用酱油，如灯影苕片、拌牛杂；个别菜肴为了突出麻辣味感，形成特殊风味，可加入豆豉或卤水，如麻辣兔丁、夫妻肺片；还有的通过炸收方法调制，如花椒鸡丁。

【菜例】 钵钵鸡　夫妻肺片

● 钵钵鸡

主料：熟三黄鸡 400 g（半只）

调料：马耳朵葱 50 g、香菜 10 g、精盐 5 g、酱油 10 g、白糖 5 g、味精 1 g、辣椒油 50 g、花椒粉 1 g、熟芝麻 5 g、香油 5 g、鲜汤 25 g

调味程序：

1. 香菜洗净后切成 1.5 cm 长的小节。

2. 用精盐、酱油、白糖、味精、辣椒油、花椒粉、香油、鲜汤调成麻辣味汁。

3. 将三黄鸡斩成小条状，装入由马耳朵葱垫底的盘内，摆放整齐。

4. 将调好的麻辣味汁淋于鸡肉上，淋辣椒油、放入熟芝麻、香菜即可。

注意事项：

1. 鸡肉要晾凉后再进行刀工处理。

2. 调味时注意汤汁的量，不能过多。

六、酸辣味型

味型特点：色泽红亮，咸酸香辣，清爽可口。

调味原料：精盐、酱油、辣椒油、醋、味精、香油。

调味原理：精盐确定基础咸味；酱油增鲜、提色、增香，辅助增加咸味，溶解精盐和味精；辣椒油确定颜色和突出辣味，增加脂润性；醋确定酸味，解腻，降低辛辣度；味精增加鲜味；香油增香压异，增加脂润性。

调味方法：将精盐、味精、酱油、醋放入调味碗中充分调匀，加入辣椒油、香油调匀即成。

运用：此味香辣、咸酸爽口，但较清爽味鲜，风味颇佳，可与其他复合味配合，夏秋季使用最好，佐酒下饭均可。

注意事项：咸味一定要合适才能体现酸味；在鲜红辣椒出产季节，可加鲜红辣椒提辣，也可使用小米辣调制，补充辣味，风味较独特。

【菜例】 酸辣肘花　酸辣荞粉

● 酸辣荞粉

主料：荞面 150 g

辅料：香葱 5 g

调料：精盐 2 g、酱油 10 g、醋 10 g、味精 1 g、辣椒油 20 g、香油 5 g、冷鲜汤 20 g

调味程序：

1. 荞面用清水浸泡变软后，放入沸水中煮熟，捞出晾凉，装入碗中。香葱洗净后切成葱花。

2. 将精盐、酱油、醋、味精、辣椒油、香油、冷鲜汤等调匀，再将其倒入装有荞面的碗中，面上撒上葱花即可。

注意事项：

1. 掌握好味汁酸辣度。

2. 整个味汁的量以刚好淹没荞面为好。

七、椒麻味型

椒麻调味碟

味型特点：色泽茶绿，咸鲜醇厚，麻香爽口。

调味原料：精盐、酱油、椒麻糊、味精、香油、凉鲜汤。

调味原理：精盐确定基础咸味；酱油增鲜、增香，辅助增加咸味，溶解精盐和味精，调和茶色；椒麻糊确定麻香味和葱叶清香味；味精增加鲜味；香油增香压异，增加脂润性；凉鲜汤调和溶解各种调料，形成味汁。

调味方法：将精盐、味精、酱油、椒麻糊放入调味碗中，加入凉鲜汤调匀，放入香油即可。

运用：椒麻味清淡鲜香，味性不烈，刺激较小，与其他复合味配合都较适宜，佐酒最佳。多选择鸡肉、兔肉、猪肉、猪舌、猪肚等鲜味较浓原料。

注意事项：酱油宜少，否则味汁颜色会掩盖原料的本色，影响菜肴色泽美观，一般调成浅茶色为好。

【菜例】 椒麻鸡丝　椒麻桃仁

● 椒麻鸡丝

主料：熟公鸡 500 g（半只）

调料：小葱叶 15 g、花椒 2 g、精盐 4 g、酱油 5 g、味精 1 g、鲜汤 40 g、香油 5 g、色拉油 35 g

调味程序：

1. 鸡去骨取净肉，切成 5 cm 长、0.4 cm 粗的头粗丝，装在盘中。

2. 小葱叶洗净；将花椒用清水浸泡变软，和小葱叶一起用刀剁成茸状，装入碗中，用 120 ℃ 热油烫香成椒麻糊备用。

3. 用精盐、酱油、味精、鲜汤、椒麻糊、香油调成椒麻味汁，将味汁淋于鸡丝上即可。

注意事项：

1. 鸡肉要凉透后才能进行刀工处理。

2. 味汁的颜色以浅茶色为宜。

3. 花椒和葱叶要剁细，保持成菜效果美观。

八、怪味味型

怪味调味碟

味型特点：咸、甜、麻、辣、酸、鲜、香各味兼具，风味独特。

调味原料：精盐、酱油、白糖、醋、味精、芝麻酱、辣椒油、香油、花椒粉、熟芝麻。

调味原理：精盐确定基础咸味；酱油增鲜、提色、增香，辅助增加咸味，溶解精盐、白糖和味精；白糖确定甜味及融合各种滋味；醋确定酸味；味精增鲜味；辣椒油确定颜色和突出辣味，增加脂润性；香油增香压异，增加脂润性，解散芝麻酱；芝麻酱融合各种滋味，突出芝麻香味，形成怪味的主要特征；花椒粉确定麻味；芝麻酱、酱油、醋、香油、辣椒油共同调剂味汁的稠度；熟芝麻增加香味，同时带有一定酥脆口感。

调味方法：将芝麻酱放入调味碗中，先用香油解散，再放入酱油和醋充分调匀，接着放入精盐、白糖、味精，完全溶解后形成咸甜酸鲜味感，然后放花椒粉、辣椒油调匀，最后撒上熟芝麻即可。

运用：不宜与红油味、麻辣味、酸辣味等搭配。常用于鸡肉、鱼肉、兔肉、花仁、桃仁、蚕豆、豌豆等本味较鲜的原料。

注意事项：怪味的调味方法变化较大，但基本原则是要求参与调味的各种原料相互配合，协调一致。也就是说，调味品的单味都能在复合味中明显地表现出来，作用于原料能同时感觉到咸、甜、麻、辣、鲜、香、酸多种复合味感。

用干果原料制作特殊风味菜肴，可通过粘糖方法调制怪味，如怪味花仁。

【菜例】 怪味鸡片　怪味蚕豆

● 怪味鸡片

主料：熟净鸡肉 150 g

辅料：大葱 20 g

调料：精盐 2 g、香油 5 g、白糖 15 g、辣椒油 40 g、熟芝麻 5 g、味精 3 g、酱油 30 g、
花椒粉 1 g、醋 15 g、芝麻酱 10 g

调味程序：

1. 大葱洗净，切成马耳朵形，放于盘中垫底；熟净鸡肉斜刀片成 4 cm 长、3 cm 宽、0.2 cm
厚的片，盖在葱上。

2. 芝麻酱放入调味碗中，先用香油解散，再放入酱油和醋充分调匀，接着放入精盐、白
糖、味精，完全溶解后形成咸甜酸鲜味感，然后放花椒粉、辣椒油调匀，最后撒上熟芝麻
即可。

注意事项：

1. 芝麻酱一定要解散后再加入其他调味品，否则会成团。

2. 整个调味汁浓稠度要恰当。

3. 熟鸡肉必须完全凉透后再进行刀工处理。

九、糖醋味型

味型特点：甜酸味美，清爽可口。

调味原料：精盐、酱油、白糖、醋、香油。

调味原理：精盐确定基础咸味；酱油增鲜、提色、增香，辅助增加咸味，和醋共同溶解
精盐、白糖；白糖确定甜味及融合各种滋味；醋确定酸味；香油增香压异，增加脂润性；酱
油、醋、白糖共同调剂味汁的稠度。

调味方法：将精盐、白糖在酱油、醋中充分溶解后，加入香油调匀即成。

注意事项：糖醋味醇厚而清爽，解腻作用甚佳，但过量食用会使味觉的灵敏度降低。另
外，原料如异味较重，调味中可加入适量辣椒油压异味。糖醋味四季皆宜，以夏季应用尤佳，
下酒最好。

个别特殊风味菜肴可通过炸收方法调制糖醋味，如糖醋排骨。

【菜例】 糖醋生菜　糖醋蜇头

● 糖醋蜇头

主料：蜇头 100 g

辅料：黄瓜 50 g

调料：精盐 3 g、白糖 30 g、醋 70 g、香油 10 g

调味程序：

1. 蜇头用清水反复洗涤去尽盐沙，撕去血筋，再浸泡 2～3 小时，用刀切成 5 cm 长、0.4 cm
粗的丝，再用清水浸泡淘洗；黄瓜削皮洗净，去掉瓜瓤，切成 6 cm 长、0.4 cm 粗的丝。

2. 用一个七寸圆盘，先放入黄瓜丝垫底。将白糖、醋、精盐、香油充分调匀成糖醋味汁，
拌入海蜇丝，再将拌味后的海蜇丝放于黄瓜丝上即成。

注意事项：

1. 白糖用量较多，一定要将白糖完全溶解。

2. 注意调味品的比例，成菜味感要达到酸甜适口。

十、芥末味型

味型特点：咸鲜酸香，芥末冲辣。

调味原料：精盐、酱油、芥末糊（芥末膏）、香油、味精、醋。

调味原理：精盐确定基础咸味；酱油增鲜、提色、增香，辅助增加咸味，和醋共同溶解精盐、味精；醋体现微酸，除异味，解腻；香油增香压异，增加脂润性，但不能压抑冲味；味精突出鲜味；芥末糊（芥末膏）突出冲辣气味。

调味方法：将精盐、酱油、醋、味精放入调味碗中调和溶解均匀，加入芥末糊（芥末膏）调匀，淋入香油即成。

运用：此味较清淡，咸、酸、鲜、香、冲兼而有之，清爽解腻，颇有风味。宜春夏二季佐味，尤其作佐酒菜肴的调味。与其他复合味配合均较适宜，一般宜佐以本味鲜美的原料。

注意事项：芥末糊要现制现用，尽可能在食用前调制效果才好。用芥末膏时可以不加醋，只需体现咸鲜冲味即可。有些时候可酌情加冷鸡汁调节味汁颜色。

【菜例】 芥末鸭掌 芥末春卷

● 芥末鸭掌

主料：鸭掌 150 g

调料：精盐 3 g、酱油 5 g、白糖 3 g、醋 5 g、芥末油 15 g、香油 5 g、味精 1 g、姜片 5 g、
　　　葱段 10 g、料酒 15 g

调味程序：

1. 鸭掌去尽表皮、趾尖后洗净，放入锅中，加入清水，小火加热煮至鸭掌六成熟时捞出，用温热水浸泡，用小刀从鸭掌背部进刀，去掉掌骨、撕去掌筋，再将去骨后的鸭掌放于蒸碗中，加入鲜汤、料酒、姜片、葱段，上笼旺火蒸约 15 分钟取出晾凉待用。

2. 将精盐、酱油、醋、白糖、味精放入调味碗内调匀，再加入芥末油、香油等调成芥末味汁。

3. 将鸭掌放于凹盘中，鸭掌心向上整齐排列，再将芥末味汁淋于鸭掌上即成。

注意事项：

1. 掌握好煮鸭掌和蒸鸭掌的火候，保持鸭掌嫩脆口感。

2. 鸭掌去骨时要保证鸭掌形态完整。

十一、麻酱味型

味型特点：芝麻酱香浓，咸鲜醇正。

调味原料：精盐、芝麻酱、酱油、白糖、味精、香油。

调味原理：精盐确定基础咸味；酱油增鲜、提色、增香，辅助增加咸味，调剂稠度，溶解精盐、白糖、味精；白糖融合各种滋味；味精增加鲜味；香油增香压异，增加脂润性，稀释调散芝麻酱。

调味方法：先用香油将芝麻酱稀释解散，放入精盐、酱油、白糖、味精和匀即成。

运用：麻酱味香味自然，食用中有直接感觉。佐以菜肴原料都是本味鲜美的，是佐酒最

佳的四季皆宜的复合味。多选择质地脆嫩的动植物原料，如肫肝、鱼肚、鲍鱼、蹄筋、凤尾、西芹、生菜等。

注意事项：制作的麻酱调味汁不能隔夜使用，如菜品需要较多油脂，可酌情加入色拉油以增加滋润度。

【菜例】 麻酱鱼皮 麻酱凤尾

● 麻酱凤尾

主料：青笋尖 200 g

调料：精盐 3 g、白糖 2 g、酱油 15 g、芝麻酱 25 g、香油 10 g、味精 1 g

调味程序：

1. 青笋尖去皮和粗叶，修成 12 cm 长，再将青笋尖靠近青笋头一端削成青果形状，对剖成四瓣或八瓣，装于盘中。

2. 芝麻酱用香油充分解散，再放入精盐、味精、白糖、酱油调和均匀成麻酱味汁，将味汁淋于凤尾上即成。

注意事项：

青笋尖初加工时去尽外皮，修整好形状；根据青笋尖的粗细确定对剖成几瓣。

十二、鱼香味型

鱼香味是利用烹鱼用的调料和方法来烹制除鱼以外的其他菜肴,成菜后无鱼而有鱼香之味。

鱼香调味碟

味型特点：色泽红亮，咸鲜微辣，略带甜酸，姜、葱、蒜味突出。

调味原料：精盐、泡红辣椒末、姜米、蒜米、葱花、酱油、白糖、醋、味精、辣椒油、香油。

调制原理：精盐确定基础咸味；酱油增鲜、提色、增香，辅助增加咸味，溶解精盐、白糖和味精；白糖和醋融合各种滋味，体现微甜微酸口感；泡红辣椒末增加红色和香味，和姜米、蒜米、葱花、白糖、醋共同形成鱼香风味；味精增加鲜味；辣椒油确定颜色和突出辣味，增加脂润性；香油增香压异，增加脂润性；酱油、醋、香油、辣椒油溶解姜、葱、蒜所含的芳香类成分，到达除异增香的效果，共同调剂味汁的稠度。

调味方法：先将泡辣椒末、姜米、蒜米放入调味碗中，再加入精盐、酱油、白糖、醋、味精充分调匀，最后加入辣椒油、香油、葱花即可。

运用：多用于炸制原料以及鸡、鱼、兔、茄子、青豆等动植物原料的拌制，四季皆宜，佐酒最佳，与其他味不矛盾。

注意事项：辣椒油只用油脂而不用辣椒，要重用蒜米，白糖和醋形成的味感与荔枝味差不多，调制后味汁的浓稠度以能黏附在原料面上为好。

【菜例】 鱼香兔丝 鱼香青元

● 鱼香青元

主料：鲜嫩豌豆 500 g

调料：精盐 2 g、酱油 10 g、醋 15 g、白糖 15 g、味精 1 g、泡红辣椒末 25 g、姜米 5 g、蒜

米 10 g、葱花 15 g、香油 15 g、辣椒油 10 g、色拉油 1 000 g（耗 50 g）

调味程序：

1. 青豌豆洗净，用刀在青豌豆上划一条口子。

2. 鲜豌豆放入 160 ℃ 油中用中火加热浸炸至酥脆、色翠绿、皮肉分离时先捞出豌豆皮不用，再将豌豆捞起晾凉。

3. 将泡红辣椒末、姜米、蒜米和匀，加入精盐、白糖、味精、酱油、醋充分调匀，再加入辣椒油、香油、葱花调成鱼香味汁，倒入酥豌豆拌匀装盘即成。

注意事项：

1. 炸制豌豆时要注意安全，防止热油飞溅。

2. 调出来的鱼香味汁注意浓稠度，味汁与原料拌匀后基本上不见味汁。

第五节　热菜味型调制

一、咸鲜味型

咸鲜味是应用最广泛的味型。

味型特点：咸鲜清爽可口，突出本味。

调味原料：精盐、胡椒粉、味精、料酒、鲜汤、色拉油、姜片、葱。

调制原理：精盐用于原料码味，确定基础咸味；胡椒粉增鲜，和料酒共同起去除异味增加香味的作用；味精增加鲜味；鲜汤帮助增鲜，姜、葱增香除异味；色拉油增加脂润性。

调味方法：在烹调时，先将原料用适量精盐、料酒码味，使其有一定的基础咸味；再适时加入精盐、味精、胡椒粉、鲜汤、姜、葱等，菜肴成熟后起锅即成。

运用：此味型适合的烹调方法很多，炒、爆、熘、汆、烧、烩、蒸等均可采用此味型调味。味感平和清淡，有和味、解味的作用，与其他复合味配合均较合适，四季皆宜，尤以夏季最佳，佐酒下饭的菜肴均可。

注意事项：根据菜品的要求，可酌情添加其他调味原料，同时根据菜肴的制作方法采用适当的调制手段加工原料。

【菜例】　白油肝片　烧三鲜　清汤鸡圆　盐水大虾　清蒸全鸡

● 白油肝片

主料：猪肝 150 g

辅料：净青笋 75 g、水发木耳 25 g

调料：姜片 5 g、蒜片 10 g、马耳朵葱 15 g、马耳朵泡红辣椒 15 g、精盐 5 g、料酒 6 g、
　　　酱油 5 g、胡椒粉 0.5 g、味精 1 g、鲜汤 15 g、水淀粉 40 g、色拉油 50 g

调味程序：

1. 猪肝切成柳叶片；青笋切成菱形片，木耳洗净，撕成小片。

2. 青笋片加精盐腌渍，自然滴干水分。

3. 将精盐、料酒、酱油、胡椒粉、味精、鲜汤、水淀粉兑成咸鲜味调味芡汁。

4. 锅内放油，用旺火加热至 150 ℃ 时迅速将肝片用精盐、料酒、酱油、水淀粉码味上浆后放入锅内炒至散籽，放入姜片、蒜片、马耳朵葱、马耳朵泡红辣椒炒香，再放入青笋片、木耳炒至断生，烹入芡汁、淀粉糊化收汁亮油起锅装盘成菜。

注意事项：

1. 火力大，动作迅速，控制好火候。

2. 肝片码味上浆后要立即下锅炒制，否则易脱水。

二、家常味型

家常味型最早来源于四川，顾名思义，是四川民间家家户户都能制作的味型。它以咸鲜香辣为主，可配合多种调味品调制出多种风味，有的辅以微甜或微酸，有的加豆豉，取其酿造的醇浓香味，有的用豆瓣，有的用泡红辣椒，有的用干辣椒，有的采用一次性调味，有的采用多次性调味，有的勾芡，有的不勾芡，反映出的味也各不相同。但一般认为家常味型一要色泽红亮，二要咸度适中，三要带微辣，香鲜味浓。这样才可能在千家万户中落脚，才可能普遍被人们欢迎，也说明它在众多的味型中占有极其重要的地位。

味型特点：色泽红亮，咸鲜微辣，味浓厚醇香。

调味原料：精盐、郫县豆瓣、酱油、料酒、味精、色拉油。

可佐以姜、蒜、葱、蒜苗、泡红辣椒、豆豉、甜酱、腐乳、辣椒油、刀口花椒、白糖、醋、鲜汤、水淀粉等，根据其调味方法使用不同的调料。

调制原理：精盐用于原料码味，确定基础咸味；郫县豆瓣增香增色，辅助增加辣味和咸味；酱油增鲜、提色、增香，辅助增加咸味；料酒起除异味增加香味的作用；味精增加鲜味；色拉油增加脂润性。

可加入的调料中，多数调料主要起增香浓味的作用，而泡红辣椒、辣椒油还有增加辣味和增加红色的作用；白糖和醋主要起融合滋味的作用；鲜汤帮助增鲜，提供淀粉糊化所需要的水分和传热；淀粉糊化调剂芡汁的稠度。

调味方法：因烹调方法的不同，家常味型的调制方法也不一样。一般分为四种：以炒、爆、焗为主的烹汁调味方法；以清炒为主，在加热过程中逐一加入调味品的调味方法；以烧、烩为主，在加热过程中逐一加入调味品的调味方法；以一次性调味上笼汽蒸的调味方法。

运用：此味浓厚、醇正，咸鲜香辣，四季皆宜。佐以下酒和用饭的菜肴均相宜。与其他复合味的配合上，除与豆瓣味有抵触外，其余均较适宜。应用范围有鸡、鸭、鹅、兔、猪、牛等家禽家畜肉类原料，以及海参、鱿鱼、豆腐、魔芋、各种淡水鱼为原料的菜肴。

注意事项：

（1）家常味菜肴品种非常多，调味变化也非常大，调味时根据具体菜品要求灵活调制。

（2）一般肉类菜肴的家常味多用豆瓣，鱼类菜肴多用泡红辣椒。

（3）为了增加味型的风味，调味时可根据菜肴的风味要求加入藿香、香菜等。

【菜例】 辣子鸡丁　盐煎肉　家常海参　粉蒸肉

● **辣子鸡丁**

主料：净鸡腿肉 150 g

辅料：净青笋 50 g

：

調料：姜片 5 g、蒜片 10 g、葱丁 10 g、泡红辣椒末 25 g、精盐 1 g、酱油 5 g、料酒 5 g、白糖 3 g、醋 5 g、鲜汤 15 g、味精 1 g、水淀粉 20 g、色拉油 50 g

调味程序：

1. 将鸡脯肉切成 1.5 cm 见方的丁，青笋切成 1.2 cm 见方的丁。

2. 鸡丁用精盐、料酒码味，水淀粉上浆；青笋加入精盐码味，自然滴尽水分。

3. 将精盐、料酒、酱油、白糖、醋、味精、水淀粉、鲜汤兑成调味芡汁。

4. 锅内放油，旺火加热至 120 ℃ 时，放入鸡丁炒至散籽变白，加入泡红辣椒末炒红炒香，放入姜片、蒜片炒出香味，加入青笋丁炒断生，烹入兑好的调味芡汁，待淀粉糊化、紧汁亮油后加入葱丁和匀，起锅成菜。

注意事项：

1. 鸡肉最好先经剞刀，易于成熟入味。

2. 糖和醋只起融合滋味的作用，忌有明显的甜酸味感。

3. 水淀粉、鲜汤比例以及总体芡汁与原料的量要恰当。

● **盐煎肉**

主料：去皮猪臀肉 200 g

辅料：蒜苗 100 g

调料：郫县豆瓣 25 g、豆豉 3 g、精盐 0.5 g、酱油 5 g、料酒 5 g、白糖 5 g、味精 1 g、色拉油 30 g

调味程序：

1. 将肉切成 5 cm×3 cm×0.2 cm 的片，蒜苗切马耳朵形，郫县豆瓣剁细。

2. 锅内放油，用中火加热至 120 ℃ 时，放入肉片炒至散籽变白，加入少量盐使猪肉有一定的基础咸味。

3. 继续加热至炒干肉中水分、油变清亮后放入豆瓣、豆豉、白糖，炒至油红出香味时，放入料酒、酱油、味精、蒜苗，炒匀至蒜苗断生，起锅装盘成菜。

注意事项：

1. 炒制豆瓣、豆豉时油温不宜过高，否则不能炒香炒红。

2. 蒜苗要炒熟。

3. 精盐、豆瓣的使用量要与主辅料量相协调。

● **家常海参**

主料：水发海参 250 g

辅料：黄豆芽 100 g、猪肉臊 50 g

调料：姜米 5 g、蒜苗花 15 g、郫县豆瓣 40 g、精盐 3 g、酱油 5 g、料酒 10 g、味精 1 g、鲜汤 100 g、水淀粉 15 g、色拉油 50 g、香油 5 g

调味程序：

1. 海参用斜刀片成薄片，用鲜汤煨制；豆芽去根、去瓣备用。

2. 将豆芽炒断生后加盐和匀，盛入盘中垫底。

3. 锅内放油，用旺火加热至 80 ℃时加入郫县豆瓣、姜米炒香炒红，加入鲜汤、精盐、酱油、料酒、味精、猪肉臊、海参，加热至沸入味后用水淀粉勾浓二流芡，待汁浓吐油后，加入蒜苗花、香油和匀，起锅装在盘中豆芽上即成。

注意事项：

1. 豆芽炒断生即可，防止缩水变小。

2. 郫县豆瓣宜制细使用，配合精盐、酱油确定咸味。

家常味型一般都采用以上几种方法进行调味，但不管调料如何变化，调味方法如何改变，都要求调制成的家常味色泽红亮，以咸鲜香辣为主，方能适合于广大民众。不但四川的家常味独特，各省的家常味也各不相同，只能依据人们长期形成的习俗而定。随着现代调味品的更新变化，出现无色带辣的家常味也是正常的。

三、麻辣味型

调制麻辣味型，常用干辣椒面、红油辣椒、花椒粉、花椒油、刀口花椒来突出麻辣鲜香，原则上一般不加糖醋，但也有个别例外，加入少量的糖醋可以融合各种滋味。

味型特点：色泽红亮，麻辣味浓，咸鲜醇香。

调味原料：精盐、辣椒、郫县豆瓣、花椒、酱油、料酒、味精、鲜汤、水淀粉、色拉油。

调制原理：精盐用于原料码味，确定基础咸味；辣椒确定辣味和红色，或起岔色作用；郫县豆瓣增香增色，辅助增加辣味和咸味；花椒确定麻味，增加麻香味感；酱油增鲜、提色、增香，辅助增加咸味；料酒起除异味和增加香味的作用；味精增加鲜味；鲜汤帮助增鲜，提供淀粉糊化所需要的水分和传热；淀粉糊化后调剂汤汁的稠度；色拉油增加脂润性。

调味方法：烹调时，一般是在低油温的锅中将郫县豆瓣炒香炒红，再放入干辣椒面、干辣椒丝或干辣椒节炒香，加入主料、辅料和各种调味品加热炒至所需成熟度直接成菜或勾芡成菜，部分菜品可以装盘后再放入辣椒粉或花椒粉。

运用：适宜四季的酒饭佐味菜肴，并且与其他复合味配合都相宜。

注意事项：麻辣味的调制方法对不同的菜品略有差异，如水煮类菜肴成菜后要撒上糊辣椒、干辣椒粉，再用热油烫香；麻婆豆腐、干煸牛肉丝、干煸鳝丝等成菜后要撒上花椒粉，而且麻婆豆腐还需加豆豉调味，以增加其浓香味感。

【菜例】 麻婆豆腐 水煮牛肉 干煸鳝丝

● 麻婆豆腐

主料：豆腐 250 g

辅料：碎牛肉 50 g

麻婆豆腐

调料：马耳朵蒜苗 25 g、郫县豆瓣 25 g、豆豉 5 g、辣椒粉 10 g、花椒粉 1 g、精盐 3 g、
　　　酱油 10 g、料酒 5 g、味精 1 g、水淀粉 20 g、鲜汤 150 g、色拉油 100 g

调味程序：

1. 豆腐切成 1.8 cm 见方的丁；郫县豆瓣剁细；豆豉用刀背加工成茸。

2. 豆腐放入淡盐沸水锅中焯水去异味，捞出用鲜汤浸泡，防止其粘连。

3. 碎牛肉炒香酥装入碗内。

4. 锅内放油，用旺火加热至 80 °C 时加入郫县豆瓣炒出香味至油呈红色时，加入辣椒粉、豆豉茸炒香，加入鲜汤、精盐、酱油、料酒、豆腐烧沸入味，加入牛肉末、蒜苗和匀，加热至蒜苗刚熟，用水淀粉勾芡二次，待淀粉糊化、汁浓亮油时起锅盛入碗内，撒上花椒粉成菜。

注意事项：

1. 豆腐经淡盐沸水焯水后，才能去除异味，并保持质地细嫩。

2. 豆腐含水量大，需进行二次勾芡，才能达到成菜效果。

四、鱼香味型

鱼香味型是四川首创的独特的常用味型之一。独具一格的调味方法，来源于四川民间独具特色的烧鱼调味方法，因佐以农家"du 鱼"的调味料，成菜后其味似鱼香，故取名"鱼香味"。

味型特点：色泽红亮，咸鲜香辣，鱼香味浓，姜、葱、蒜味突出。

调味原料：精盐、姜米、蒜米、葱花、泡红辣椒末、酱油、料酒、白糖、醋、味精、香油、鲜汤、水淀粉、色拉油。

调制原理：精盐用于原料码味，确定基础咸味；酱油提鲜增香，辅助增加咸味；姜蒜米、葱花、泡红辣椒末、料酒除异味增加香味，并有减腻的作用，泡红辣椒末确定香辣味感和红色，辅助增鲜，有浓厚的泡菜香味；白糖、醋起融合滋味的作用，并复合表现出鱼香味；味精和鲜汤增加鲜味，鲜汤提供淀粉糊化所需要的水分；淀粉糊化后调剂汤汁的稠度，使菜肴有浓厚味感；色拉油增加脂润性。

调味方法：将精盐、酱油、料酒、白糖、醋、味精、鲜汤、香油、水淀粉兑成芡汁。锅内放入色拉油，低油温时放入泡红辣椒末炒香炒红，再放入姜米、蒜米炒出香味，烹入芡汁，待淀粉受热糊化收汁亮油时放入葱花起锅即成。

运用：应用于以家禽、家畜、蔬菜、禽蛋为原料的菜肴，特别适用于炸、熘、炒之类的菜肴。四季皆宜，佐酒最佳，与其他味型不矛盾。

注意事项：泡红辣椒末可用郫县豆瓣代替，郫县豆瓣有增香、除异、减腻、增色、浓味作用，确定香辣味感，并辅助增加咸味。要注意体现咸味的盐、泡椒、豆瓣、酱油的咸味总和。糖、醋的量要恰当，不能超过咸味，成菜后咸、酸、甜互不压抑，这是关键。注意炒制泡红辣椒末或豆瓣的火候，投料时机准确，在芡汁糊化吐油后立即起锅。

【菜例】 鱼香肉丝 鱼香排骨 鱼香茄饼

● 鱼香茄饼

主料：茄子 200 g

辅料：碎猪肉 50 g

调料：精盐 3 g、酱油 15 g、白糖 12 g、醋 15 g、泡红辣椒末 25 g、葱花 15 g、姜米 6 g、蒜米 12 g、料酒 5 g、味精 1 g、鲜汤 100 g、全蛋淀粉糊 100 g、水淀粉 15 g、色拉油 1 500 g（实耗 75 g）

调味程序：

1. 碎猪肉放入碗中，加入精盐、料酒、水淀粉、清水拌匀成肉馅；茄子削去外皮，切成连夹片；将肉馅分别装入茄夹中。

2. 将精盐、酱油、白糖、醋、味精、水淀粉、鲜汤兑成调味芡汁。

3. 锅内放油，旺火烧至 160 ℃，将茄块逐一放入全蛋淀粉糊内挂糊，然后放入油锅内炸至成熟捞出；待油温回升至 180 ℃ 时，再放入茄饼重新炸至金黄时捞出装入盘内。

4. 锅内放油，用旺火加热至 100 ℃ 时，放入泡红辣椒末、姜米、蒜米炒香炒红，烹入调味芡汁，待淀粉糊化、汁浓亮油后加入葱花和匀，起锅浇淋在茄饼上即成。

注意事项：

1. 选用直径为 4.5 cm 的嫩茄子。

2. 拌馅的咸味宜淡，酿肉馅时不能太饱满。

3. 茄饼酿馅后，需立即挂糊油炸，否则会影响菜品质量。

五、糖醋味型

味型特点：色泽棕红，甜酸味浓，回味爽口。

调味原料：精盐、姜米、蒜米、葱花、酱油、料酒、白糖、醋、味精、鲜汤、水淀粉、色拉油。

调制原理：精盐用于原料码味，确定基础咸味；酱油提鲜增色，辅助增加咸味，和醋确定味汁色泽；姜蒜米、葱花、料酒除异味增加香味，突出风味；在此基础上重用白糖和醋，突出糖醋味感；味精和鲜汤增加鲜味，鲜汤提供淀粉糊化所需的水分；淀粉糊化后调剂汤汁的稠度，使菜肴有浓厚味感；色拉油增加脂润性。

调味方法：将精盐、酱油、料酒、白糖、醋、味精、鲜汤、水淀粉兑成芡汁。锅内放入色拉油，低油温时放入姜米、蒜米炒出香味，烹入芡汁，待淀粉受热糊化收汁亮油时放入葱花起锅即成。

运用：糖醋味在菜肴调味中广泛使用，占有重要位置，为大众所喜爱。多用于炸熘、炸收等烹调方法的菜肴，原料选择范围较广。男女老幼都适合，佐酒助兴，四季皆宜，以夏季运用最佳。

注意事项：调制时蒜米要求比姜米多一倍，在低温油中炒香即可。糖醋的量要恰当，不能掩盖咸味。现代部分菜品调制甜酸味时加入了西红柿汁，呈红色，调制时也要在低油温下将西红柿汁炒香炒红。

【菜例】 糖醋鲜鱼　糖醋里脊　茄汁鱼花

● 糖醋里脊

主料：猪里脊肉 200 g

调料：姜米 5 g、蒜米 10 g、葱花 15 g、精盐 4 g、料酒 10 g、酱油 5 g、白糖 30 g、醋

25 g、味精 1 g、鲜汤 150 g、全蛋淀粉糊 100 g、水淀粉 15 g、色拉油 750 g（实耗 100 g）

调味程序：

1. 猪里脊肉片成 1 cm 厚的片，剞十字花刀后，改成小一字条（6 cm×1 cm×1 cm）。
2. 猪里脊肉条用精盐、料酒码味，再用全蛋淀粉糊挂糊。
3. 将精盐、酱油、白糖、醋、味精、鲜汤、水淀粉兑成调味芡汁。
4. 将挂糊后的里脊肉条放入 150 ℃ 的油锅中炸至定型刚熟捞出；待油温回升至 220 ℃ 时再放入油锅内炸至里脊肉外酥里嫩、颜色金黄时，捞出滤油，装盘。
5. 锅内放油，用旺火加热至 100 ℃ 时，放入姜米、蒜米炒出香味后烹入调味芡汁，待淀粉糊化汁浓亮油后放入葱花和匀，浇淋在里脊肉条上即成。

注意事项：

1. 里脊要分两次炸制，才能达到成菜质感。
2. 掌握好糖醋滋汁的浓稠度，以浓二流芡为好。

六、荔枝味型

调味品与糖醋味基本相同，只是白糖、醋的使用量轻重各异，体现的甜酸味感比糖醋味弱，与咸味并重。

味型特点：色泽茶红，甜酸如荔枝，咸鲜爽口。

调味原料：精盐、姜片、蒜片、葱丁、酱油、料酒、白糖、醋、味精、鲜汤、水淀粉、色拉油。

调味原理：如糖醋味。

调味方法：和调制糖醋味一样。

运用：多用于炸熘、滑炒等烹调方法的菜肴，佐酒下饭均可，男女老幼都适合，为大众所喜爱。适用于以猪肉、鸡肉、猪肝腰、鱿鱼以及部分蔬菜为原料的菜肴。

注意事项：原料码味时底味要足，防止缺基础咸味。味汁中各种调味品的量和比例要恰当。成菜后咸甜酸味并重。部分菜肴不使用葱丁而改用马耳朵葱。宫保类菜肴还需加入干辣椒节、花椒，使菜品在体现荔枝味感的同时突出煳辣香味。

【菜例】 锅巴肉片　宫保鸡丁

● 锅巴肉片

主料：大米锅巴 100 g、猪里脊肉 75 g

辅料：蘑菇 10 g、菜心 25 g、水发玉兰片 20 g

调料：马耳朵泡红辣椒 10 g、姜片 5 g、蒜片 8 g、马耳朵葱 10 g、精盐 4 g、酱油 10 g、料酒 10 g、白糖 25 g、味精 1 g、醋 20 g、水淀粉 35 g、鲜汤 200 g、食用油 1 500 g（实耗 100 g）

调味程序：

1. 猪里脊肉切成片，玉兰片、蘑菇切成薄片，锅巴掰成 5 cm 大的块。
2. 将精盐、酱油、白糖、醋、味精、水淀粉、鲜汤兑成调味芡汁。

3. 肉片用精盐、料酒码味后，用水淀粉上浆。

4. 锅内放油，用旺火加热至 120 ℃ 时，放入肉片加热至散籽变白，放入马耳朵泡红辣椒、姜片、马耳朵葱、蒜片、玉兰片、蘑菇片、菜心炒香至断生，再倒入调味芡汁，待淀粉糊化、汤汁变稠，起锅装入大汤碗内。

5. 锅内留油，加热至 220 ℃ 时，放入锅巴炸至金黄酥脆捞出，装入大圆盘内，随烹制好的肉片味汁一同上桌，将肉片味汁倒入装锅巴的盘内成菜。

注意事项：

1. 锅巴要求体干、无霉点、厚薄均匀。

2. 调味芡汁中的咸味比糖醋味要重，鲜汤用量较多，调味芡汁的色泽以浅棕红色为佳。

3. 炸锅巴的油温要控制好。为达到成菜要求，最好用两口锅同时进行烹制肉片味汁和炸制锅巴操作。

七、姜汁味型

味型特点：色泽棕红，咸酸鲜香、姜味浓郁，清淡爽口。

调味原料：精盐、姜米、葱花、酱油、醋、料酒、味精、鲜汤、水淀粉、香油、色拉油。

调制原理：精盐用于原料码味，确定基础咸味；酱油提鲜增色，辅助增加咸味，和醋确定味汁色泽；姜米、葱花、料酒除异味增加香味，突出风味，在此基础上重用姜米，突出姜的味感；味精和鲜汤增加鲜味，鲜汤提供淀粉糊化所需的水分和传热；淀粉糊化后调剂汤汁的稠度，使菜肴有浓厚味感；色拉油增加脂润性；香油辅助增加香味。

调味方法：锅内放入色拉油，低油温时放入姜米炒出香味，加入鲜汤、精盐、酱油、料酒、味精加热至沸腾，勾芡，待淀粉受热糊化收汁呈糊芡时，放入醋、葱花、香油和匀起锅即成。

运用：春夏季节效果最好。多选择鸡肉、兔肉、猪肚、猪肘、绿叶蔬菜等。

注意事项：与凉菜姜汁味突出姜、醋味不同，热菜姜汁味重点突出姜味，体现咸酸味感。可根据不同菜肴风味需要，酌情加入郫县豆瓣或辣椒油。

【菜例】 姜汁热味鸡　姜汁肘子

● 姜汁热味鸡

主料：熟鸡肉 300 g

调料：姜米 30 g、葱花 15 g、精盐 3 g、酱油 10 g、料酒 10 g、醋 20 g、味精 1 g、胡椒
　　　粉 0.5 g、水淀粉 25 g、鲜汤 100 g、色拉油 50 g、香油 5 g

调味程序：

1. 将熟鸡肉斩成 3 cm 大小的块。

2. 锅内放油，用旺火加热至 120 ℃ 时，放入鸡块、姜米炒出香味，加入鲜汤、精盐、酱油、料酒、胡椒粉和匀，加热至沸腾入味后，加入味精，用水淀粉勾弄二流芡，待淀粉糊化、收汁亮油后加入醋、香油、葱花和匀，装盘成菜。

注意事项：

1. 颜色以茶色为好。

2. 熟鸡肉的熟软程度适当。

八、酸辣味型

味型特点：咸鲜酸辣，清香醇正。

调味原料：精盐、姜米、葱花、胡椒粉、酱油、料酒、醋、味精、鲜汤、水淀粉、香油、色拉油。

调制原理：精盐确定基础咸味；酱油提鲜增色，辅助增加咸味，和醋确定味汁色泽；胡椒粉、姜米、葱花、料酒除异味增加香味，在此基础上重用胡椒粉、姜米，增加辣味，突出风味；味精和鲜汤增加鲜味，鲜汤提供淀粉糊化所需要的水分和传热；淀粉糊化后调剂汤汁的稠度，使菜肴有浓厚味感；色拉油增加脂润性；香油辅助增加香味。

调味方法：锅内放入色拉油，低油温时放入姜米炒出香味，加入鲜汤、精盐、胡椒粉、酱油、料酒、味精加热至沸腾，勾芡，待淀粉受热糊化呈清二流芡时，放入醋、葱花、香油和匀起锅即成。

运用：酸辣味能调剂胃口、解腻醒酒，在夏秋季节，人们均较喜欢，而且此味可以与其他复合味配合，佐以下酒用饭都可以。应用范围是以海参、鱿鱼、蹄筋、鸡肉、鸡蛋、蔬菜为原料的菜肴。

注意事项：调制时姜米、胡椒粉使用量较重，否则无辣味。此味调制时酸辣味要平衡，回味酸味较强。部分菜肴调制酸辣味时可加用酸菜或泡菜、小米辣、野山椒、辣椒油或郫县豆瓣调制，味感风味明显不一样。

【菜例】 酸辣蹄筋　酸辣蛋花汤　酸辣鱼茸羹

● 酸辣鱼茸羹

主料：净草鱼肉 150 g

辅料：西红柿 100 g、冬笋 25 g、蘑菇 25 g

调料：姜米 10 g、葱花 15 g、精盐 5 g、酱油 5 g、料酒 10 g、醋 20 g、胡椒粉 1 g、味精 1 g、蛋清淀粉 100 g、水淀粉 25 g、鲜汤 750 g、香油 5 g、色拉油 500 g（实耗 100 g）

调味程序：

1. 净草鱼肉切成 0.8 cm 见方的粒；冬笋、蘑菇焯水后切成 0.6 cm 见方的粒；西红柿去皮去瓤后切成 0.8 cm 见方的粒。

2. 鱼粒用精盐、料酒码味后，用蛋清淀粉上浆。

3. 锅内留油，加热至 120 ℃ 时，放入鱼肉粒滑散至熟捞出。

4. 锅内留油，用旺火加热至 100 ℃ 时，放入姜米炒香，放入鲜汤、冬笋、蘑菇、精盐、酱油、胡椒粉，烧沸，去浮沫，用水淀粉勾清二流芡，待淀粉糊化、汁变浓稠后加入鱼粒、西红柿粒、醋、味精、香油、葱花和匀，起锅装入汤碗中即可。

注意事项：

1. 鱼肉粒滑油时油温不宜过高，注意保持其形状和颜色。

2. 成菜后汤汁颜色以茶色为好。

3. 鱼肉加热以刚熟为好，保持细嫩口感。

九、咸甜味型

味型特点：咸甜并重，鲜香可口。

调味原料：精盐、姜片、葱段、冰糖、料酒、糖色、五香粉、花椒、味精、鲜汤。

调制原理：精盐确定基础咸味；冰糖和味，用量以咸甜并重为准；糖色上色，不宜炒制得太老；姜片、葱段、料酒、五香粉、花椒起除异味增加香味的作用，用量要恰当；味精、鲜汤增加咸味，鲜汤还有传热的作用。

调味方法：锅内放入色拉油，低油温时放入姜片、葱段炒出香味，加入原料、鲜汤、精盐、糖色、料酒、花椒、五香粉、味精加热至沸腾，改用小火加热至原料软熟汁稠时放入冰糖溶化，和匀起锅即成。

运用：此味清淡，四季皆宜。多用于烧、煨菜肴，多选择胶质含量较多的动物原料以及淀粉含量多的植物原料。

注意事项：主料一般要经过焯水，冰糖不宜过早下锅；由于原料胶质重或淀粉多，一般通过小火缓慢加热，达到自然收汁的效果；注意保持成菜后成形美观清爽。

【菜例】 冰糖肘子　板栗烧鸡

● 冰糖肘子

主料：猪肘 1 250 g（1 只）

辅料：鸡鸭骨架 250 g

调料：姜片 15 g、葱段 25 g、精盐 2 g、酱油 10 g、料酒 15 g、冰糖 100 g、味精 0.5 g、
　　　糖色 10 g、鲜汤 1 500 g、水淀粉 25 g、色拉油 100 g

调味程序：

1. 肘子在炭火上烧至黑皮，入热水中泡至皮软时，用刀刮去黑皮露出黄色，洗净待用。

2. 鼎锅用鸡鸭骨架垫底，再将肘子皮朝下放到骨架上面，加入鲜汤、姜片、葱段，用旺火加热至沸，撇去浮沫，加入冰糖、精盐、料酒、酱油、糖色，改用小火加热至软熟，捞出盛于圆盘内。

3. 将鼎锅内的汤汁倒入炒锅，加味精，用水淀粉勾芡，待淀粉糊化、收汁浓味后淋于肘子上即成。

注意事项：

1. 肘子要加热至软糯质感。

2. 注意控制肘子的颜色。

3. 用鸡鸭骨架垫底是防止肘子粘锅。

十、酱香味型

味型特点：色泽棕红，咸鲜带甜，酱香浓郁。

调味原料：精盐、甜酱、料酒、味精、鲜汤、色拉油（部分菜肴需姜片、葱段、淀粉）。

调制原理：精盐确定基础咸味；甜酱形成酱香味感，需重用，突出风味；料酒除异味增加香味；味精和鲜汤增加鲜味，鲜汤传热和提供淀粉糊化所需用的水分；色拉油增加脂润性。

部分菜肴需加入水淀粉勾芡收汁或加入姜葱除异味增加香味。

调味方法：锅内放入色拉油，低油温时放入甜酱（和姜片、葱段）炒出香味，加入原料、鲜汤、精盐、料酒、味精加热至沸腾，改用小火加热至原料软熟汁稠时（或勾芡浓汁后）起锅即成。

运用：多用于以鸭肉、猪肉、猪肘、豆腐、冬笋等为原料的菜肴。

注意事项：因个别菜肴风味的需要，可酌情加酱油、白糖调制；要根据甜酱的质地、色泽、味道和菜肴风味的特殊要求，决定其他调料的使用量。

【菜例】 酱烧茄条　酱烧鸭子　酱烧冬笋　酱烧豆腐

● **酱烧茄条**

主料：嫩茄子 300 g

调料：甜面酱 30 g、鲜汤 100 g、酱油 10 g、味精 0.5 g、香油 5 g、水淀粉 10 g、色拉油 500 g（实耗 100 g）

调味程序：

1. 茄子去蒂去尖，切成大一字条（6 cm×1.2 cm×1.2 cm）；甜面酱用适量酱油稀释待用。

2. 将茄条放入 150 ℃的油锅中炸至熟透、色呈浅黄后捞出沥油。

3. 锅内放油，加热至 80 ℃时，放入甜面酱炒散炒香，加入鲜汤、酱油、味精、茄条，加热至沸入味，用水淀粉勾芡，待淀粉糊化、汁浓亮油后淋入香油和匀，起锅装盘。

注意事项：

1. 茄条炸制后要沥干油，防止成菜后过于油腻。

2. 注意成菜后芡汁的浓稠度。根据甜面酱的品质，酌情考虑加入水淀粉的量。

十一、甜香味型

味型特点：甜香。

调味原料：白糖（或冰糖）、水。

调制原理：用白糖（或冰糖）突出甜味，调制时达到甜而不腻的效果。

调味方法：可直接使用白糖（或冰糖）、水加热调制，也可以用糖粘、拔丝、拌糖、炒制等方法形成。

运用：甜香味广泛应用于以干鲜果品及银耳、南瓜、红苕、胡豆、扁豆、肥肉等为原料的菜肴中。可与其他味型搭配。

注意事项：糖的用量不能过头，过头则食之伤味发腻。甜香味泛指多种甜味类型，除单纯甜味外，还可加玫瑰、桂花、橘红、各类蜜饯、水果等。但应注意有特殊香味的原料不能共同掺和使用，以免影响风味的突出。如玫瑰不与橘红同用，桂花不与香蕉同用，苹果不与柠檬同用。个别菜肴还可用蜂蜜形成甜味或加入适量食用香精。

【菜例】 拔丝香蕉　冰糖银耳　蜜汁桃脯　糖粘锅炸

● **蜜汁桃脯**

主料：桃 1 500 g

调料：白糖 100 g、冰糖 50 g、水淀粉 10 g

烹调方法：

1. 桃去皮，每个切开成四瓣，去核和内筋。

2. 锅中烧水致沸，下桃脯焯水，再用冷水过凉，捞出整齐摆入蒸碗中，放入白糖，上笼蒸 15 分钟取出，扣于盘中。

3. 锅中放清水、冰糖 50 g，烧开溶化，用水淀粉 10 g 勾芡，至糖汁黏浓起锅，浇在桃脯上即成。

注意事项：

1. 水淀粉宜选用豌豆淀粉或木薯淀粉。

2. 桃在蒸制时需要蒸熟软。

3. 糖汁的浓稠度需要黏浓，均匀粘裹于桃脯表面才光亮。

根据以上味型加以改良和新型调味品的出现，又不断衍生了许多习惯上的味型，如豆瓣味、甜咸味、煳辣味、咖喱味、豉椒味、鲜椒味、麻香味等，同学们可通过查找资料自己学习掌握。

第六节　调味方式与基本原则

一、调味方式

调味方式是指烹饪工艺中使原料黏附滋味的具体方式。根据成菜时黏附滋味的不同方式，调味方式可以分为腌渍、热渗透、粘裹、跟碟等几种。

（1）腌渍调味方式，是将原料浸泡在调好的味汁中，或将原料与调味汁拌匀，在常温下渗透入味的方式。腌渍时要留有足够的时间，便于调味品充分渗透。多用于菜肴的烹调前码味以及凉菜的腌、泡。

（2）热渗透调味方式，是在加热条件下，使调味品渗透到原料内部的调味方式。加热使原料发生变化，调味品能进一步渗入原料内部，加热时间越长，入味效果越好。

（3）粘裹调味方式，是将粉粒调味料或浓稠液体状调味料黏附或包裹于原料表面，使原料有滋味的调味方式。液态粘裹方式可采用浇淋和粘裹两种处理方式，而粉粒状多采用撒的方式。

（4）跟碟调味方式，是将加热成熟的菜肴放于盛器中，再将调好的味汁装于碗或碟中，随菜肴一起上桌，食用者自己选择调味的方式。跟碟调味方式的优点在于食用者可以根据自己的喜好进行调味，同时还可以一种菜肴配制多种味型，为食用者提供较为广泛的选择余地。

二、调味阶段

调味是一个较为复杂的过程，菜肴品种很多，调味手段也多样，但是，按照菜肴制作过程，调味可分为三个阶段，即加热前调味、加热中调味、加热后调味。在对具体菜品调味时，有的菜肴只需在三个阶段的某一个阶段即可完成调味，我们称之为一次性调味；有的菜肴需要两个阶段甚至三个阶段才能完成调味，我们称之为多次性调味。无论哪种调味，最终目的都是使原料能更好地入味，达到成菜的要求。

（1）加热前调味，是在原料加热前进行的调味，又称基础调味。其主要目的是使原料在加热前先有一个基本滋味，并减少或去除原料的腥膻气味，如炸、炒、爆、熘、蒸的菜肴在加热前的码味。调味时间根据菜肴要求有长有短，如炒腰花，必须在原料临加热前进行调味，时间短，调好味后立即加热成菜；而烤制菜肴，原料必须在加热前几小时调味，使调味品充分渗透入味，调味时间长。

（2）加热中调味，是在原料加热过程中进行的调味，又称定味调味。原料加热到适当时候，按菜肴的要求加入相应的调味品，其主要目的是在加热时调味品与原料相互作用，从而确定菜肴的滋味。这个阶段对菜肴调味来说是决定性的调味阶段，基本确定了菜肴最终的滋味。

（3）加热后调味，是原料加热完成后的调味，又称辅助调味，其目的主要是补充或增加菜肴的滋味。如大多数凉拌菜以及部分蒸菜、炖菜可以采用加热后调味。

三、调味的基本原则

准确、恰当的调味是烹饪工艺的基本功，烹饪原料品质的特异性、消费者饮食习惯的差异性、烹调方法的多变性、调味品种类的多样性等，使我们很难达到调味的统一。我们在具体调味时，要有所变化，有所区别。但是，无论如何变化，我们应该掌握调味的基本原则，使调制出来的味型能更好地符合消费者的要求。一般来说，调味的基本原则有：

（1）根据进餐者口味相宜调味。人们的口味因条件的不同各有差异，在调味时应先了解进餐者的口味，有针对性地调味。如果不太清楚进餐者的口味，调味时应以清淡为主，宁愿淡一些，不能太咸。

（2）掌握调味品的特点适当调味。每一种调味品都有自己特有的性质，比如，同样是食用盐，根据原料来源的不同，有海盐与井盐之分，其咸度不同，因此，调味前必须掌握调味品的特性，才能准确调味。

（3）按照成菜的要求恰当调味。菜肴成菜后从口味、质感、色彩等方面都有具体要求，其中对口味的要求是应呈现适当的味型。调制味型时应选择恰当的调味方式，尽量表现出符合味型要求的味感。

（4）根据原料性质准确调味。烹饪原料非常多，而且原料的品质又具有特殊性，有些原料本身鲜味较浓，有的较淡，有的又有异味等，调味时不能千篇一律，而应该根据原料本身的性质，有针对性地进行调味，最大限度地发挥原料固有的特性。

（5）要根据各地不同的口味适宜调味。我国地域辽阔，各地气候、物产、饮食习惯的差异，形成了各地区不同的口味要求，如山西人喜食酸，湖南、贵州一带喜食辣，江苏、福建则偏好甜食和清鲜，东北、山东等地区的人口味偏咸，这些要求我们在对菜肴调味时，应针对不同地区消费者的口味调味，这样，更容易被消费者认可。

（6）要结合季节的变化因时调味。季节的变化会引起人们味觉的变化，冬季人们喜欢肥浓鲜美的菜肴，夏季则喜食清淡味鲜的食物，春季喜欢带酸的菜肴，秋季喜欢带辛辣口味的菜肴以便开胃，所以调味要考虑季节性。

调味的总原则：在不失菜肴风味特色的情况下尽量做到"适口者珍"。

👤 基本功训练

基本功训练一　凉菜红油味调制训练

训练名称　凉菜红油味的调制

训练目的　通过调制凉菜红油味,掌握凉菜红油味的调制要领和注意事项,并能举一反三。

训练原料　辣椒油、精盐、白糖、酱油、味精、香油（以每人为训练单位）

训练过程　将酱油、精盐、味精、白糖放入调味碗中溶化,加入少量辣椒油轻微搅拌,再淋入辣椒油、香油即成。

训练总结

基本功训练二　凉菜姜汁味调制训练

训练名称　凉菜姜汁味的调制

训练目的　通过调制凉菜姜汁味,掌握凉菜姜汁味的调制要领和注意事项,并能举一反三。

训练原料　精盐、姜、醋、味精、香油（以每人为训练单位）

训练过程　姜洗净去皮，切成细末，放入调味碗中，加入精盐、醋、味精、香油调匀即成。

训练总结

基本功训练三　凉菜蒜泥味调制训练

训练名称　凉菜蒜泥味的调制

训练目的　通过调制凉菜蒜泥味,掌握凉菜蒜泥味的调制要领和注意事项,并能举一反三。

训练原料　蒜泥、辣椒油、精盐、白糖、酱油、味精、香油（以每人为训练单位）

训练过程　将蒜泥放入调味碗中，加入精盐、酱油、白糖、味精调匀，再放入辣椒油、香油和匀即成。

训练总结

基本功训练四　凉菜麻辣味调制训练

训练名称　凉菜麻辣味的调制

训练目的　通过调制凉菜麻辣味,掌握凉菜麻辣味的调制要领和注意事项,并能举一反三。

训练原料　精盐、酱油、花椒粉、味精、白糖、辣椒油、香油（以每人为训练单位）

训练过程　将精盐、酱油、白糖、味精放入调味碗中溶化,再加入辣椒油、香油、花椒粉调匀即成。

训练总结

基本功训练五　凉菜怪味调制训练

训练名称　凉菜怪味的调制

训练目的　通过调制凉菜怪味, 掌握凉菜怪味的调制要领和注意事项,并能举一反三。

训练原料　精盐、酱油、味精、芝麻酱、白糖、醋、辣椒油、香油、花椒粉、熟芝麻（以每人为训练单位）

训练过程　将芝麻酱放入调味碗中，放入酱油和醋将芝麻酱充分调匀成浆糊状，再放入精盐、白糖、味精，使其完全溶解形成咸甜酸鲜味感，然后放入花椒粉、香油、辣椒油和匀，最后撒上熟芝麻即可。

训练总结

基本功训练六　凉菜麻酱味调制训练

训练名称　凉菜麻酱味的调制

训练目的　通过调制凉菜麻酱味，掌握凉菜麻酱味的调制要领和注意事项，并能举一反三。

训练原料　精盐、芝麻酱、酱油、白糖、味精、香油（以每人为训练单位）

训练过程　将芝麻酱放入调味碗中，放入香油充分调散，然后加入精盐、酱油、白糖、味精调匀即成。

训练总结

基本功训练七　凉菜糖醋味调制训练

训练名称　凉菜糖醋味的调制

训练目的　通过调制凉菜糖醋味，掌握凉菜糖醋味的调制要领和注意事项，并能举一反三。

训练原料　精盐、酱油、白糖、醋、香油（以每人为训练单位）

训练过程　将精盐、白糖放入调味碗中，放入酱油、醋充分溶解，加入香油调匀即成。

训练总结

基本功训练八　凉菜酸辣味调制训练

训练名称　凉菜酸辣味的调制

训练目的　通过调制凉菜酸辣味，掌握凉菜酸辣味的调制要领和注意事项，并能举一反三。

训练原料　辣椒油、精盐、酱油、醋、味精、香油（以每人为训练单位）

训练过程　将精盐、酱油、醋放入调味碗中调匀，再加入味精、辣椒油、香油调匀即成。

训练总结

基本功训练九　凉菜咸鲜味调制训练

训练名称　凉菜咸鲜味的调制

训练目的　通过调制凉菜咸鲜味，掌握凉菜咸鲜味的调制要领和注意事项，并能举一反三。

训练原料　精盐、味精、香油（以每人为训练单位）

训练过程　将调味品放入调味碗中调匀即可。

训练总结

基本功训练十　凉菜芥末味调制训练

训练名称　凉菜芥末味的调制

训练目的　通过调制凉菜芥末味，掌握凉菜芥末味的调制要领和注意事项，并能举一反三。

训练原料　芥末膏、精盐、酱油、醋、味精、香油（以每人为训练单位）

训练过程　将精盐、酱油、醋、味精放入调味碗中调匀溶解，加入芥末膏调匀，淋入香油即成。

训练总结

基本功训练十一　凉菜鱼香味调制训练

训练名称　凉菜鱼香味的调制

训练目的　通过调制凉菜鱼香味，掌握凉菜鱼香味的调制要领和注意事项，并能举一反三。

训练原料　泡红辣椒、辣椒油、精盐、白糖、酱油、醋、味精、香油、姜、葱、蒜（以

每人为训练单位）

训练过程 先将泡红辣椒、姜、蒜分别切成末，葱切成葱花，再将姜末、蒜末、泡红辣椒末放入调味碗中，加入精盐、酱油、白糖、醋、味精充分调匀，最后加入辣椒油、香油、葱花和匀即可。

训练总结

基本功训练十二　凉菜椒麻味调制训练

训练名称 凉菜椒麻味的调制

训练目的 通过调制凉菜椒麻味，掌握凉菜椒麻味的调制要领和注意事项，并能举一反三。

训练原料 精盐、酱油、小葱叶、花椒、味精、香油、冷鲜汤、色拉油（以每人为训练单位）

训练过程 先将花椒去黑籽泡软，与小葱叶一起剁成细末，用 80 ℃ 色拉油烫制成椒麻糊，再加入精盐、酱油、味精、香油、冷鲜汤调匀即成。

训练总结

基本功训练十三　热菜咸鲜味调制训练

训练名称 热菜咸鲜味的调制

训练目的 通过制作热菜白油肝片，掌握热菜咸鲜味的调制要领和注意事项，并能举一反三。

训练原料 猪肝 100 g、净青笋 50 g、水发木耳 25 g、姜片 5 g、蒜片 10 g、马耳朵葱 15 g、马耳朵泡红辣椒 15 g、精盐 4 g、酱油 5 g、料酒 6 g、胡椒粉 0.5 g、味精 1 g、鲜汤 15 g、水淀粉 40 g、色拉油 50 g（以每人为训练单位）

训练过程

1. 猪肝切成柳叶片，青笋切成菱形片，木耳洗净，撕成小片。

2. 青笋片加精盐腌渍，自然滴干水分。

3. 将精盐、料酒、酱油、胡椒粉、味精、鲜汤、水淀粉兑成咸鲜味调味芡汁。

4. 炒锅置旺火上，加热至 150 ℃ 时快速将肝片用精盐、料酒、酱油、水淀粉码味上浆后入锅内炒至散籽，加入姜片、蒜片、马耳朵葱、马耳朵泡红辣椒炒香，再放入木耳、青笋片炒至断生，烹入芡汁，待淀粉糊化收汁亮油后起锅装盘成菜。

训练总结

基本功训练十四　热菜家常味调制训练

训练名称 热菜家常味的调制

训练目的 通过制作热菜盐煎肉，掌握热菜家常味的调制要领和注意事项，并能举一反三。

训练原料： 猪臀肉 150 g、蒜苗 100 g、郫县豆瓣 25 g、精盐 0.5 g、酱油 5 g、豆豉 3 g、料酒 5 g、味精 1 g、色拉油 30 g（以每人为训练单位）

训练过程：

1. 将肉切成 5 cm×3 cm×0.2 cm 的片，蒜苗切马耳朵形，郫县豆瓣剁细。

2. 锅内放油，中火加热至 120 ℃ 时，放入肉片炒至散籽变白，加入少量盐使猪肉有一定的基础咸味。

3. 继续加热至炒干肉中水分，油变清凉后放入郫县豆瓣、豆豉，炒至油红出香味时，放入料酒、酱油、蒜苗，再炒至蒜苗断生，加入味精，和匀起锅成菜。

训练总结

基本功训练十五　热菜麻辣味调制训练

训练名称　热菜麻辣味的调制

训练目的　通过制作热菜麻婆豆腐，掌握热菜麻辣味的调制要领和注意事项，并能举一反三。

训练原料　豆腐250 g、碎牛肉50 g、马耳朵蒜苗25 g、郫县豆瓣25 g、豆豉5 g、辣椒粉10 g、花椒粉1 g、精盐3 g、酱油10 g、料酒5 g、味精1 g、水淀粉20 g、鲜汤150 g、色拉油100 g（以每人为训练单位）

训练过程

1. 豆腐切成1.8 cm见方的丁；郫县豆瓣剁细；豆豉用刀背加工成茸。

2. 豆腐放入淡盐沸水锅中焯水去异味，捞出用凉水浸泡，防止其粘连。

3. 碎牛肉炒香酥装入碗内。

4. 锅内放油，用旺火加热至80 ℃时，加入郫县豆瓣炒出香味至油呈红色时，加入辣椒粉、豆豉茸炒香，加入鲜汤、精盐、酱油、料酒、味精、豆腐烧沸入味，加入熟牛肉末、蒜苗和匀，加热至蒜苗熟透，用水淀粉勾芡二次，待淀粉糊化、汁浓亮油时起锅盛入碗内，撒上花椒粉成菜。

训练总结

基本功训练十六　热菜鱼香味调制训练

训练名称　热菜鱼香味的调制

训练目的　通过制作热菜鱼香茄饼，掌握热菜鱼香味的调制要领和注意事项，并能举一反三。

训练原料　嫩茄子200 g、碎猪肉50 g、精盐3 g、酱油15 g、白糖12 g、醋15 g、泡红辣椒末25 g、葱花15 g、姜米6 g、蒜米12 g、料酒5 g、味精1 g、鲜汤100 g、全蛋淀粉糊100 g、水淀粉15 g、色拉油1 500 g（实耗75 g）（以每人为训练单位）

训练过程

1. 碎猪肉放入碗中，加入精盐、料酒、水淀粉、清水拌匀成肉馅；茄子削去外皮，切成连夹片；将肉馅分别装入茄夹中。

2. 将精盐、酱油、白糖、醋、味精、水淀粉、鲜汤兑成调味芡汁。

3. 锅内放油，旺火烧至160 ℃，将茄块逐一放入全蛋淀粉糊内挂糊，放入油锅内炸至成熟捞出；待油温回升至180 ℃时，再将茄饼重新炸至金黄时捞出装入盘内。

4. 锅内放油，用旺火加热至100 ℃时，放入泡红辣椒末、姜米、蒜米炒香炒红，烹入调味芡汁，待淀粉糊化、汁浓亮油后加入葱花和匀，起锅浇淋在茄饼上即成。

训练总结

基本功训练十七　热菜糖醋味调制训练

训练名称　热菜糖醋味的调制

训练目的　通过制作热菜糖醋里脊，掌握热菜糖醋味的调制要领和注意事项，并能举一反三。

训练原料　猪里脊肉 200 g、鸡蛋 2 个、姜米 5 g、蒜米 10 g、葱花 15 g、精盐 4 g、料酒 10 g、酱油 5 g、白糖 30 g、醋 25 g、味精 1 g、鲜汤 150 g、全蛋淀粉糊 100 g、水淀粉 15 g、色拉油 750 g（实耗 100 g）（以每人为训练单位）

训练过程

1. 猪里脊肉片成 1 cm 厚的片，剞十字交叉花纹后，改成小一字条（6 cm×1 cm×1 cm）。

2. 猪里脊肉条用精盐、料酒码味，用全蛋淀粉糊挂糊。

3. 将精盐、酱油、白糖、醋、味精、鲜汤、水淀粉兑成调味味汁。

4. 将挂糊后的猪里脊肉条放入 150 ℃ 油锅中炸至定型刚熟捞出；待油温回升至 220 ℃ 时再放入油锅内炸至外酥里嫩、颜色金黄时，捞出滤油，装盘。

5. 锅内放油，用旺火加热至 100 ℃ 时，放入姜米、蒜米炒出香味后烹入调味味汁，待淀粉糊化、汁浓亮油后放入葱花和匀，起锅浇淋在猪里脊肉条上即成。

训练总结

基本功训练十八　热菜荔枝味调制训练

训练名称　热菜荔枝味的调制

训练目的　通过制作热菜锅巴肉片，掌握热菜荔枝味的调制要领和注意事项，并能举一反三。

训练原料　大米锅巴 100 g、猪肉 75 g、蘑菇 10 g、菜心 25 g、水发玉兰片 20 g、马耳朵泡红辣椒 10 g、姜片 5 g、蒜片 8 g、马耳朵葱 10 g、精盐 4 g、酱油 10 g、料酒 10 g、白糖 25 g、味精 1 g、醋 20 g、水淀粉 35 g、鲜汤 200 g、食用油 1 500 g（实耗 100 g）（以每人为训练单位）

训练过程

1. 猪肉切成片，玉兰片、蘑菇切成薄片，锅巴掰成 5 cm 大的块。

2. 将精盐、酱油、白糖、醋、味精、水淀粉、鲜汤兑成调味荔汁。

3. 肉片用精盐、料酒码味后，用水淀粉上浆。

4. 锅内放油，用旺火加热至 150 ℃ 时，放入肉片加热至散籽变白，放入马耳朵泡红辣椒、姜片、马耳朵葱、蒜片、玉兰片、蘑菇片、菜心炒香至断生，再倒入调味荔汁，待淀粉糊化、汤汁变稠，起锅装入大汤碗内。

5. 锅内留油，加热至 220 ℃ 时，放入锅巴炸至金黄酥脆时捞出，装入大圆盘内，随烹制好的肉片味汁一同上桌，将肉片味汁倒入锅巴盘内成菜。

训练总结

基本功训练十九　热菜姜汁味调制训练

训练名称　热菜姜汁味的调制

训练目的　通过制作热菜姜汁热味鸡，掌握热菜姜汁味的调制要领和注意事项，并能举一反三。

训练原料　熟鸡肉 300 g、姜米 30 g、葱花 15 g、精盐 3 g、酱油 10 g、料酒 10 g、醋 20 g、味精 1 g、胡椒粉 0.5 g、水淀粉 25 g、鲜汤 100 g、色拉油 50 g、香油 5 g（以每人为训练单位）

训练过程

1. 将熟鸡肉斩成 3 cm 大小的块。

2. 锅内放油，用旺火加热至 100 ℃ 时，放入鸡块、姜米炒出香味，加入鲜汤、精盐、酱油、料酒、胡椒粉和匀，加热至沸入味后，加入味精，用水淀粉勾弄二流芡，待淀粉糊化、收汁亮油后加入醋、香油、葱花和匀，装盘成菜。

训练总结

基本功训练二十　热菜酸辣味调制训练

训练名称　热菜酸辣味的调制

训练目的　通过制作热菜酸辣鱼茸羹，掌握热菜酸辣味的调制要领和注意事项，并能举一反三。

训练原料　净草鱼肉 150 g、西红柿 100 g、冬笋 25 g、蘑菇 25 g、姜米 10 g、葱花 15 g、精盐 5 g、料酒 10 g、酱油 5 g、醋 20 g、胡椒粉 1 g、味精 1 g、蛋清淀粉 100 g、水淀粉 25 g、鲜汤 750 g、香油 5 g、色拉油 500 g（实耗 100 g）（以每人为训练单位）

训练过程

1. 净草鱼肉切成 0.8 cm 见方的粒，冬笋、蘑菇焯水后切成 0.6 cm 见方的粒，西红柿去皮去瓤后切成 0.8 cm 见方的粒。

2. 鱼粒用精盐、料酒码味，再用蛋清淀粉上浆。

3. 锅内放油，加热至 120 ℃ 时，放入鱼肉粒滑散至熟捞出。

4. 锅内留油，用旺火加热至 100 ℃ 时，放入姜米炒香，放入鲜汤、精盐、酱油、胡椒粉、冬笋、蘑菇，加热至沸，撇去浮沫，用水淀粉勾清二流芡，待淀粉糊化、汁变浓稠后加入鱼茸、西红柿粒、醋、味精、香油、葱花和匀，起锅装入汤碗中即可。

训练总结

基本功训练二十一　热菜酱香味调制训练

训练名称　热菜酱香味的调制

训练目的　通过制作热菜酱烧茄条，掌握热菜酱香味的调制要领和注意事项，并能举一反三。

训练原料　嫩茄子 300 g、甜面酱 30 g、鲜汤 100 g、酱油 10 g、味精 0.5 g、香油 5 g、水淀粉 10 g、色拉油 500 g（实耗 100 g）（以每人为训练单位）

训练过程

1. 嫩茄子去蒂去尖，切成大一字条（6 cm×1.2 cm×1.2 cm）；甜面酱用适量酱油稀释待用。

2. 将茄条放入 150 ℃ 的油锅中炸至熟透、色呈浅黄后捞出沥油。

3. 锅内放油，用旺火加热至 80 ℃ 时，放入甜面酱炒散炒香，加入鲜汤、酱油、味精、茄条，加热至沸入味，用水淀粉勾芡，待淀粉糊化、汁浓亮油后淋入香油和匀，起锅装盘。

训练总结

基本功训练二十二　热菜甜香味调制训练

训练名称　热菜甜香味的调制

训练目的　通过制作热菜蜜汁桃脯，掌握热菜甜香味的调制要领和注意事项，并能举一反三。

训练原料：桃 500 g、白糖 75 g、冰糖 25 g、水淀粉 10 g（以每人为训练单位）

训练过程：

1. 桃去皮，每个切开成四瓣，去核和内筋。

2. 锅中烧水致沸，下桃脯焯水，再用冷水过凉，捞出整齐摆入蒸碗中，放入白糖，上笼蒸 15 分钟取出，扣于盘中。

3. 锅中放清水、冰糖 50 g，烧开溶化，用水淀粉 10g 勾芡，至糖汁黏浓起锅，浇在桃脯上即成。

训练总结

📖 本章小结

调味是菜肴制作的关键，是评价菜肴优劣的重要内容。本章从味觉入手，较详细介绍了味觉的特性、基本味及其常用调味品、复合味的调制、调味的基本原则和方法。通过理论讲解和实际操作训练，让学生能较熟练地调制常用的味型。

📋 复习思考题

1. 什么是单一味？7 种基本味是哪些？

2. 味觉有哪些特性？如何理解味觉的特性？

3. 调味的基本原则有哪些？

4. 调味的基本方法有哪些？

5. 怎样炼制辣椒油？有哪些注意事项？

6. 凉菜常用复合味型有哪些？其特点分别是什么？

7. 热菜常用复合味型有哪些？其特点分别是什么？如何调制？调制时的关键因素有哪些？

第十章

烹调方法

通过本章的学习，掌握临灶工艺中常用烹调方法的工艺流程、操作要领、操作时应注意的问题等，并能灵活地运用这些烹调方法制作相应的菜肴。

烹调方法是指把经过初加工和切配后的原料或半成品，直接调味或通过加热后调味，制成不同风味菜肴的制作工艺。

我国是一个历史悠久、地大物博的多民族国家，由于各地物产、风俗、气候的差异，各地、各族人民的饮食文化、饮食习惯和口味爱好都不相同，因此，我国的菜肴品种极为丰富，烹调方法更是多种多样。本章将重点讲述常用的、具有普遍性的烹调方法。

第一节　凉菜的烹调方法

凉菜是指热制凉吃或凉制凉吃的菜肴，具有选料广泛、菜品丰富、味型多样、色泽美观、造型多样等特点，在菜肴中占有非常重要的作用。凉菜在色、形、味、卫生等方面有较高的要求，因此，凉菜的烹调方法是烹饪工艺的重要组成部分。凉菜常用的烹调方法有拌、炸收、卤、腌等。

一、拌

拌是指将原料直接或经熟处理后，加工切配成丝、丁、片、块、条等形状，加入调味品和匀成菜的烹调方法。拌制菜肴具有用料广泛、色泽美观、鲜脆软嫩、味型多样、菜品丰富、地方风味浓郁等特点。

1. 烹调程序

　　　　　原料选择→加工处理→直接或熟处理→切配→装盘调味→成菜

（1）原料选择。拌制原料要求新鲜无异味、受热易熟、质地细嫩、滋味鲜美。

（2）熟处理。原料的熟处理对凉拌菜肴的风味特色有直接的影响。一般有以下几种熟处理方式：

① 过油。是将经加工后的原料放入油锅中炸制。炸后凉拌的菜肴具有酥香软脆、味感浓郁的特点。豆类、豆制品和根茎类蔬菜等植物性原料直接过油炸至酥脆即可；猪肉、虾、牛肉、鱼等动物性原料在炸制前还需水煮至软熟，晾凉后经刀工处理，再过油炸制。

② 水煮或汽蒸。是最常用的熟处理方法。是将加工后的原料放入水中煮制或放入蒸笼中蒸制。蒸煮后凉拌的菜肴具有鲜香软嫩、清鲜醇厚的特点。适用于禽畜肉品及其内脏、笋类、鲜豆类等原料。水煮或汽蒸的成熟程度应根据原料的质地和菜肴的质感要求而定，一般分为断生、熟透、软熟三个层次。水煮或汽蒸后必须晾凉再进行刀工处理，否则成型不好。

③ 焯水。是指将加工后的原料放入沸水中快速加热。焯水后凉拌的菜肴具有色泽美观、细嫩爽口的特点。适用于嫩脆的动物性原料和多数植物性原料。猪肚仁、鸡鸭肫、猪腰、鱼虾、海参、鱿鱼、墨鱼、蚶肉、海螺、鱼肚等原料要在熟处理前进行刀工处理，以丝、片、花形和自然形态为主；部分植物性原料焯水后再进行刀工处理。原料焯水断生后，要及时捞出用凉水漂凉或趁热加入色拉油拌匀晾透。

④ 烧制。是指将原料带壳或鲜叶包裹后放入暗火（木炭火或炭灰）中烧制成熟，再将原料加工成小条，与调味品拌匀成菜的方法，是独具特色的熟处理方法。烧制后凉拌的菜肴具有质感脆嫩柔软、本味醇香的特点。适用于根茎、果类植物原料和部分质嫩易熟的动物性原料，如茄子、甜椒、笋类、茭白、鱼、鳝鱼、牛蛙等原料。

⑤ 腌制。是将加工的原料与调味品拌匀，渗透入味后再与调味汁拌匀成菜的处理方法，是拌制前最常用的处理方法。腌制凉拌的菜肴具有清脆入味、鲜香细嫩的特点。适用于黄瓜等蔬菜类原料。大多数菜品都要在腌制前进行刀工处理。腌制时咸淡恰当，腌制的时间以刚入味为宜，滴干水分后调味拌制。

⑥ 原料直接拌制。直接拌制的原料都是可以生吃的。直接拌制的菜肴具有色泽美观、清香嫩脆的特点。适用于黄瓜、白菜、青笋、萝卜、菜头、嫩姜、折耳根（鱼腥草）等蔬菜类原料。原料经过刀工处理后进行腌渍，自然滴干水分后再拌味，即可食用。

（3）切配装盘。根据原料的性质和成菜要求，将原料切成不同的形状，经拌味后装盘或者装盘后淋味，也可配味碟。

根据凉拌菜肴的原料组合情况，凉拌采用的方式有：① 生拌。指菜肴的主辅原料都没有经过加热处理，直接拌制的方式。② 熟拌。指菜肴的主辅原料经过熟处理后进行拌制的方式。③ 生熟拌。指菜肴的主料经过熟处理后与生的辅料进行拌制的方式，拌制原料中既有生料又有熟料。

凉拌菜肴味型较多，一般根据原料的性质和菜肴的要求，选用相宜美观的盛具装盘。

调味在装盘前后进行，方式有：① 拌味后装盘。是指原料与调味品拌和均匀后装盘成菜的方式。此方式多用于不需拼摆造型的菜肴，要求现吃现拌，否则会影响菜肴的色、味、形、质。② 装盘后淋味。是指将菜肴装盘上桌，开餐时再淋上调制好的味汁，由食者自拌而食的方式。③ 装盘后蘸味。是指原料装盘造型后，配上一种或多种味碟供食者蘸食的方式。

2. 操作要领

（1）凉拌菜肴宜选用植物油（如菜籽油、花生油、大豆油等），经炼熟凉透后使用；或制成辣椒油、葱油、花椒油等复制油后使用。

（2）原料要求新鲜度高，熟处理后一定要凉透再进行刀工，操作时要保持清洁卫生。

（3）要控制原料码味时的咸淡和色泽的深浅。炸制时控制好火力、油温、时间。

（4）原料在水煮前要先焯水，要分类焯水和水煮，防止相互串味。水或鲜汤要淹没原料，忌水煮中途加水（鲜汤）。

（5）原料焯水或水煮后应用凉水迅速漂凉，捞出待用；植物原料捞出后趁热加入芝麻油拌匀抖散凉透，确保色泽鲜艳。少部分原料需要用原汤浸泡后晾凉，其质感才能达到成菜要求。原料放置待用时，应用湿纱布盖上，避免因水分蒸发影响色泽和质感。

3. 注意事项

（1）生熟拌的凉菜，装盘时用生料垫底、熟料盖面。

（2）个别地方有采用热拌温吃的习惯，如温拌腰花、温拌虾片、温拌白肉等菜肴，别具风味。

（3）植物性原料腌制后要自然滴干水分，不宜挤压，防止原料变形。及时拌制，不宜存放太久。

（4）凉拌菜肴应先根据复合味的标准，在调味碗中调好味汁后再拌味，并且要及时食用。

【菜例】 芥末嫩肚花　烧椒茄子

● 芥末嫩肚花

主料：净猪肚仁 300 g

调料：精盐 4 g、芥末膏 5 g、酱油 15 g、味精 1 g、香油 15 g、凉鲜汤 15 g、纯碱 3 g

烹调方法：

1. 取撕去筋膜的猪肚头中段，切成 4 cm 宽的块，从肚的内面横着筋络以间距 0.5 cm 剞刀，深度约为原料的 1/2。在 3 cm 处进刀，斜刀向左片约 2 cm 深，然后再从 3 cm 原刀口处向反方向斜刀片出头。再从前三刀的垂直方向以 0.6 cm 的刀距三刀一断（前两刀剞至原料的 2/3 深），形如栀子花。

2. 将剞好的猪肚仁与纯碱拌匀浸渍约 50 分钟，用清水淘洗去碱，再放入沸水中氽水至断生翻花捞出，用清水漂凉，沥干水分，装入盘中。

3. 将凉鲜汤、精盐、酱油、味精放入调味碗中，加入芥末膏、香油调匀，随肚花一同上桌即可。

注意事项：

1. 猪肚仁氽水以断生刚熟为好，保证质感嫩脆。

2. 掌握猪肚头的加工方法，注意要撕尽肚头上的白筋膜。

3. 调味时注意味汁的颜色。

特点：形色美观，质地嫩脆，鲜香冲味浓郁。

● 烧椒茄子

主料：茄子 300 g

辅料：青椒 100 g

调料：蒜茸 15 g、葱花 10 g、精盐 2 g、酱油 25 g、醋 5 g、味精 2 g、香油 15 g、辣椒油 25 g

烹调方法：

1. 茄子、青椒洗净后，放入木炭火烘烤，用暗火烧制成熟取出，用干净的抹布将茄子、青椒表面的炭灰擦干净，再将茄子用手撕成细条状，青椒用刀剁成 0.5 cm 粗的粒。

2. 将茄条装入盘中，面上撒上青椒碎末。

3. 将蒜茸、酱油、醋、精盐、味精、辣椒油、葱花、香油调成味汁，淋于茄子上即可。

注意事项：

1. 控制好烘烤烧制的时间及火力的大小，保证原料鲜香不焦糊。

2. 烧制后用干净毛巾擦尽原料表面杂质。

3. 现拌现食，不宜久放。

特点：咸鲜微辣，蒜味浓郁，风味独特。

二、卤

卤是指将加工处理的原料放入调制好的卤汁中，加热至熟透入味成菜的烹调方法。卤制菜肴具有色泽自然或棕红、鲜香醇厚、软熟滋润的特点，适用于禽畜肉类及其内脏和豆制品、部分菌类原料。根据卤汁有无颜色，分为红卤、白卤。

红卤汁原料：鲜汤 10 kg、冰糖 500 g、料酒 500 g、精盐 1 kg、八角 50 g、桂皮 30 g、小茴 25 g、山奈 20 g、草果 20 g、丁香 10 g、花椒 30 g、干辣椒 50 g、胡椒 10 g、姜 250 g、葱 250 g、糖色 150 g、味精 3 g、鸡骨和猪骨各 1 kg。

白卤汁原料：鲜汤 10 kg、冰糖 400 g、料酒 500 g、精盐 500 g、八角 50 g、桂皮 5 g、小茴 25 g、山奈 20 g、草果 20 g、丁香 5 g、砂仁 10 g、豆蔻 25 g、花椒 30 g、胡椒 10 g、姜 250 g、葱 250 g、味精 3 g、鸡骨和猪骨各 1 kg。

卤汁制法：先用纱布将香料包好成香料包；锅内加入鲜汤、鸡骨、猪骨，加热至沸腾撇去浮沫，放入香料包、姜片、葱段继续加热 1 小时，放入各种调味品即成卤汁。

1. 烹调程序

原料选择→加工处理→直接或码味→卤制→刀工→装盘成菜

（1）原料选择。卤制菜肴要求选用新鲜细嫩、滋味鲜美的原料，如成年公鸡，秋季的仔鸭仔鹅，猪的前后腿肉、肠、心、舌，肉质紧实无筋膜的牛羊肉等。

（2）加工处理。禽畜肉在加工中要夹尽残毛，漂洗干净，除去淤血腥味；内脏要刮洗干净，无杂质粗皮等；菌类原料要将泥沙杂质清洗干净。整鸡（鸭、鹅）及大块原料最好先行码味。禽畜肉及其内脏卤制前先进行焯水处理。

（3）卤制成菜。将处理后的原料放入卤汁中加热，沸后改用小火继续加热至原料入味并达到成菜要求的成熟程度，捞出晾凉后再进行刀工处理，装盘成菜。

2. 操作要领

（1）原料加工处理要得当，确保原料质量。原料焯水处理以紧皮为宜，防止鲜香味过度损失。

（2）肝、腰、心、舌、豆制品、菌类等卤制原料加热以熟透为好，猪肉、鸡、鸭、鹅、兔、牛、羊、蹄髈、肚、肠等原料以软熟为好。

（3）卤制时，要及时撇去浮沫，保持原料清爽。卤制宜加盖，火力宜小，保持卤汁沸而不腾，防止卤汁蒸发过快和香味逸散，保证原料滋润。原料达到成熟标准捞出时不要粘卤油，晾凉后色泽才美观清爽。

（4）部分原料卤制之前先用精盐、姜、葱、花椒、料酒等码味一定时间，可使原料内部渗透入味。

3. 注意事项

（1）禽畜肉类及其内脏一定要焯水后卤制。

（2）卤制原料要晾凉后再进行刀工处理；装盘成菜后，可淋入由卤汁等调制的味汁，也可以配上辣椒味碟，增加卤制菜肴的风味特色。

（3）不同质地和味感的原料要分开卤制，防止串味，如鸡和猪肉可同卤，鸡和牛肉不能同卤。

（4）卤汁常常重复使用，称"老卤"，香味更加浓郁。在保存时要防止污染、变质。卤汁一定要过滤干净后加热至沸，倒入专用的罐中自然冷却，不搅动，夏天最好每三天烧开一次，冬天可一星期烧开一次，若不常用也可放冰箱冷冻长期保存。

（5）卤制过豆制品的卤汁容易酸败。

【菜例】　五香仔鸭　卤豆干

- **五香仔鸭**

主料：仔鸭 750 g（1 只）

调料：老卤汁 2 000 g、香料包（1 个）、姜片 25 g、葱段 50 g、精盐 100 g、料酒 50 g、糖色 50 g

烹调方法：

1. 锅内放入老卤汁，加热至沸后加入香料包、精盐、糖色调味和调色。

2. 仔鸭洗净后，去翅尖、鸭脚，放入精盐、料酒、姜片、葱段码味腌渍 60 分钟后取出，放入沸水中焯水至皮紧，捞出放入调制好的卤水锅中，加热至沸后撇去浮沫，改用小火继续加热卤制 45 分钟至软熟，捞出晾凉，改刀装盘即成。

注意事项：

1. 秋季仔鸭最适宜卤制。

2. 卤制时注意原料的成熟程度。

3. 严格控制卤水的色和味。

特点：色泽棕红，肉质细嫩，咸鲜可口，五香味浓。

- **卤豆干**

主料：方豆干 500 g

调料：老卤汁 1 000 g、姜 10 g、葱 15 g、八角 5 g、桂皮 3 g、精盐 15 g、白糖 10 g、味精 2 g、香油 5 g、糖色 25 g、鲜汤 250 g

烹调方法：

1. 将方豆干洗净，沥干水分，切成 4 cm 见方的块。

2. 锅内放入老卤汁，加入精盐、糖色、白糖、味精、姜片、葱段、八角、桂皮，再放入豆干，加入鲜汤，加热至沸后撇去浮沫，改用小火继续加热卤制 30 分钟至豆干入味时将其捞出，拌入香油，晾凉即成。

注意事项：

1. 卤汁沸后宜用小火。

2. 卤汁只能一次性使用。

特点：色泽棕红，质地软嫩，香味浓郁。

三、炸 收

炸收是指将加工处理后的原料经清炸后放入锅内，加入鲜汤、调味品加热使之收汁亮油，再将其晾凉，最后装盘成菜的烹调方法。炸收菜肴具有色泽红亮、干香滋润、香鲜醇厚的特点。适宜炸收的原料有禽畜肉类、鱼虾类和豆制品等。

1. 烹调程序

原料选择→加工处理→炸制→调味收制→矫味→装盘→成菜

（1）原料选择。禽畜肉类应选择新鲜程度高、细嫩无筋、肉质紧实无肥膘的猪肉、牛肉、兔肉或排骨等原料。其中禽类宜选用成年公鸡或公鸭；鱼类选用肉多质嫩无细刺的新鲜鱼；豆制品以豆腐干、豆筋、腐竹为主。

（2）加工处理。鸡、鸭、兔、猪等原料，先经刀工处理成要求的形状后码味；因菜肴质感需要，部分原料要先水煮后捞出晾凉，再进行刀工处理和码味。码味时要先将调味品调成味汁，再与原料拌匀。要注意控制好咸味的浓淡、色泽的深浅、时间的长短等。

（3）炸制。采用清炸的方式。炸制时要根据原料的性质和菜品质量的要求，掌握好油温、火力、炸制时间。

（4）调味收制。收制时锅内加入适量鲜汤，放入原料以及调味品，先用大火加热至沸，再改用小火收制，至汁浓入味后起锅。根据成菜要求，掌握好加入鲜汤的量和调味品的组合、收制时间的长短与汁的稠度，收制成菜后要盛入器皿中晾凉。炸收菜肴的复合味型较多，有五香味、麻辣味、鱼香味、茄汁味、糖醋味、咸鲜味等。

（5）矫味装盘。菜肴味感因温度不同而有差异，因此，炸收菜肴晾凉后要认真鉴定，进行矫味，确保最后味感符合成菜要求。

2. 操作要领

（1）牛肉、猪肉等原料熟处理的成熟程度，直接影响炸收成菜后的质感。所以猪肉以熟透、牛肉以软熟为宜。排骨等原料一定要煮熟后再炸制，否则韧硬难嚼。

（2）原料码味要根据菜肴的复合味和收制时调味的需要而定。一般炸收菜肴的复合味较浓，在收制中以定味调味为主，码味时基础味可淡一些。

（3）炸制用植物性油。投料要分散入锅、一次性放入，使油炸火候、色泽与质感一致。根据原料的性质和成菜要求，原料可炸一次或两次。

（4）要控制好收制时加入的汤量、火力和时间，以及放入调味品的顺序，汤汁将干、油脂由浑浊变清澈即可起锅盛盘。

（5）炸收菜肴色泽有浅黄、橙黄、橘红、棕红、鲜红等层次之分。一般味浓的菜肴色泽较深，味醇厚的菜肴色泽较浅。影响色泽的因素较多，收制的火力与时间、调味品、码味、油炸温度、油脂的质量、糖色的老嫩等都可以影响色泽。原料的质量、调味品的质量和放入的先后顺序、加热程度等都会影响味感，而原料的性质、熟处理、刀工、油炸的温度、收制的时间、放置的时间等都可能影响质感。

3. 注意事项

（1）不能用醪糟汁、甜酒等糖分重的原料码味，防止油炸时色泽过深。

（2）油炸时要注意安全，一次放入锅中的原料不能过多，否则因水分蒸发快容易使油飞溅，引发烫伤。

（3）炸收菜肴可一次性多量制作，放置2~3小时，更能渗透入味，其味感会变得更加醇而不燥。

【菜例】 葱酥鲫鱼 糖醋排骨 麻辣牛肉干

- 葱酥鲫鱼

主料：鲫鱼3尾约500 g

辅料：水发香菇30 g，兰片30 g，大葱白100 g

调料：泡辣椒15 g、姜15 g、精盐4 g、料酒15 g、胡椒粉0.1 g、味精1 g、醋1 g、醪
　　　糟汁10 g、糖色15 g、香油5 g、鲜汤150 g、色拉油1 000 g（约耗50克）

烹调方法：

1. 葱白洗净，切成6 cm长的段；泡辣椒去籽去蒂，切成6 cm长的段；姜洗净，去皮切成0.3 cm厚的片；水发香菇、兰片斜刀片成薄片；鲫鱼宰杀、去鳞、去腮、剖腹去内脏，洗净，在鱼身两面各剞3刀一字型花刀，每刀深度0.1 cm。

2. 鲫鱼用精盐、料酒、葱段、姜片腌制15分钟。

3. 锅内留油，油温烧至220 ℃，放入鲫鱼炸至鱼皮炸紧绷、色金黄时捞出。

4. 另取锅加入油50 g，加热至烧120 ℃时下泡辣椒段、葱段、香菇片、兰片炒香，放入鲫鱼，加入鲜汤、精盐、醋、糖色、胡椒粉、醪糟汁、料酒，加热至沸后撇去浮沫，改用小火继续加热至收汁至亮油、鱼骨酥软时放味精、香油和匀起锅，晾凉后改刀装盘。

注意事项：

1. 鲫鱼初加工时注意不要弄破鱼苦胆，确保味正。

2. 准确掌握好调味品的用量投放时机，特别是醋要在调味初期投放，促进鱼骨酥软，成菜后不表现明显的酸味。

3. 注意控制好油炸的温度，采用高油温炸制，保持鱼的形态完整。

4. 掌握好收汁的火力和火候。

5. 晾凉后再装盘成菜。

特点：色泽橘黄，葱味浓厚，鱼肉细嫩，咸鲜味浓。

- 糖醋排骨

主料：猪排骨300 g

调料：姜15 g、葱30 g、花椒0.5 g、精盐3 g、料酒15 g、白糖100 g、醋35 g、熟芝
　　　麻5 g、香油5 g、鲜汤300 g、色拉油1 000 g（实耗50 g）

烹调方法：

1. 姜切片，葱切段，猪排骨斩成5 cm的段。

2. 排骨放入沸水中焯水除去血污，捞出装入碗中，加入精盐、花椒、姜片5 g、葱段10 g、料酒10 g、鲜汤150 g，放入蒸柜中蒸至软熟时取出，捞出排骨，沥干水分。

3. 将排骨放入180 ℃高温油锅中炸至金黄色捞出。

4. 另取锅加入油，加热至80 ℃时放入姜片、葱段炒香，加入鲜汤、白糖、精盐、料酒、

排骨，加热至沸后撇去浮沫，改用小火继续加热收汁至汁浓稠时加醋，继续收汁至味汁粘裹于原料表面、亮油时起锅，淋香油拌匀，装入盆内，晾凉后撒上熟芝麻装盘即成。

注意事项：

1. 排骨斩好后焯水除去血污，再蒸制，保证原料颜色美观。

2. 蒸制排骨时要达到熟软、离骨。

3. 注意调味品的投放顺序，醋是在起锅前加入。

4. 收汁时注意火力的调节，确保成菜的颜色。

5. 白糖用量较多，保证成菜后汁浓味厚。

特点：色泽棕亮，干香滋润，甜酸醇厚。

花椒鸡丁

四、糖 粘

糖粘又名挂霜，是指利用再结晶原理，将经初加工的原料粘裹一层糖汁，经冷却凝结成霜或撒上一层糖粉成菜的烹调方法。糖粘具有色泽洁白、甜香酥脆的特点。适用于果仁、猪肥膘等原料及调制的半成品胚料。

1. 烹调程序

原料选择→加工处理→粘糖或撒糖粉→装盘成菜

（1）原料选择。要选用新鲜程度高、无虫蛀、质地脆爽的原料。

（2）加工处理。初加工时应去皮、去核，并清洗干净。部分原料要经过挂糊炸制，部分需要先焯水、再油炸至外酥并熟透；有的原料经过盐炒或烤箱烤制，至酥香熟透；原料采用半成品胚料，一般需要先制成糕状，再拍粉后油炸等。

（3）粘糖或撒糖粉。粘糖的过程是锅内加入清水和白糖，用小火加热至白糖溶化、水分蒸发殆尽，锅中糖液浓稠，表面均匀出现大泡套小泡现象，放入经加工处理的原料，同时将锅端离火口，让糖汁均匀地粘裹在原料表面；在冷却过程中，让原料分散开，不断颠锅搅动，使糖液重新结晶并相互摩擦成为霜状。撒糖粉就是将加工处理后的原料堆放在盘内，直接撒上白糖粉即可，或将加工处理后的原料粘裹一层糖汁，放入盘中再撒上白糖粉即可。

2. 操作要领

（1）原料的熟处理是形成糖粘菜肴质感的基础，用盐炒或烤箱烤制的一定要酥香，用油炸的要酥脆或外酥内嫩，才能形成菜肴的独特风味。

（2）熬制糖汁时，火力要小而集中，最好集中于锅底，受热面积小于糖汁的液面，防止锅边糖汁褐变成黄色。熬制糖汁时密切观察稠度、气泡，如果糖汁较清，冒小气泡则糖汁偏嫩，相反糖汁较浓，气泡大则糖汁偏老。还要观察糖汁熬制的火候，可以将糖汁铲起并使之下滴，如呈连绵透明的片状即达糖粘火候。

（3）糖粘时调制怪味、酱香味等菜肴，调味品应在糖汁重结晶前放入锅内，并继续加热使多余的水分蒸发，而且颜色会随调味品颜色有所改变。

（4）原料粘匀糖汁后，要迅速冷却，同时不停搅动原料使其分散开，加强摩擦产生霜状糖粉。

3. 注意事项

（1）熟处理油炸后，原料一定要滴干油分。

（2）结霜前最好用手将结块的原料掰开，不宜用勺打散，否则容易造成脱霜。

（3）糖粘也可选用冰糖。制作时最好用锅铲，利于操作。

（4）撒糖的菜肴可热食，趁热食用时要防止烫伤口腔。

【菜例】 酱酥桃仁　糖粘花仁

● 酱酥桃仁

主料：核桃仁 150 g

调料：白糖 100 g、甜面酱 5 g、清水 50 g、色拉油 500 g（实耗 10 g）

烹调方法：

1. 核桃仁用沸水烫泡约 5 分钟，待表皮变软后捞出，撕去外皮。

2. 核桃仁放入 110 ℃ 中温油锅中炸至色微黄酥脆时捞出，沥干油分。

3. 另取锅加入清水、白糖，用小火加热熬成糖液，待水分挥发殆尽、糖液起密集小泡、挂勺时，加入甜面酱和匀，继续加热至面酱香味渗出、水分挥发完后将锅端离火口，倒入核桃仁，用锅铲翻动使糖液均匀粘裹在桃仁上，起颗粒状，冷却后装盘成菜。

注意事项：

1. 核桃仁炸制时油温不宜过高，炸酥脆即可。

2. 熬糖液时要注意火力的大小、水分的挥发程度。

特点：色泽棕黄，香酥化渣，甜味突出，酱香味浓。

● 糖粘花仁

主料：盐酥花仁 150 g

调料：白糖 100 g、清水 50 g

烹调方法：

糖粘花仁

锅内加入清水、白糖，用小火加热熬成糖液，待水分挥发殆尽、糖液起密集小泡、挂勺时，放入花生仁，用锅铲翻炒至糖液均匀粘裹在花仁上，成颗粒后经摩擦发白起霜，冷却后装盘成菜。

注意事项：

1. 熬糖时火力不能过大，尽量使火力集中在锅底。

2. 成菜后保持颜色洁白。

特点：色白起霜，香甜酥脆。

五、腌

腌是将原料放入调味汁中，或用调味品拌和均匀，排除原料内部部分水分，使之渗透入味成菜的烹调方法。腌制菜肴具有色泽鲜艳、脆嫩清香、醇厚浓郁的特点。适用于黄瓜、青笋、萝卜、藕、虾蟹、猪肉、鸡肉和部分内脏等原料。

1. 烹调程序

原料选择→加工处理→腌制→直接或刀工处理→装盘

（1）原料选择。腌制菜肴应选用新鲜、质地细嫩、滋味鲜美的原料。植物性原料以选择脆嫩的质感为主，动物性原料以选择细软质感为主。

（2）加工处理。根据腌制菜肴的需要，部分原料需要进行熟处理后再腌制，可选择腌制前刀工或腌制后刀工。一般以丝、片、块、条和自然形态等形状为主。

（3）腌制方式。根据腌渍所用主要调味品的不同，腌分为以下几种：

① 盐腌。盐腌的调味品主要是精盐，但根据菜肴要求可加入泡红辣椒、野山椒、白醋、白糖、姜、芥末面、味精、香料等形成不同的风味，主要有咸鲜味、甜酸味、芥末味、酸辣味等，四川的泡菜也属于盐腌的范畴。腌制菜肴具有色泽鲜艳、质地脆嫩、清香爽口的特点，分为生腌和熟腌两种。生腌以蔬菜类原料为主，原料经过刀工处理后直接与调味品调制的味汁拌和均匀，腌制成菜。如盐腌黄瓜、酸辣白菜等。熟腌的原料以禽畜肉类和内脏以及鲜鱼类原料为主，先将原料经熟处理后晾凉，再与调制的味汁拌和均匀，腌制成菜。如盐水鸡、盐水兔等。

② 酒腌（又称酒醉）。主要调味品是精盐和酒。酒腌菜肴具有色泽金黄、质地细嫩、醇香可口的特点。适合酒腌的原料主要有虾、螺、蟹。酒腌前，先将虾、蟹、螺等放入清水里饿养一定时间，让其吐尽腹水，排空肠内的杂质；腌制时，将原料滴干水分，放入坛内，倒入由精盐、白酒、料酒、花椒、冰糖、丁香、葱、姜、陈皮等调制的卤汁，盖严坛口，腌三天以上即可。

③ 糟腌。是以精盐和香糟为主要调味品的一类腌制方法。糟腌菜肴具有质地鲜嫩、糟香醇厚的特点。适合糟腌的原料有鸡、鸭、猪肉、冬笋等。糟腌前，原料都要经过熟处理至熟透，晾凉后经过刀工处理成条、片等形状，再用糟汁腌2小时以上即可。部分菜肴还可以放入蒸柜（笼）内加热一定时间，取出晾凉成菜，其风味更具特色。如糟醉鸡条、糟醉冬笋等。

④ 柠檬汁腌。是用白糖和水熬至浓稠，晾凉后加入柠檬酸制成调味汁腌制原料成菜的方法。腌制的菜肴具有色泽鲜艳、质地脆嫩、甜酸爽口的特点。适用于冬瓜、萝卜、藕、黄瓜、青笋等原料。一般在腌制前进行刀工处理，切成片、条、花形等形状，放入甜酸柠檬味汁内半小时，捞出装盘即成。如珊瑚雪莲、柠檬冬瓜等。

2. 操作要领

（1）未经刀工处理的原料，盐腌时精盐要拌和均匀，腌制一定时间后要不时翻动，使精盐渗透均匀。根茎果类原料，盐腌时先用精盐腌制后滴干水分，再和调制的味汁拌和均匀进行腌制，这样才能达到良好的质感效果和调味效果。

（2）酒腌的原料要新鲜干净。酒腌过程中，要封严盖紧不漏气，腌制时间要足。酒腌的调味味汁还可根据原料以及菜肴的需要，调制不同的味汁，使酒腌菜肴呈现各不相同的风味特色。

（3）糟腌要选用质感细嫩的原料，要调剂好糟卤与原料的比例，一般要让原料能浸泡在糟卤调味汁内。

（4）甜酸柠檬汁要控制好甜酸味感和柠檬汁的浓度。为保证腌制菜肴的质感和色泽，部分原料需焯水后再进行腌制，如藕、冬瓜等。

3. 注意事项

（1）一定要掌握好各种原料的腌制时间，确保质量达到成菜要求，形成独特的风味。

（2）用生的原料腌制菜肴，原料一定要新鲜、干净，防止细菌感染而危害人体健康。

（3）凉菜烹调方法"腌"与腌腊制品的"腌"不是同一概念，要注意区分。

【菜例】 盐水鸡 醉河虾 珊瑚雪莲 糟醉冬笋

● **珊瑚雪莲**

主料：莲藕 500 g

调料：精盐 2 g、白糖 150 g、果酸 1.5 g、凉开水 500 g

烹调方法：

1. 将藕刮去皮后切成厚 0.2 cm 的片，用清水冲洗后，放入盐水中浸泡备用。

2. 用果酸、凉开水、精盐、白糖调成甜酸味汁备用。

3. 将藕片放入沸水锅中焯水至断生捞出，放入凉甜酸味汁中浸凉备用。

4. 将藕片从味汁中捞出，装入盘中，淋上浸渍的甜酸味汁即成。

注意事项：

1. 莲藕应边切边放入盐水中浸泡，保证颜色洁白。

2. 装盘时注意保持刀路，使装盘整齐美观。

特点：色泽洁白，质地脆嫩，甜酸爽口。

● **糟醉冬笋**

主料：净冬笋 250 g

调料：精盐 3 g、姜 5 g、葱 10 g、花椒 0.2 g、料酒 15 g、白糖 2 g、味精 1 g、香油 5 g、醪糟汁 250 g、鲜汤 500 g

烹调方法：

1. 姜切片，葱切 5 cm 长的段。冬笋切成小一字条，放入沸水锅中焯水至断生，捞出用清水漂凉。

2. 锅内放油，用中火加热至 80 ℃ 时放入姜片、葱段炒出香味，加入鲜汤、精盐、味精、白糖、料酒、醪糟汁、香油、花椒、冬笋，加热至沸后盛入盆内，放入蒸柜中蒸至入味熟透后取出晾凉。

3. 冬笋条装盘后淋上原汁即可。

注意事项：

1. 醪糟只用汁液，不用米粒，否则影响成菜美观。

2. 蒸制时间以冬笋熟透为度。

特点：色白细嫩，咸鲜微甜，糟香味浓。

六、冻

冻是利用原料本身的胶质或另加肉皮、琼脂等经熬制或汽蒸冷却后凝固成菜的烹调方法。冻制菜肴具有色泽美观、晶莹透明、鲜嫩爽口的特点。一般有咸甜两种口味，咸味多为以动物性原料为主制成的凉菜，甜味多为以干鲜果为主制成的凉菜。制作咸味菜肴多选用动物肉皮制冻，制作甜味菜肴则选用琼脂、食用明胶等制冻。

1. 烹调程序

原料选择→加工处理→熬制或汽蒸→冷却凝固→直接或刀工后装盘→淋味成菜

（1）选料加工。动物类原料要新鲜、干净、无异味、无杂毛，用热水清洗干净，去掉多余的肥膘，焯水后熬制或汽蒸。使用琼脂等，应选择色正透明、无杂质的原料，并用清水洗净泡软后使用。

（2）熬制或汽蒸。熬制时锅要洗净，先用大火加热至沸，撇去浮沫，改用小火加热，保持沸而不腾，或放入蒸柜（笼）中用小火沸水长时间蒸制，待原料软熟或琼脂等全部溶化汁稠时即可。

（3）凝固装盘。根据菜肴要求选用不同盛具盛装冷却凝固，待完全凝固后，可以直接装盘成菜，如龙眼果冻；多数冻制菜品在凝固后还要按成菜的要求进行刀工处理后装盘成菜，如桂花冻、水晶肘冻等。

（4）淋味成菜。调制好所需味汁，再将味汁淋在原料上即成。

2. 操作要领

（1）熬制时掌握火力要求采用小火加热，防止锅边烧焦影响色泽。

（2）熬制时原料一定要软熟，使原料本身的胶原蛋白充分溶于汤中，并且胶原蛋白的量要足够，这样才能达到冻制的要求。

（3）刀工处理时要动作轻盈，否则原料易碎，影响成形。

3. 注意事项

（1）动物原料的脂肪尽可能除尽，否则会影响冻制品的色泽。

（2）盛具内最好抹上一层油脂，可使盛具不与冻粘连。

（3）要根据原料性质和成菜要求选用正确的复合味。调味时调味汁水要求晾凉。

【菜例】 龙眼果冻　　水晶肘花

● 龙眼果冻

主料：琼脂 15 g

辅料：蜜樱桃 12 颗、糖水橘瓣 12 瓣

调料：白糖 200 g、清水 750 g

烹调方法：

1. 琼脂清洗干净，放入盆中，加入清水 600 g、白糖 100 g，放入蒸柜中蒸至完全溶化成冻汁，取出待用。

2. 取干净酒杯 12 个，每个酒杯中放入清洗后的蜜樱桃，倒入冻汁，待冷却凝固后，取出便成龙眼冻。

3. 将 150 g 清水、100 g 白糖放入锅中，中火熬到汁浓稠，起锅冷却后待用。

4. 龙眼冻装入圆盘中，周围镶上橘瓣，再淋上冷却后的糖汁即可。

注意事项：

1. 琼脂选用色白透明、无杂质的。

2. 掌握好琼脂与水的比例，汁老可以加水稀释，汁嫩可以加热蒸发多余的水分或加入浓度高的琼脂液，进行调和来达到要求。

3. 酒杯应选用口径大杯底小的，才便于取出。

4. 淋入的糖汁必须用凉的。

特点：色正透明，质地滑嫩，味甘甜，清凉爽口。

- **水晶肘花**

主料：带皮猪肘子 1 000 g

调料：精盐 8 g、姜 10 g、葱 20 g、花椒 3 g、味精 1 g、姜汁味汁 25 g

烹调方法：

1. 姜切片，葱切成 5 cm 长的段。带皮猪肘子刮洗干净，去骨后切成 2 cm 见方的块，用沸水焯水去血污。

2. 锅内加清水，放入精盐、姜片、葱段、花椒、味精、猪肘块，用旺火加热至沸后撇去浮沫，改用小火继续加热至猪肘软熟，捞出待用。

3. 将原汤盛入盆中，待冷却将凝固时，将猪肘块轻轻放入，冷透凝固后改刀装盘，配姜汁味碟即成。

注意事项：

1. 猪肘在小火加热时要防止粘锅、焦煳。

2. 注意掌握好水量与原料的比例。

特点：肘花晶莹透亮，滑嫩爽口，味鲜香。

第二节　热菜的烹调方法

一、炒

炒是将加工切配后的丝、丁、片、条、粒等小型动植物原料，用小油量或中油量，以旺火快速烹制成菜的烹调方法。根据烹制前主料加工处理方法的不同及成菜风味的不同，炒分为滑炒、生炒、熟炒、软炒等。

（一）滑　炒

滑炒是以动物性原料作主料，将其加工成丝、丁、片、块、条、粒和花形，先码味上浆，兑好味汁，旺火急火快速烹制成菜的烹调方法。滑炒菜肴具有滑嫩清爽、紧汁亮油的特点。适用于无骨的动物性原料如鸡、鱼、虾、猪肉、牛肉等。

1. 烹调程序

原料初加工→切配→码味上浆→兑芡汁→锅内烧油炙锅→
放入主料滑油翻炒→放入辅料→烹入芡汁→收汁亮油→装盘成菜

（1）刀工成形。将初加工后的原料切成丝、丁、片、块、条、粒和花形等形状。

（2）码味上浆。应先码味后再上浆，码味主要用精盐、料酒或酱油等。其咸味浓度占整个菜肴浓度的30%，要根据菜肴的品种决定是否上色以及颜色的深浅。上浆主要用湿淀粉，上浆的干稀厚薄要以烹制原料的质地来决定，对一些质地较老的牛肉、羊肉、猪肉等原料，码味上浆时可加适量的嫩肉粉进行腌渍，使蛋白质吸水量增加并加速蛋白质水解，使质地变得细嫩；对肝、腰等内脏则应现码味、现上浆、现炒制，避免原料入锅前吐水脱浆。

（3）兑味汁。在原料加热烹制前，先将制作菜肴所需调味品放入调料碗内兑成芡汁。滑炒时由于火力旺，油温较高，操作速度快，成菜时间短，为保证菜肴味型准确，在烹制前先兑好芡汁，待菜肴成熟时将芡汁烹入锅内，能快速且准确调制出菜肴的复合味型。

（4）滑油翻炒。烹制前炒锅必须干净，炙好锅。锅内加入油后加热至150℃（5~6成热）时放入主料，迅速翻炒至原料散籽变白、互不粘连，再放入辅料炒断生。原料数量较多可先将主料用油滑散籽后再烹制。

（5）收汁成菜。原料在锅内炒断生后及时烹入兑好的调味芡汁炒匀，收汁亮油后起锅，装盘成菜即可。

2. 操作要领

（1）选料准确。应选择新鲜、细嫩、无异味的优质肌肉部位为主的原料，如猪、牛、羊的里脊肉和细嫩无筋的瘦肉、鸡脯肉、鸡腿、鲜活的鱼虾等肉质细嫩的原料。

（2）刀工熟练。滑炒菜肴的形状以丝、丁、片、条、粒和花形原料为主，要求刀工做到大小均匀、厚薄一致、粗细长短统一。原料成型应细而不碎、薄而不破，使菜肴受热和入味均匀，滑嫩形美。

（3）码味上浆恰当。码味上浆是保证菜肴滑嫩的关键，上浆最好用豌豆粉、玉米粉，一般不用生粉。由于滑炒的原料质地细嫩，形体细小，因而码味要均匀，上浆要拌匀上劲。对肉质较老、肌纤维较粗的原料，可加适量的清水、嫩肉粉和水淀粉一起码味上浆，静置一定时间，使蛋白质变性，充分吸收水分，变得细嫩。

（4）芡汁中鲜汤和水淀粉的量和比例适当。具体的使用量要视上浆原料的多少、原料持水轻重、上浆稀薄、火力大小不同而有所差别。

（5）处理好原料质地和数量、油温和油量的关系。新鲜细嫩的原料（如虾仁、鱼肉、鸡脯肉等）油温宜低一些；质地较老、肌纤维较粗的原料（如牛肉、鸡腿肉、质略老的猪肉等）油温宜高一些；不易脱浆的原料油温可低一些，加热时间可长一些。掌握油温油量时，一定要考虑下料量的多少与火力的大小。原料数量较多时，油温可适当高一些，火力也可适当增大一些，这样原料下锅后油温不至于下降过快。

3. 注意事项

（1）码味上浆时，抓拌原料动作要轻、用力均匀、抓匀拌透，使原料全部被水淀粉包裹住。既要防止丝断、片破，又要使上浆的原料拌上劲。否则，在滑炒时就容易出现原料脱浆、吐水等现象，严重影响菜品的质感。

（2）主、辅料配合的滑炒菜肴，辅料如果不易成熟，可先将辅料加热至断生后再与主料一同炒制，这样就能保证主、辅料成熟一致，成菜迅速。

（3）调制烹入芡汁的方法要正确。芡汁中所需鲜汤，最好在芡汁烹入锅前临时加入，防止鲜汤的高温将水淀粉在入锅前提前糊化，影响烹入芡汁的效果与味感。烹入芡汁时，芡汁应从菜品的四周浇淋，待淀粉半糊化时快速翻炒颠锅，使芡汁均匀地粘裹在菜肴上，待完全收汁后菜品会慢慢地把油吐出来。

【菜例】 鱼香肉丝 宫保鸡丁

● 鱼香肉丝

主料：猪臀肉 150 g

辅料：青笋 25 g、水发木耳 25 g

调料：姜米 5 g、蒜米 10 g、葱花 15 g、泡辣椒末 25 g、精盐 3 g、酱油 5 g、料酒 5 g、
　　　白糖 8 g、醋 10 g、味精 1 g、鲜汤 25 g、水淀粉 25 g、色拉油 50 g

烹调方法：

1. 将猪肉、青笋切成二粗丝，水发木耳切成粗丝。

2. 将精盐 1 g、料酒 2 g、酱油、醋、白糖、味精、鲜汤、水淀粉 10 g 兑成调味芡汁。

3. 猪肉丝用精盐、料酒码味，再用水淀粉上浆；青笋丝用盐腌渍，自然滴干水分待用。

4. 锅内放油，用旺火加热至 150 ℃ 时，放入肉丝，快速翻炒至断生，加入泡红辣椒末、姜米、蒜米炒香炒红，再放入青笋丝、木耳丝炒至断生，烹入调味芡汁，待收汁亮油时放入葱花和匀，起锅装盘成菜。

注意事项：

1. 泡辣椒末要炒香炒红。

2. 注意掌握加热时间，保持原料质感。

特点：色泽红亮，肉质细嫩，鱼香味浓，姜葱蒜味突出。

宫保鸡丁

● 宫保鸡丁

主料：净鸡肉 250 g

辅料：盐酥花仁 50 g

调料：姜 6 g、蒜 12 g、葱 15 g、干辣椒 10 g、花椒 1.5 g、精盐 3 g、酱油 5 g、料酒 5 g、
　　　白糖 10 g、醋 8 g、味精 0.5 g、鲜汤 25 g、水淀粉 35 g、色拉油 70 g

烹调方法：

1. 将净鸡肉切成 1.5 cm 大小的丁；盐酥花仁去皮；姜蒜洗净，分别切成指甲片；葱切成丁；干辣椒切成 1.5 cm 长的节，去掉辣椒籽。

2. 将精盐 2 g、酱油 3 g、醋、白糖、味精、鲜汤和水淀粉 10 g 兑成调味芡汁。

3. 鸡丁用精盐、料酒、酱油码味，再用水淀粉上浆。

4. 锅内放油，用旺火加热至 150 ℃ 时，放入干辣椒节、花椒炒香变棕红色，放入鸡丁炒至散籽变白，加入姜片、蒜片、葱丁炒香，烹入调味芡汁炒匀，待收汁亮油后加入花仁和匀起锅即成。

注意事项：

1. 注意掌握好炒制干辣椒、花椒的油温，防止焦煳。

2. 成菜后应达到紧汁亮油的效果，注意掌握好芡汁中鲜汤的量与火力的关系。

特点：色泽棕红，质地嫩脆，煳辣荔枝味浓。

（二）生　炒

生炒是指将切配后的小型动植物原料，不经上浆、挂糊，直接下锅，用旺火热油快速烹制成菜的烹调方法。生炒的菜肴具有鲜香嫩脆或干香滋润、酥软化渣等特点。生炒适用于新鲜质嫩植物性原料（如黄豆芽、胡萝卜、苦瓜、白萝卜、莲白、青笋尖、大白菜、豌豆苗）和细嫩无筋的动物性原料（如猪肉、牛肉、鳝鱼、兔肉、鸡肉）。

1. 烹调程序

原料初加工→切配（码味）→热油炙锅→旺火热油生炒原料→
依次投入调味品→原料断生成熟→装盘成菜

（1）加工原料。茎叶类蔬菜（如豌豆苗、油菜、菠菜等）应加工成连叶带茎的规格，体形较大的（如大白菜、莲花白等）可加工成片、粗丝等形状；根茎类等蔬菜则加工成丝、丁、片、小块、条等形状；肉类原料一般加工成丝、小丁、片、末等。

（2）码味。一般茎叶类蔬菜不用码味；根茎类蔬菜需要保证成菜后脆嫩的口感，因而在烹制前要加入适量的精盐码味，但时间不宜过长，不能使原料的清香味受到损失，以不渗透出过多水分为好。

（3）生炒烹制。植物性生料直接下锅，旺火热油炒制，一般在烹调过程中调味，翻炒均匀，迅速使原料受热一致，炒断生及时出锅，有利于保持鲜嫩。也可以将原料焯水后，滴干水分，锅中加油用旺火热油快速炒制成菜。动物性原料炒制时要先炙好锅，再放入原料炒至干香滋润、油变清亮，加入调味品炒出香味，再下辅料炒断生即成。

2. 操作要领

（1）动物性原料作主料时，一般直接入锅炒制。动物性原料作为辅料时可先将其加热成熟后备用，待主料（植物性原料）炒断生后加入动物性辅料以及调味品炒制成菜。

（2）蔬菜类生炒可勾薄芡。由于蔬菜含水分较多，为了使部分生炒菜肴色泽鲜艳、更加沾味爽口，在植物性原料断生后可以勾薄芡，如根茎类、瓜类、笋类等蔬菜。动物性原料一般不勾芡。

（3）旺火炒制加热才能保持植物性原料色鲜脆嫩和动物性原料干香滋润、酥软化渣。植物性原料生炒的关键在于火候，在整个烹制过程中，锅中都要保持较高的温度，火力要旺，动作要敏捷，下料迅速而集中，翻炒均匀，使原料受热一致又渗透入味，快速成菜。但高温炒制的时间不能太长，否则会引起蔬菜变色、塌软，失掉风味，难以保证色鲜嫩脆的特点。

对于动物性原料，在炒制时应用旺火、在 160 ℃ 左右油温时放入原料炒至油变清亮、略干香，再放入调味品炒出香味，最后下辅料炒断生即成。一般情况下，动物性原料炒制的时间较长，根据菜品的质感要求控制好加热时间与程度。

3. 注意事项

（1）勾芡应选择得当。需要勾芡的菜肴，要根据生炒的原料数量与菜汁渗出的多少，采用兑汁芡和直接用水淀粉勾芡的方式，达到芡薄沾味的目的。动物性原料一般不勾芡。

（2）旺火炒制。生炒过程中要求保持较高温度，并非指油温高，而是指火力旺，原料下锅时要用旺火，使锅中保持恒定的高温。防止炒焦粘锅。掌握好不同原料的成熟程度，及时颠锅盛盘。动物性原料炒前一定要炙好锅。

（3）大批量烹制植物性原料时，为了缩短正式加热时间以及防止植物性原料炒制时吐水，可以先焯水再放油炒制。单锅小炒一般直接入锅炒制。

【菜例】 素炒豌豆尖　白油笋片　碎肉芹菜

• 素炒豌豆尖

主料：豌豆苗 300 g

调料：精盐 3 g、味精 1 g、色拉油 40 g

烹调方法：锅内放油，用旺火加热至 150 ℃时，放入豌豆苗快速翻炒至断生，加入精盐、味精，和匀盛入盘中成菜。

注意事项：炒制时火力要旺，成菜速度要快。

特点：色泽翠绿，嫩脆清香，咸鲜可口。

• 白油笋片

主料：青笋 300 g

辅料：水发木耳 50 g

调料：姜片 3 g、蒜片 6 g、马耳朵葱 12 g、马耳朵泡红辣椒 8 g、精盐 4 g、味精 1 g、
　　　水淀粉 6 g、鲜汤 15 g、色拉油 50 g

烹调方法：

1. 青笋切成菱形片，用精盐 1 g 码味，自然滴干水分；木耳洗净后摘成小块。

2. 将精盐、味精、水淀粉、鲜汤兑成调味芡汁。

3. 锅内放油，用旺火加热至 80 ℃时，放入姜片、蒜片、马耳朵葱、马耳朵泡红辣椒炒出香味，加入青笋片、木耳炒断生，烹入兑好的芡汁，收汁后颠锅均匀，盛入盘中成菜。

注意事项：

1. 青笋片码味时精盐用量要恰当。

2. 炒姜蒜片、葱、泡红辣椒出香味即可。

特点：色泽翠绿，质地脆嫩咸鲜清香。

• 碎肉芹菜

主料：芹菜 150 g

辅料：碎牛肉 100 g、蒜苗 25 g

调料：姜米 5 g、郫县豆瓣 25 g、精盐 3 g、酱油 5g、料酒 5 g、味精 1 g、色拉油 75 g

烹调方法：

1. 芹菜切成 0.4 cm 大的颗粒，用精盐 2 g 码味，自然滴干水分；蒜苗切成粗颗粒；豆瓣剁细。

2. 锅内放油，用旺火加热至 120 ℃时，放入牛肉末炒至散籽成熟，加入料酒 5 g、精盐 1 g 炒干水气，待油变清亮时再加入豆瓣炒香炒红，加入姜米、芹菜、蒜苗炒断生，最后加入精盐、酱油、味精和匀起锅盛入盘中成菜。

注意事项：

1. 牛肉要炒干水分。

2. 芹菜、蒜苗炒制时间较短，断生即可。

特点：色泽红亮，咸鲜微辣，干香脆嫩爽口。

（三）熟 炒

熟炒是指经过初步熟处理的原料，经加工切配后，放入锅内加热至干香滋润或鲜香细嫩，再加入调、辅料烹制成菜的烹调方法。熟炒的菜肴具有酥香滋润、亮油不见汁的特点。熟炒的原料一般选用新鲜无异味的动物原料和香肠、腌肉、酱肉等再制品以及香辛味浓、质地脆嫩的根茎类植物原料。

1. 烹调程序

$$原料初加工 \rightarrow 熟处理 \rightarrow 切配 \rightarrow 炙锅下料 \rightarrow 熟炒烹制 \rightarrow$$
$$依次加入调辅料 \rightarrow 成菜装盘$$

（1）熟处理。原料的熟处理常用以下三种方式：一是水煮，以水淹没原料，用中火或大火煮沸，改用小火在沸而不腾的状态下，根据原料的品种，煮至断生、刚熟或软熟的程度后捞出晾凉；二是将原料切成丝、丁、片、块、条等形状，经码味或不码味，拍粉、挂糊或不拍粉、不挂糊，将原料放入油锅中炸至定型刚熟时捞出待用；三是采用汽蒸方式，将原料放入蒸柜（箱、笼）内，用中火或大火，将原料汽蒸至刚熟，取出晾凉后加工炒制。

（2）刀工切配。用于熟炒的动物性原料一般切成厚薄恰当的片、粗丝或丁状，辅料应切成与主料相适应的形状。植物性原料一般切成片、条等形状。

（3）熟炒烹制。第一种方式：以中火为主，旺火为辅，油量恰当，120 ℃油温，熟处理后的原料直接下锅反复炒至出香味、油变清亮时，逐步加入调味品、辅料炒至断生入味，盛盘成菜。第二种方式：以中旺火为主，少油量，120 ℃油温，将炸熟后的原料直接入锅，放入辅料、调味品炒至断生入味，装盘成菜。

2. 操作要领

（1）选料。用作熟炒的猪肉最宜坐臀肉；牛羊肉以质嫩中带脆性较好，如胸口肉、上脑肉等；家禽要用仔鸡、仔鸭、仔鹅，这些原料具有良好的口感；选用腌熏、卤、酱、烧烤和过油后的制品较多，猪肉制品一般带皮，肥瘦比例要恰当。

（2）熟处理火候恰当，一般以断生和成熟为好，防止过于软熟。

（3）原料在熟处理前最好先将其加工切成便于下一步刀工处理的形状。

（4）熟炒火力恰当。以中火炒制为主，数量太多也可以用旺火炒，油温以 120 ℃左右为宜；原料下锅要反复翻炒；炒制过程中可酌情加入少量精盐，使原料内部有一定的基础味；待原料炒干水气、油变清亮干香时，再加入调味品炒香，最后放入辅料（部分调料）炒出香味至断生，及时出锅成菜。

3. 注意事项

（1）辅料可先熟处理。有些辅料不易迅速成熟，如青椒、蒜薹、鲜笋等，可预先炒至断生。

（2）调味品要炒出香味。熟炒所用的豆瓣、甜面酱、豆豉等调味品一定要炒出香味，才有理想的调味效果。

（3）部分熟炒菜肴可勾芡。部分熟炒菜肴起锅前要勾薄芡，使成菜略带薄汁，这也是熟炒的另一风味特色。

【菜例】 回锅肉 清炒蟹粉

- **回锅肉**

主料：带皮猪腿肉 200 g

辅料：蒜苗 75 g

调料：精盐 3 g、郫县豆瓣 25 g、酱油 3 g、白糖 5 g、甜面酱 3 g、味精 1 g、色拉油 30 g

烹调方法：

1. 蒜苗切成马耳朵形，豆瓣剁细。

2. 猪肉放入冷水锅中煮至刚熟捞出晾凉，再切成 6 cm 长、4 cm 宽、0.15 cm 厚的片。

3. 锅内放油，用旺火加热至 150 ℃ 时，放入肉片炒至油变清亮、出香味、起"灯盏窝"时，加入豆瓣炒香炒红，再加入甜面酱、白糖、酱油炒香炒匀，放入蒜苗、精盐炒断生，加入味精和匀，起锅装盘成菜。

注意事项：

1. 猪肉煮制至刚熟，才容易呈"灯盏窝"形，过熟不易呈"灯盏窝"，过生则成菜后猪皮会较硬。

2. 注意成菜的咸度，掌握好郫县豆瓣、酱油、甜面酱、精盐等的用量。

特点：色泽红亮，香气浓郁，肉质略带干香，咸鲜香辣回甜。

- **清炒蟹粉**

主料：河蟹肉 300 g、蟹粉 15 g

辅料：熟猪肥膘肉 25 g

调料：姜米 5 g、葱花 10 g、酱油 15 g、精盐 5 g、化猪油 50 g、料酒 15 g、白糖 3 g、味精 1 g、胡椒粉 0.5 g、水淀粉 25 g、鲜汤 70 g、色拉油 50 g

烹调方法：

1. 熟猪肥膘肉切成 0.2 cm 大小的颗粒。河蟹煮熟拆出钳肉和身肉，切成细条与蟹粉配制成胚料。

2. 锅内放化猪油 50 g，用旺火加热至 150 ℃ 时，放入姜米、葱花炒出香味，放入蟹粉胚料、肥膘粒炒匀，加入鲜汤、精盐、料酒、酱油、白糖、胡椒粉、味精，加热至沸入味，放入水淀粉勾糊芡，再顺锅边加入色拉油炒均匀，盛入盘内成菜。

注意事项：

1. 注意炒制前要将锅炙好，防止粘锅。

2. 色拉油最后加入，使成菜滋润。

特点：色泽金黄，鲜味浓郁，细嫩爽口。

（四）软　炒

软炒是指将动植物原料加工成泥茸状或细颗粒，直接入锅，或先与调味品、鸡蛋、淀粉等调成泥状或半流体，再用中火热油匀速加热，使之凝结成菜的烹调方法。软炒的菜肴外形为半凝固状或软固体，具有细嫩软滑或酥香油润的特点。软炒适合以鸡蛋、牛奶、鱼、虾、鸡肉、豆腐、豆类（如蚕豆、豌豆、莲米）、薯类、面粉等原料作为主料的菜肴，辅料选用火腿、金钩、荸荠、蘑菇、果脯、蜜饯等。

1. 烹调程序

选料→加工整理→组合调制→炙锅下料→中火热油→匀速软炒→装盘成菜

（1）原料加工。部分软炒的主料如鸡肉、鱼虾等，剔除筋络，捶成细泥状；植物性原料（如豆类、薯类）需经煮或蒸熟后压制成泥茸状。辅料加工成小片或颗粒。

（2）调制半成品。软炒的原料入锅前大多数都需先调制成浆状，根据主料的凝固性能不同，掌握好鸡蛋、水淀粉、水的比例，使成菜后达到半凝固状态或软固体的标准。也有一部分不需调浆，如炒豌豆泥、蚕豆泥、锅蒸、白薯泥、红薯泥、莲米泥、红豆泥等，这些菜品辅料可根据需要酌情添加慈姑、蜜饯、花仁、桃仁等原料。

（3）软炒成菜。炒锅置旺火上，炙好锅，留油烧至三至五成热时，放入调好的原料浆，用炒勺匀速有节奏地来回推动或顺着一个方向炒制，使其凝结，再加入辅料或少许油脂，至鲜嫩软滑，盛盘成菜。若是泥状原料，炙好锅，加入油直接将原料入锅炒制，至酥香油润吐油，加入调味品、辅料，炒匀盛盘成菜。

2. 操作要领

（1）原料制成茸状。动物性原料必须剔净筋络，再捶成细泥状；植物性原料必须除尽壳和皮，煮或蒸熟后制成泥茸状。

（2）调制半成品比例恰当。根据成菜的要求，一般将各种原料调制成半成品。半成品应根据主料的吸水性、淀粉的糊化性能、鸡蛋中蛋清、蛋黄的数量及辅料、清水、牛奶、鲜汤等具体情况，掌握好各种原料的调制比例。

（3）掌握好火候。为了使炒制的菜品不粘锅，首先要炙好锅。对动物性原料，进行软炒烹制时可用旺火热锅中等油温（150 ℃）；对植物性原料，进行软炒烹制时可用中火热锅低油温（80 ℃）。炒制时用勺快速推炒，使其全部均匀受热凝结，以免粘锅。若发生粘锅现象，可及时顺锅边加少许油脂，再推炒至主料凝结为止。

（4）烹制软炒类菜肴时要掌握好制作技巧和方法。如粤菜的"炒鲜奶"和川菜的"雪花鸡淖"等菜肴，原料入锅后有节奏地来回翻炒，使其凝结成云朵状半凝固体，食用时有细嫩软滑的口感；红薯泥、莲米泥、蚕豆泥等菜肴，一般在炒制过程中要控制好油的总量，分次慢慢加入油脂，使原料中的水汽蒸发，凝结成软固体状态，原料周围略吐油，加入调味品，食用时有甜润酥香、微带滋糯口感。

3. 注意事项

（1）甜香味菜肴要炒翻沙，特别是甜润酥香的甜菜，如蚕豆泥、豌豆泥、红豆沙、雪豆泥、莲子泥等软炒菜肴，一定要炒至原料膨化翻沙酥香略吐油时，再按菜肴需要放入白糖或红糖，待糖融化一半时及时出锅成菜，才会有甜香、酥糯、油润的效果，不能使糖炒焦变黑，影响口感。

（2）咸鲜味菜肴口味宜清爽、鲜香、不腻，要控制好油量。

（3）色泽口味要求严格。动物性原料的软炒菜品一般是咸鲜味，油脂应选择色白无异味的，淀粉应选用糊化效果良好的。植物性原料多是甜香味。另外，调辅料的用量要恰当，不能对菜品的色泽和口味有影响。

【菜例】 雪花鸡淖　软炒鲜奶

- 雪花鸡淖

主料：鸡脯肉 150 g

辅料：熟火腿 10 g、鸡蛋清 100 g

调料：精盐 3 g、味精 1 g、水淀粉 25 g、姜葱水 100 g、热鲜汤 200 g、色拉油 100 g

烹调方法：

1. 鸡脯肉去尽筋膜，用搅拌机打成泥茸；鸡蛋清用筷子抽打成蛋泡；熟火腿切成细颗粒状。

2. 将鸡肉茸用姜葱水调散，加入蛋泡调匀成稀糊状，再加入精盐、味精、水淀粉调匀成鸡浆。

3. 锅内放油，用旺火加热至 180 ℃，将鸡浆加入热鲜汤快速调匀，倒入锅内，有顺序地来回推转，至鸡浆成云朵状刚熟，起锅盛入盘中，撒上熟火腿颗粒即成。

注意事项：

1. 炒制前一定要将锅炙好，防止粘锅。

2. 原料下锅时油温较高，快速加热成菜。

特点：色白如雪，滑嫩爽口，咸鲜可口。

- 软炒鲜奶

主料：牛奶 500 g

辅料：蟹肉 50 g、鲜蘑菇 50 g、熟火腿 20 g

调料：精盐 6 g、味精 1 g、胡椒粉 1 g、水淀粉 30 g、鸡蛋清 300 g、色拉油 150 g

烹调方法：

1. 将蟹肉去筋，鲜蘑菇洗净后切成小片，熟火腿切成细末。

2. 将鸡蛋清盛入碗内调散后加入牛奶调匀，放入蟹肉、鲜蘑菇片、精盐、味精、胡椒粉、水淀粉搅匀。

3. 锅内放油，用旺火加热至 140 ℃，将调好的牛奶浆倒入锅内，推动炒至由稀变稠熟透后，起锅盛入盘中，面上撒上火腿末成菜。

注意事项：

1. 掌握好原料的使用比例。

2. 炒制时用油量较多，防止粘锅。

特点：洁白如雪，细腻软嫩，咸鲜清淡。

二、爆

爆是指将剞刀处理后的原料，直接或经焯水或经过油后放入高温油锅中快速烹制成菜的烹调方法。爆的菜肴具有形状美观、嫩脆清爽、紧汁亮油的特点。适宜爆的原料多为具有韧性和脆嫩的猪腰、肚头、鸡鸭肫、鱿鱼、墨鱼、海螺、牛羊肉、猪瘦肉、鸡鸭肠等。

根据熟处理方法和配料的不同，行业里将爆分为油爆、汤爆、葱爆、酱爆、芫爆等，它们的刀工和制作方法基本相同。

1. 烹调程序

原料选择→刀工处理→码味上浆→调芡汁→熟处理→爆制→装盘成菜

（1）刀工处理。所选择的原料多数都要经过剖刀处理成不同的花形，要求刀距、深度均匀，整齐一致，不穿刺，利于受热迅速和入味均匀。

（2）码味上浆。原料一般用精盐、料酒、姜、葱等码基础味，多数菜肴需要上浆，但上浆时水淀粉宜少且宜干，码味上浆均匀适度。

（3）调芡汁。将所需的调味品放入调味碗中，加上适当的鲜汤和水淀粉兑成调味芡汁。爆菜都要预先调好芡汁，要掌握好芡汁中味汁与水淀粉的量和比例。

（4）熟处理。除部分菜品要求直接爆制外，其他菜品一般都要经过焯水或过油处理。

（5）爆制成菜。原料直接放入锅中旺火快速加热至断生或经焯水、过油后，迅速放入蔬菜类辅料和调料，炒熟炒匀，烹入芡汁，待淀粉糊化、收汁亮油后起锅装盘成菜。

2. 操作要领

（1）刀工娴熟，要根据原料的不同性质采用不同的技法。爆制菜肴原料很多都需要剖花刀，要注意剖花刀时刀路一致、花纹美观。

（2）注意上浆的干稀厚薄。既不能影响原料爆时分散翻花和美观形态，又要达到上浆，保持原料成菜后的脆嫩质感。

（3）注意火候。焯水时要求汤宽水沸火力大，过油时要求油多火力大油温适中，直接爆制时要求火力大油量适中，快速成菜。

（4）做好爆前的准备。应先调制好味汁，焯水、过油后要尽量沥干水分或油分。

（5）掌握好爆菜技巧。爆菜速成的关键是掌握好操作技巧。爆时原料下锅不断翻动，尽量使原料受热均匀，放辅料、烹芡汁、翻锅、起锅等动作要准确而迅速。

3. 注意事项

（1）合理上浆和兑制芡汁。兑制芡汁应根据原料是否上浆来掌握，原料未上浆，芡汁的水淀粉宜多一点，反之宜少一点。

（2）由于爆制成菜迅速，其辅料的数量不宜多。还要选择受热易熟，色、香、味、形富有特色的原料，辅料数量较多时可事先烹熟待用。

（3）爆制类菜肴要掌握好烹制与食用时间，成菜后迅速上桌，趁热食用，才有良好的质感。

【菜例】 火爆肫花　火爆鱿鱼卷

● **火爆肫花**

主料：鸡肫 250 g

辅料：豌豆苗 15 g、水发兰片 15 g

调料：姜 5 g、蒜 10 g、葱 20 g、马耳朵泡红辣椒 10 g、精盐 4 g、胡椒粉 1 g、味精 1 g、料酒 5 g、酱油 3 g、香油 2 g、水淀粉 20 g、色拉油 75 g、鲜汤 30 g

火爆肫花

烹调方法：

1. 鸡肫去底板和边筋，直刀剖成菊花形；水发兰片斜刀片成薄片；姜蒜切成指甲片；葱切成马耳朵形；泡红辣椒去籽、去蒂后切成马耳朵形。

2. 将精盐 2 g、料酒 2 g、味精、胡椒粉、酱油、香油、水淀粉 8 g、鲜汤兑成调味芡汁。

3. 鸡肫用精盐、料酒、水淀粉码味上浆。

4. 锅内放油，用旺火加热至 180 ℃，放入鸡肫快速翻炒散籽，再加入姜片、蒜片、马耳朵葱、马耳朵泡红辣椒炒出香味，放入豌豆苗炒断生，烹入调味芡汁炒匀，收汁亮油后簸锅均匀，装入盘中成菜。

注意事项：

1. 鸡肫上浆时所用水淀粉宜少，不能多，否则成菜不清爽。

2. 炒制时间短，快速成菜。

特点：成形美观，脆嫩爽口，咸鲜味美。

- **火爆鱿鱼卷**

主料：鲜鱿鱼 300 g

辅料：水发兰片 15 g、鲜菜心 15 g

调料：姜 5 g、蒜 10 g、葱 20 g、泡红辣椒 10 g、精盐 4 g、胡椒粉 1 g、味精 1 g、料酒 5 g、酱油 3 g、香油 2 g、水淀粉 15 g、色拉油 75 g、鲜汤 30 g

烹调方法：

1. 鱿鱼撕去外膜，洗净后直刀剖成刀距 0.3 cm、深度为原料的 2/3 的十字花形，然后再改成长 5 cm、宽 4 cm 的块；水发兰片斜刀片成薄片；姜蒜切成指甲片；葱切成马耳朵形；泡红辣椒去籽去蒂后切成马耳朵形；菜心洗净后摘成小段。

2. 将精盐、料酒、胡椒粉、味精、酱油、香油、水淀粉、鲜汤兑成调味芡汁。

3. 将鱿鱼块放入沸水锅中焯水至蜷曲成花捞出。

4. 锅内放油，用旺火加热至 150 ℃，放入姜片、蒜片、马耳朵葱、马耳朵泡红辣椒、鱿鱼爆炒，再加入水发兰片、菜心炒匀断生，烹入兑好的调味芡汁，炒匀收汁入味起锅，盛入盘中即可。

注意事项：

1. 炒制时火力要旺，加热时间较短，快速成菜。

2. 鱿鱼焯水时间要短。

3. 兑制调味芡汁时注意鲜汤与水淀粉的用量，一般用量较少。

特点：成形美观，质地嫩脆，咸鲜爽口。

三、熘

熘是指将加工成丝、丁、片、块的小型或整型原料，经油滑、油炸、蒸或煮等加热成熟，再用芡汁粘裹或浇淋成菜的烹调方法。

熘一般分为两个步骤：第一，原料熟处理阶段。所有熘的原料都要经过低温油滑或高温油炸，或汽蒸、水煮等技法进行熟处理，成为具有滑嫩或酥脆、外脆里嫩或外酥内软等不同质感的半成品，为下一步熘制做好准备。第二，熘制阶段。将熟处理加工后的半成品盛入盘中，另用温油锅调制好所需要的芡汁，将芡汁淋于原料上，或将半成品放入调制好的芡汁中，让芡汁粘裹均匀，起锅装盘即可。

根据操作方法的不同，可将熘分为炸熘、滑熘、软熘三种。

（一）炸　熘

炸熘又称脆熘、焦熘，指将加工切配成形的原料，经码味、挂糊或拍粉，或先蒸至软熟,放入热油锅中炸至外酥内嫩或内外酥香松脆,再浇淋或粘裹芡汁成菜的烹调方法。炸熘菜肴具有色泽金黄、外酥内嫩或内外酥香松脆的特点。适用于炸熘的原料主要有鱼虾、牛羊肉、猪肉、鸡、鸭、鹅、鹌鹑、鸽子、兔子、土豆、茄子、口蘑等,要求选用新鲜无异味、质地细嫩的原料。

1. 烹调程序

原料初加工→切配→码味→挂糊、拍粉或汽蒸→油炸定形→
复炸酥脆→调制芡汁→熘汁→成菜装盘

(1)切配码味。炸熘的原料一般切成条、块、花形或整形原料,使原料易于渗透入味、快速成熟、成菜形态美观。多用精盐、料酒、姜、葱码味。码味时间应根据原料形体大小决定,一般为 5~10 分钟。

(2)挂糊拍粉或汽蒸。这个步骤有四种不同的方式:第一是挂糊。适合炸的糊有蛋黄糊、全蛋糊、水淀粉糊、脆浆糊、蛋清糊等。第二是拍粉。适合炸熘的粉有干细淀粉、面包糠、面粉等。第三是先挂薄糊或上薄浆再拍粉。这种方式用的糊或浆基本上是水淀粉糊、全蛋淀粉糊或蛋清淀粉糊。第四是码味后直接上笼蒸至软熟,再入高温油中油炸定型成金黄色。

(3)油炸酥脆。炸熘菜肴都要经过油炸。油炸的质感有酥脆、外酥内嫩、外松酥内熟软三种类型。油炸一般分两次进行,第一次用 150 ℃ 左右的油温炸至外表微黄断生定型后捞起待用,第二次用 220 ℃ 左右的油温炸至色金黄外酥香后捞出装盘。

(4)调制熘汁。先兑好芡汁,再用油锅炒调味料,炒出香味后将调好的芡汁加适量鲜汤烹入锅中,待芡汁糊化收浓即可。芡汁的浓稠度一般为二流芡或浓二流芡(糊芡)。只有保证芡汁的质量,才能使菜肴具有味浓、爽滑、滋润、发亮的效果。炸熘芡汁主要有糖醋味、荔枝味、咸鲜味、鱼香味、茄汁味、果汁味等复合味。芡汁浓稠程度要视菜肴的质量要求而定。

2. 操作要领

(1)原料加工成形规格一致。丝、丁、片、条、块规格符合要求,大小均匀;花形原料剞刀的刀距、深度及花形大小均匀一致;整料形状完整。确保原料在炸制时受热均匀、形态美观。

(2)码味准确均匀。码味原料选择恰当,一般用姜、葱、料酒或少数香料,时间要够,码味要均匀。

(3)控制好糊粉的干稀厚薄。糊粉过厚,会影响原料本身的质感和鲜味;糊粉太薄,会影响酥脆质感,油炸时会使原料所含水分和鲜香味过分损失。挂糊拍粉的方式应根据菜肴的风味特色而定,选用适合的糊、浆或粉,并掌握好其干稀厚薄。如果原料水分太重,可先将原料用少许干细淀粉拌匀后再挂糊;有的原料也可用少量水淀粉拌匀,再逐块(片)裹上干细淀粉,炸制后的质感才能达到要求。

(4)掌握好炸制的火候。炸熘的菜肴一般要炸两次。第一次炸即初炸,用旺火中油温,主要是将原料炸定型、炸成熟。第二次炸即重油炸、复炸,用旺火高油温,将原料炸至表面金黄、酥脆。捞出后快速淋汁成菜,以保证炸熘菜肴的风味特色。要注意掌握好炸的时间、菜肴的色泽及质感程度。

3. 注意事项

(1)炸熘的原料忌用糖分和乙醇含量高的醪糟、曲酒、白酒、甜酒等码味。糖分经高温油炸，使原料上色较快较深，易焦煳，不易控制，效果差；白酒等乙醇含量高，原料经挂糊、拍粉形成封闭状态，高温油炸后乙醇挥发不尽，食用时有酒的味道，影响复合味感。

（2）挂糊的稠度以不损害原料形态完整性为好。糊太稠，分布不匀，口感不好；太稀，易流淌变形或掉渣，致原料变色或质老。

（3）拍粉后的原料可稍静置一下，让粉末吸取原料表面的水分，使粉与原料粘裹得更牢。下锅前将未粘裹牢的多余粉末抖掉，油炸时粉末不致散落在油锅中焦化而污染油质。

（4）掌握好调味品、鲜汤、水淀粉的比例，使调制后的芡汁味感正确、浓度恰当。

（5）各种调味品的比例恰当，调制的味感准确；不论浇淋或粘裹芡汁都要迅速及时上桌食用，才能保证其质感和风味特色。

【菜例】 松鼠鱼 鱼香鹅黄肉

● **松鼠鱼**

松鼠鱼

主料：草鱼 700 g（1 尾）

辅料：青豌豆 50 g、熟冬笋 25 g、香菇 15 g

调料：姜片 5 g、葱段 10 g、西红柿酱 35 g、精盐 8 g、料酒 15 g、白糖 30 g、干细淀粉 100 g、水淀粉 25 g、鲜汤 150 g、香油 2 g、色拉油 2 000 g（实耗 70 g）

烹调方法：

1. 鱼经初加工后，鱼身剖成两片但鱼尾相连，然后除去鱼的脊骨、胸刺，再在两片鱼肉上剞斜十字花刀成松果花形；从鱼头下颌斩开但又不完全分离；将鱼头和鱼身用精盐、料酒、姜片、葱段码味 15 分钟备用。

2. 冬笋、香菇分别焯水后切成 0.5 cm 大小的颗粒。青豌豆焯水至断生，捞出漂凉待用。

3. 将鱼身、鱼头分别扑上干细淀粉。

4. 将鱼头放入 180 ℃ 高温油锅中炸至金色、刚熟捞出装入条盘内；待油温回升至 180 ℃ 时，将扑了粉的鱼身肉反卷向外，鱼尾反翘成松鼠的形状，筷子夹住鱼身的一端，另一手提着鱼尾，放入油锅内炸定形至熟捞出；油继续加热至 220 ℃ 时将鱼身放入油锅中，复炸至色金黄、外酥内嫩时捞出沥油，装入盛有鱼头的盘内。

5. 另取锅放油，用中火加热至 80 ℃ 时放入西红柿酱炒香炒红，加入青豌豆、冬笋粒、香菇粒炒匀，加入鲜汤、精盐、白糖烧沸，用水淀粉勾芡，待汁稠吐油后加入香油和匀，起锅浇淋在鱼身上即成。

注意事项：

1. 炸制鱼身时注意造型。

2. 掌握好西红柿酱的用量和炒制时的火力。

特点：色泽红亮，外酥内嫩，甜酸味浓，形如松鼠。

● **鱼香鹅黄肉**

主料：猪肉末 125 g

辅料：鸡蛋 200 g

调料：泡红辣椒末 25 g、姜米 5 g、蒜米 10 g、葱花 15 g、精盐 2 g、味精 1 g、酱油 5 g、料酒 10 g、白糖 10 g、醋 12 g、水淀粉 25 g、全蛋淀粉浆 20 g、鲜汤 100 g、色拉

油 1 000 g（实耗 50 g）

烹调方法：

1. 猪肉末中加入精盐、鲜汤、料酒、水淀粉拌匀调成馅料；鸡蛋调匀，摊成蛋皮。

2. 用蛋皮将馅料卷裹成 4 cm 宽、1 cm 厚的条状，再五刀一断改刀成鹅掌形。

3. 鹅黄肉坯体放入 150 ℃ 中温热油中炸至成熟捞出，待油温回升至 220 ℃ 时放入原料复炸至外酥脆内鲜嫩后捞入盘中。

4. 将精盐、味精、酱油、料酒、醋、白糖、鲜汤、水淀粉兑成调味芡汁。

5. 锅内放油，用中火加热至 80 ℃ 时，放入泡辣椒末炒香炒红，放入姜米、蒜米炒香，烹入兑好的调味芡汁，待收汁亮油后放入葱花和匀起锅，淋在盘中原料上成菜。

注意事项：

1. 卷裹肉馅时要注意裹紧，封口处要抹上全蛋淀粉浆，防止炸制时变形。

2. 改成鹅掌形前将肉卷用手按平。

特点：色泽红亮，外酥内嫩，鱼香味浓，姜葱蒜味突出。

（二）滑　熘

滑熘又称鲜熘，指将加工切配成形的原料，经码味、上蛋清淀粉浆后，投入中火温油中滑油至原料断生或成熟时，烹入芡汁成菜的烹调方法。熘菜滋汁不多，以恰能黏附原料、使其上味为准，成菜装盘后见油不见汁，具有滑嫩鲜香、清爽醇厚的特点。适宜滑熘的主料都是精选后的家禽、家畜、鱼虾、鲜贝等净料。

1. 烹调程序

选料→加工切配→码味上浆→热油炙锅→主料滑油→
调制芡汁→熘制→烹入芡汁→成菜装盘

（1）加工切配。滑熘的原料都加工成丝、丁、片、条、小块等小型规格。滑熘主要用蛋清淀粉浆，要有一定的稠度和厚度，才能较好地保持原料水分，烹汁后吸水糊化膨胀效果好，因而滑熘原料的质地和规格一般比滑炒同一性能的原料细小一些，辅料选用色鲜味美细嫩的原料，如冬笋、蘑菇、菜心等，这样主辅料才会相互呼应、搭配得当。

（2）码味上浆。蛋清淀粉浆的调制要根据主料含水量的高低酌情考虑，一般蛋清与干细淀粉的比例为 1∶1。码味宜用精盐，少用其他调料，咸度以略低于正常阈值为好。浆的稠度和厚度的要求为蛋清浆能均匀地粘裹在原料上、不掩盖原料本色、放入油锅中易于滑散。码味上浆后，有些原料如虾仁、牛肉、猪肉、鸡肉等可冷藏静置一段时间，这样上浆效果更好。

（3）滑油熘制。炒锅洗净，用油炙好锅，将上浆后的原料放入中火、较宽油量、80 ℃～110 ℃（三四成）低温油锅内加热至断生或成熟、散籽发白后，滗去多余的油，放入调辅料炒断生，烹入兑好的芡汁，颠锅炒至淀粉糊化、收汁亮油起锅，装盘成菜。

2. 操作要领

（1）滑熘菜肴的味型多数为咸鲜味，要掌握好咸味的浓度，防止食用乏味和影响原料的鲜香味。

（2）蛋清淀粉浆要干稀适度，上浆厚薄恰当均匀。原料要抖散入锅，用筷子快速划拨开，防止粘连不散籽。但鸡、鱼、虾肉细嫩易碎，码味、上浆时手法要轻柔一点，分散入锅后，用筷子划拨时也要轻柔一点，以保证原料形态完整，成菜造型美观。

（3）选用干净无色的色拉油，防止油脂污染菜肴的色泽和口味。滑油时油量要淹没原料，原料太多可分次滑油。

（4）油温不宜偏高，一般控制在 80 ℃ ~ 110 ℃（3 ~ 4 成）为宜。过高会使上浆原料凝结成团、不散籽，过低会使原料上的淀粉浆脱落，影响菜肴的形态和质感。

（5）滑熘菜肴所用的浆是蛋清淀粉浆，比用水淀粉上浆略厚。滑油时蛋清内的水分不能使淀粉完全糊化，因此，在调制芡汁时，鲜汤的用量相较于一般用水淀粉上浆的原料用量要多一些，水淀粉比一般滑炒菜的用量要少一些，收汁成菜后才色白滑嫩、滋润散籽。

3. 注意事项

（1）原料上浆静置后、滑油前还应当把上浆原料的稀稠度再调制一下，利于原料抖散入锅和滑油散籽。

（2）操作时炒锅、炒勺、盛具都必须干净，防止污染，影响菜肴色泽和口味。

（3）芡汁中所需鲜汤最好是在芡汁烹入锅前临时加入，防止鲜汤的高温将水淀粉糊化，影响烹入芡汁的效果与味感。

【菜例】 醋熘鸡 鲜熘肉片

● 醋熘鸡

主料：鸡脯肉 150 g

辅料：净青笋 50 g

调料：姜米 5 g、蒜米 10 g、葱花 20 g、泡红辣椒末 15 g、精盐 3 g、酱油 2 g、白糖 6 g、
　　　醋 10 g、料酒 5 g、味精 1 g、鲜汤 20 g、水淀粉 10 g、蛋清淀粉 25 g、色拉油 500 g
　　　（实耗 50 g）

烹调方法：

1. 青笋切成"梳子块"，用精盐 1 g 码味；葱切成鱼眼葱；鸡脯肉片成 0.8 cm 厚的片，再剞十字花刀，最后切成对角长 2 cm 的菱形块。

2. 将精盐、白糖、醋、酱油、味精、鲜汤、料酒、水淀粉兑成调味芡汁。

3. 鸡块用精盐、料酒 2 g 码味，再用蛋清淀粉上浆。

4. 锅内放油，用中火加热至 80 ℃ 时，放入鸡块滑油散籽变白时，放入青笋块一同滑油断生，滗去锅中多余的油，放入泡红辣椒末、姜米、蒜米炒香炒红，烹入调味芡汁，待收汁亮油后加入醋、葱花和匀，起锅装入盘中成菜。

注意事项：

1. 在整个味感中酸味较突出。

2. 注意菜肴成形清爽。

特点：色泽红亮，肉质滑嫩脆爽，咸甜香辣，酸味突出。

● 鲜熘肉片

主料：里脊肉 200 g

辅料：西红柿 100 g（1 个）、冬笋 15 g、菜心 25 g

调料：精盐 4 g、料酒 3 g、味精 1 g、胡椒粉 0.5 g、鲜汤 40 g、水淀粉 8 g、蛋清淀粉 40 g、色拉油 750 g（实耗 60 g）

烹调方法：

1. 猪里脊肉切成 5 cm 长、3 cm 宽、0.15 cm 厚的肉片；西红柿去皮和内瓤后切成荷花瓣形，用清水冲洗一下；冬笋焯水后斜刀片成薄片。

2. 肉片用精盐 1 g、料酒码味，再用蛋清淀粉上浆。

3. 将精盐、味精、胡椒粉、水淀粉、鲜汤兑成调味芡汁。

4. 锅内放油，用中火加热至 80 ℃时，放入肉片，用筷子轻轻将其拨散，待其散籽发白后滗去锅中多余的油，放入冬笋片、菜心炒断生，将调好的芡汁烹入锅中炒匀，收汁亮油后加入西红柿片和匀，起锅装盘成菜。

注意事项：

1. 西红柿要在起锅前加入，过早加入会影响成菜的颜色。

2. 成菜后滋汁相对于滑炒菜肴要多一些，但是成菜后也要求紧汁亮油。

特点：色泽美观，质地嫩脆，咸鲜可口。

鲜熘鸡丝

（三）软 熘

软熘是指质地柔软细嫩的原料经过刀工处理或制成半成品后，通过蒸、煮、氽等方法加热至一定成熟度，再浇上调制好的芡汁成菜的烹调方法。软熘与滑熘有异曲同工之妙，具有色泽美观、滑嫩清香的特点。适宜软熘的原料有鱼、虾、鸡肉、兔肉、猪里脊肉、豆腐等。

1. 烹调程序

初步加工→刀工处理或制成半成品→蒸或煮或氽熟→
直接或刀工后装盘→调制芡汁熘制→浇淋在原料上

（1）刀工处理或制泥。软熘的菜肴，如鸡鸭等整料，在氽水前斩掉爪，整理好形状；整鱼要根据菜肴要求剞好刀口；而糕类原料，要将鸡、鱼、虾、兔、猪里脊肉、豆腐等原料制成泥茸状，也可以是流体状。

（2）码味制糁。原料在蒸、煮、氽前都需要码味。首先将原料洗净并沥干水分，用适量的精盐、料酒、胡椒粉、姜、葱等调味品与原料拌匀，浸渍一定时间，使原料有一定的基础味，成菜后才味道鲜美。调制糁时要根据菜肴需要，掌握好加水量，控制好干稀度，调剂好鸡蛋清、肥膘茸、水淀粉、姜葱、水、精盐等调辅料的用料量和比例，使蒸熟、熘制后的菜肴质感细腻滑嫩。

（3）蒸、煮、氽。软熘原料一般采用蒸、煮、氽熟处理，熟处理程序要正确，要控制好火候和成熟度。蒸制鸡鸭要达到软熟，鲜鱼、泥糊要控制在刚熟的程度。整鱼适合水煮加热成熟，水煮时水量平齐鱼头，用筷子能轻轻插入鱼颔下部即是刚熟的程度。氽制时要保证原料本色不变、滑爽细嫩。油氽后的原料，为了减少油腻，还可用鲜汤退去黏附的油脂。

（4）熘制浇汁。软熘的原料熟处理后，要用其原汁烹制成芡汁，再浇淋于原料上。一般味浓厚的芡汁稠度为二流芡，味清鲜的芡汁稠度呈清二流芡。

2．操作要领

（1）软熘菜肴要求形态美观大方。原料整理后的形状，剞刀的深度，泥糊蒸制成的糕状，改刀后的片、条等，都要求规格整齐，形态完美。

（2）软熘菜肴的辅料应与主料的质感相适应，一般选用色鲜、味美、质嫩的原料，如蘑菇、冬笋、西红柿、菜心等。

（3）控制好原料的成熟程度。成熟程度直接影响成菜效果。熘制芡汁要与装盘时间相互紧密配合，芡汁烹制符合要求后立即浇淋在原料上，确保成菜的温度。要掌握芡汁用量与菜肴数量的配合比例，保证菜肴粘味，成菜丰满。

3．注意事项

（1）软熘必须选择质地新鲜细嫩、含水量多的新鲜原料，制作前清洗干净，防止污染。

（2）泥糊调制成糁后，可先试其老嫩，达到要求后再行烹制。泥糊蒸制的糕状半成品，如鸡糕、虾糕、鱼糕、豆腐糕、肉糕等，应凉透后再改刀，避免热时改刀原料破碎，经过刀工后其规格整齐、成形美观。

（3）软熘芡汁的油脂不宜过重，要突出软熘菜肴醇厚、鲜香、清爽的特色。

【菜例】 西湖醋鱼　软熘仔鸭　白汁鸡糕

● **西湖醋鱼**

主料：草鱼（750 g）1 尾

调料：姜米 3 g、精盐 3 g、白糖 60 g、醋 50 g、料酒 25 g、水淀粉 50 g、酱油 75 g

烹调方法：

1．将鱼刮鳞、挖鳃，剖腹去内脏，洗净。鱼背朝外、鱼腹朝里放在案板上，用刀从尾部沿背脊平片至鱼颌下为止，又从刀口处将鱼头对劈开，使鱼身分成两片。斩去鱼牙齿，在带背脊的那片鱼身上从离颌下 5 cm 处开始斜着片一刀，以后每隔 5 cm 片一刀（刀斜深约 4 cm），共片五刀。在片第三刀时，要在腰鳍后 0.8 cm 处切断。使鱼成两段，以便烧煮。又在另一片鱼的剖面离背脊 1 cm 处的脊部厚肉上划一长刀（刀深约 1 cm，刀斜向腹部，由尾部划至颌下，不要损伤鱼皮）。

2．锅内放清水旺火烧沸后，先放带骨的那片鱼的前半段，又将鱼尾段拼接在切断处，再将另一片与之并放，鱼头对齐，鱼皮朝上（水不能淹没鱼头，利于鱼的根胸鳍翘起），盖上锅盖。待水再沸腾打去浮沫，前后共烧煮约三分钟，用筷子轻轻扎带骨的那片鱼的颌下部，如能扎入即熟。锅内留下 250 g 的汤（余汤滗去），放入精盐、酱油、料酒、姜米，将鱼捞起放入盘中。盛盘时要鱼皮向上，鱼的两片背脊拼连，将鱼尾段拼接在带骨的那片的切断处。然后又在锅中原汤内加入白糖、姜米、水淀粉将汁收浓，再加入醋和匀浇淋至鱼的全身成菜。

注意事项：

1．按要求对鱼进行初加工是保证成菜品质的重要因素。

2．注意掌握好调味的方法。

特点：色泽棕红发亮，肉质鲜嫩，甜酸适口。

- **软熘仔鸭**

主料：仔鸭 1 000 g（1 只）

辅料：熟火腿 50 g、水发玉兰片 30 g、菜心 25 g

调料：精盐 15 g、姜 10 g、葱 20 g、味精 1 g、胡椒粉 1 g、料酒 15 g、水淀粉 20 g、鲜汤 1 000 g、色拉油 50 g

烹调方法：

1. 火腿、玉兰片分别切成长方片，姜切片，葱切成 5 cm 长的段。

2. 将鸭放入沸水锅中焯水后捞出洗净，放入盆中加入姜 5 g、葱 10 g、精盐 10 g、料酒 10 g、鲜汤 1 000 g，放入蒸柜中蒸 60 分钟至软熟取出，将鸭捞出整形放在圆盘中。

3. 锅内放油，用中火加热至 80 ℃ 时，放入姜片、葱段、火腿、玉兰片、菜心炒出香味，加入蒸鸭后的鲜汤及精盐、料酒、味精、胡椒粉，加热至沸后撇去浮沫，拣去姜葱，用水淀粉勾清二流芡，淋入盘中鸭子身上成菜。

注意事项：

1. 注意将鸭的腥膻味去除干净。

2. 注意蒸制时鸭的成熟度。

特点：色泽美观，软嫩鲜香，咸鲜可口。

四、烧

烧就是将经过加工切配后的原料，直接或熟处理后加入适量的汤汁和调味品，先用旺火加热至沸，再改用中火或小火加热至成熟并入味成菜的烹调方法。按工艺特点和成菜风味，烧可分为红烧、白烧和干烧三种。

（一）红 烧

红烧是指将加工切配后的原料经过初步熟处理，放入锅内，加入鲜汤、有色调味品等，先用大火加热至沸后，改用中火或小火加热至熟，直接收浓味汁或勾芡收汁成菜的烹调方法。红烧的菜肴具有色泽红亮、质地细嫩或熟软、鲜香味厚的特点。红烧菜肴选料广泛，河鲜海味、家禽家畜、豆制品、植物类等原料都适合红烧。

1. 烹调程序

原料选择→切配→直接或初步熟处理→调味烧制→收汁→装盘→成菜

（1）选料切配。要根据烧制菜肴的时间长短，选择相同或相似质地的原料，使烧制的时间、成菜的质感一致。适合烧制的原料规格一般是条、块、厚片及自然形态，主辅料形态应相似或辅料能美化突出主料。

（2）初步熟处理。红烧原料基本上都需要经过初步熟处理成半成品，其熟处理加工方法要根据具体红烧菜品来决定，通常用焯水或过油等方法。

（3）调味烧制。在烧制前将味调制好，有利于渗透入味。烧制可分两次调味，第一次为基础调味，在加入鲜汤后调味；第二次为定味调味，在收汁浓味时调制。再根据原料的质地、形态和菜肴的质感决定烧制时间的长短、火力的大小和加入汤量的多少。烧制中要掌握好色泽深浅，根据不同菜肴的质感要求，控制好不同层次的成熟程度。

（4）收汁装盘。一般质感老韧的原料，烧制后的质感要求软熟，烧制时间较长，浓汁后勾芡成菜；富含胶原蛋白（或淀粉）的原料，胶质重、淀粉多，以自然收汁方式较好；质感细嫩的原料，烧制时间短，以勾芡方式收汁，要控制好收汁的浓稠度和汁量。成菜装盘要求器皿选用恰当，造型美观，形态饱满。

2. 操作要领

（1）烧制菜肴中如果有多种不同质地或不同类别的原料，可利用半成品加工来调剂成熟程度，或在烧制过程中，用投料先后的方法来解决，以达到相同成熟度。

（2）烧制时间短的菜肴，一般是细嫩质感的原料，烧制以刚熟入味为好，然后用水淀粉收汁，掌握好浓稠度和汁量；烧制时间长的菜肴，要掌握好原料的质地、加入的鲜汤量、烧制的时间、火力的大小。古人曾说："慢着火，少着水，火候足时它自美。"这对需长时间烧制的菜肴很有指导意义。切忌中途反复加鲜汤或加入冷水（汤），甚至加大火力来加热烧制。

（3）正确选用上色原料。红烧菜肴时，要恰当选用糖色、酱油、豆瓣、辣酱、料酒、葡萄酒、面酱、西红柿酱等原料上色，将菜肴的色泽层次与味感浓淡相结合，不同的复合味感有相宜的菜肴色泽，如甜咸味以橘红色、咸鲜味以茶红色、家常味以鲜红色、五香味以棕红色等相配比较恰当。

（4）把好收汁关。收汁是红烧菜肴浓味粘味的关键，并有提高色感和色差的效果。收汁前恰当调剂汤汁的量，使之与加热时间、成熟度相一致，确保菜肴形态完美。

3. 注意事项

（1）为了使红烧菜肴清爽不杂乱，部分调味品使用后应予以清除，如姜、葱、泡红辣椒等；香料、花椒应用纱布袋装好，使用后取出；豆瓣、辣酱应炒香取味后滤去豆瓣渣等。

（2）为了保证烧制菜肴的质量，半成品加工与烧制时间相隔不宜过长，以免影响菜肴的色、香、味、形等效果。

（3）烧制菜肴过程中，要防止粘锅、焦煳现象。

（4）短时间加热、成菜质感细嫩的菜肴所用火力可略大一点，反之，长时间加热、成菜质感软熟的菜肴所用火力宜小。

【菜例】 豆瓣鲜鱼　红烧牛肉

● 豆瓣鲜鱼

主料：鲤鱼 650 g（1 尾）

调料：姜 15 g、蒜 20 g、葱 35 g、郫县豆瓣 50 g、精盐 5 g、料酒 30 g、酱油 10 g、白糖 15 g、醋 10 g、味精 1 g、水淀粉 35 g、鲜汤 350 g、色拉油 1 000 g（实耗 150 g）

烹调方法：

1. 姜 10 g 切片，其余的切成姜米；葱 15 g 切段，其余的切成葱花；蒜切成蒜米，郫县豆瓣剁细。

2. 鲤鱼加工洗净后，在鱼身两侧各剞 5 刀，深度为破皮即可；用精盐 3 g、料酒 15 g、姜片、葱段码味 15 分钟。

3. 将鲤鱼揿干水分，放入 180 ℃ 高温油锅中炸至紧皮、呈浅黄色捞出。

4. 锅内放油，用中火加热至 80 ℃ 时，放入郫县豆瓣炒香炒红，加入姜米、蒜米炒出香味，加入鲜汤、精盐、酱油、白糖、味精、鲤鱼，烧沸后改用小火加热至熟透入味，将鱼起锅装入盘中，锅内汤汁用水淀粉勾浓二流芡，放入葱花、醋和匀，起锅浇在鱼身上成菜。

注意事项：

1. 炸鱼时油温要高，利于定型。

2. 味汁的浓稠度要适当。

特点：色泽红亮，肉质细嫩，豆瓣味浓，微带甜酸。

● 红烧牛肉

主料：牛肋肉 500 g

辅料：土豆 250 g

调料：姜 10 g、葱 15 g、干辣椒 10 g、花椒 1 g、郫县豆瓣 50 g、五香料（八角、桂皮、小茴、香叶）5 g、精盐 6 g、料酒 10 g、味精 1 g、白糖 3 g、糖色 15 g、鲜汤 400 g、香菜末 10 g、色拉油 2 000 g（实耗 75 g）

烹调方法：

1. 牛肉切成小方块；土豆削皮，切成滚料块；姜切成片，葱切成段；干辣椒去籽，切成节；郫县豆瓣剁细，香菜切成节。

2. 将牛肉块放入 180 ℃ 高温油锅中滑油捞出待用。

3. 锅内放油，用旺火加热至 80 ℃ 时，放入豆瓣、干辣椒、花椒、姜片、葱段炒香炒红，加入鲜汤、精盐、白糖、料酒、味精、糖色、五香料、牛肉块，加热至沸后撇去浮沫，改用小火继续加热至牛肉熟软后，拣去姜、葱、干辣椒、五香料，放入土豆烧至熟透，改用大火将汁收浓，起锅装盘撒上香菜末即成。

注意事项：

1. 烧制此菜时汤汁稍宽，火力要小。

2. 土豆下锅后每隔一定时间要用勺轻轻推动，防止粘锅。

3. 土豆淀粉含量较大，自然形成糊芡。

特点：色泽红亮，咸鲜微辣，家常味浓。

（二）白 烧

白烧是与红烧相对应的，因此法烧制的菜肴色白而得名。其方法基本同于红烧。白烧选用无色的调味品来保持原料本身特色。成菜具有色白、咸鲜醇厚、质感鲜嫩的特点。

白烧的烹制程序和操作要领与红烧基本相同，但应注意以下几个问题：

（1）原料要求新鲜无异味、滋味鲜美。

（2）调味品要求无色，忌用酱油或其他有色调味品或辅料。菜肴的复合味主要是咸鲜味、咸甜味等。烧制时咸味不能过重，要突出白烧原料本身的滋味，味感要求醇厚、清淡、爽口。

（3）白烧原料熟处理常采用焯水、滑油、汽蒸等方法，这些方法在实施过程中，除了达到初步熟处理的目的外，还对原料在保色、提高鲜香度、增加细嫩质感等方面起到有效的作用。

（4）白烧菜肴成菜多数勾清二流芡，芡汁稀薄。

【菜例】 白汁鱼肚　干贝菜心

● **白汁鱼肚**

主料：油发鱼肚 100 g

辅料：熟火腿 25 g、水发香菇 25 g、冬笋 25 g、菜心 25 g

调料：姜片 5 g、葱段 15 g、精盐 8 g、料酒 10 g、胡椒粉 1 g、味精 1 g、鲜汤 400 g、
　　　水淀粉 15 g、鸡化油 20 g、色拉油 75 g

烹调方法：

1. 将鱼肚水发至软，斜片成约 5 cm 长、3 cm 宽的厚片，用鲜汤 250 g 浸泡；熟火腿、香菇、冬笋切成片。

2. 炒锅内放油，用旺火加热至 150 ℃ 时，放入菜心、精盐 1 g 炒至断生，起锅盛入盘内垫底。

3. 锅内放油，用中火加热至 80 ℃ 时，放入姜、葱炒出香味，加入鲜汤、精盐、料酒、胡椒粉、味精，加热至沸后拣去姜葱，放入鱼肚、火腿、香菇、冬笋继续加热至入味，用漏勺将原料滤出，盖在菜心上，同时尽量将鱼肚盖在辅料上。锅内汤汁用水淀粉勾清二流芡，加入鸡化油和匀，浇淋在菜上即成。

注意事项：

1. 注意保持成菜色白。

2. 勾芡以清二流芡为宜，不能过浓。

特点：色泽素白，鱼肚柔软细嫩，咸鲜清淡醇厚。

● **干贝菜心**

主料：菜心 400 g

辅料：干贝 25 g

调料：姜片 10 g、葱段 15 g、精盐 6 g、料酒 6 g、胡椒粉 0.5 g、味精 1 g、水淀粉 10 g、鲜
　　　汤 200 g、鸡化油 20 g、色拉油 30 g

烹调方法：

1. 干贝洗净，除去老筋，放入碗内，加入鲜汤 50 g、姜片 5 g、葱段 5 g、料酒 3 g、鸡化油 10 g，放入蒸柜蒸至松软取出，拣去姜葱，撕碎干贝；菜心放入沸水锅中焯水至断生捞出漂凉。

2. 锅内放油，用旺火加热至 80 ℃ 时，放入姜片、葱段炒出香味，加入鲜汤、精盐、味精、胡椒粉、干贝原汁加热至沸后撇去浮沫，拣去姜葱，放入菜心、干贝继续加热至沸入味，将原料捞出装入盘内，锅内汤汁用水淀粉勾清二流芡，加入鸡化油和匀，浇淋于菜心上即成。

注意事项：

1. 蒸制干贝的汤汁不能倒掉，烧制时加入可以增加鲜香味。

2. 勾芡不能过浓。

特点：咸鲜清香，质地细嫩。

（三）干 烧

干烧是指将加工切配后的原料，经过初步熟处理后，用中小火加热将汤汁收干亮油，使滋味渗入原料内部的烹调方法。干烧成菜不用水淀粉勾芡。干烧菜肴具有色泽金黄、质地细嫩、鲜香亮油的特点。适宜鱼翅、海参、猪肉、牛肉、鹿肉、蹄筋、鱼虾、鸡、鸭、兔、部分茎类、豆瓜类蔬菜原料。

1. 烹调程序

原料选择→初步加工→切配→熟处理→调味烧制→收汁装盘→成菜

（1）选料加工。应选择具有软糯、细嫩质感和滋味鲜美等特色的原料，干货原料还应控制涨发程度。要最大限度地将干烧原料的腥膻臊涩等异味和影响菜肴质感的部分除去。

（2）切配熟处理。干烧的原料一般加工成条、块和自然形态，干烧前要经过油炸或滑油等方法熟处理，保持原料形整不烂，增加鲜香醇厚的滋味，缩短烹调时间。

（3）调味干烧。常用的复合味有家常味、咸鲜味、酱香味等味型，都需要两次调味，第一次是定味调味，在原料下锅后汤汁加热沸腾前进行；第二次是辅助调味，在菜品成熟后、收汁亮油的过程中矫味调制。

（4）收汁装盘。收汁应在干烧的菜品已基本符合烹调要求时进行，自然收汁，使烧制和收汁同时达到效果，汤汁基本收干。装盘要突出主料，丰满，清爽悦目。

2. 操作要领

（1）干烧原料的初步熟处理关系到成菜的色、香、味、形，因此，一定要掌握好熟处理的方法和程度，如鱼虾，码味后用旺火热油迅速过油炸，使鱼虾表面凝结一层硬膜，烧制时鱼虾滋味损失不大，也不易碎烂；蔬菜类原料较适合中火温油滑油，既有保色保鲜的作用，又能使原料干烧时迅速成菜；蹄筋、海参等应在干烧前用鲜汤煨制，使其具有鲜香滋味。

（2）加入鲜汤的量要适当。应根据原料的质地、烧制时间来灵活掌握，一般细嫩、易熟、水分重的原料，少加鲜汤；反之，可适当多加一些。

（3）合理调味。干烧的调味品较多，如料酒、醪糟汁、糖色、酱油、甜面酱、豆瓣酱等，这是形成干烧菜肴滋味香鲜醇厚的重要因素。要掌握色泽的深浅、调味品之间的配合、加入的先后顺序等，发挥调味品在色、香、味方面的最佳效果。

（4）适时翻动原料。原料在烧制过程中要适时翻动，使汤汁浸润原料，入味均匀。但对易碎的原料要小心翻动，动作轻柔。

3. 注意事项

（1）干烧菜肴带少量浓汁亮油，不能让菜肴呈现汤汁，而是让油中呈略带浓汁的程度。这样菜肴粘味、滋润、发亮，不致干燥无光。

（2）对于胶质重或不易翻面的菜肴，火力不宜过大过猛，防止粘锅、焦糊。

（3）对有些较特殊的调味品，如豆瓣酱，应用中小火炒香炒红，加入鲜汤加热至沸腾出味后，用漏勺滤去豆瓣渣，再放入原料烧制，使成菜清爽。

【菜例】 干烧鲜鱼　太白鸡

干烧鲜鱼

● **干烧鲜鱼**

主料：鲤鱼 600 g（1 尾）

辅料：猪肥瘦肉 175 g、碎米芽菜 15 g

调料：姜 20 g、蒜米 15 g、葱段 30 g、泡红辣椒段 25 g、精盐 5 g、料酒 15 g、酱油 10 g、
　　　味精 1 g、白糖 5 g、鲜汤 100 g、香油 2 g、色拉油 1 000 g（实耗 75 g）、胡椒粉
　　　0.5 g

烹调方法：

1. 姜 10 g 切片，其余的切成姜米；猪肥瘦肉切成绿豆大的粒。

2. 鲤鱼加工洗净，在鱼身两侧各剞几刀，深度为破皮即可；用精盐 3 g、料酒 10 g、姜
片 10 g、葱段 10 g 码味 15 分钟。

3. 将鲤鱼放入 180 ℃ 高温油锅中炸至紧皮、呈浅黄色捞出。

4. 锅内放油 25 g，用旺火加热至 120 ℃ 时，放入猪肥瘦肉粒炒散，加精盐 2 g、酱油 2 g
炒至酥香盛入碗内。

5. 锅内继续放油，用中火加热至 80 ℃ 时，放入泡红辣椒段、葱段、姜、蒜米炒出香味，
加入鲜汤、精盐 2 g、酱油、料酒、白糖、酥肉粒、芽菜、味精、鲤鱼，加热至沸后改用小
火加热 4 分钟，将鱼翻面再烧 4 分钟至汁干亮油，用筷子将鱼夹入盘中，锅内加入香油和匀，
浇在鱼身上即成。

注意事项：

1. 炸鱼时油温要高，确保形整。

2. 烧制时注意掌握烧制的火候，成菜后应汁干亮油。

特点：色泽棕红，肉质细嫩干香，咸鲜醇厚。

● **太白鸡**

主料：鸡腿肉 500 g

调料：姜片 15 g、葱段 30 g、泡红辣椒 15 g、干红辣椒 15 g、花椒 1 g、八角 2 g、精盐
　　　8 g、料酒 15 g、味精 1 g、胡椒粉 1 g、醪糟汁 25 g、糖色 10 g、鲜汤 200 g、色
　　　拉油 1 000 g（实耗 100 g）

烹调方法：

1. 泡红辣椒、干红辣椒去籽切节；鸡腿肉斩成约 4 cm 见方的块，用精盐 3 g、料酒 5 g、
姜片 5 g、葱段 10 g 码味 10 分钟。

2. 鸡块放入 180 ℃ 高温油锅中炸至浅黄色捞出。

3. 锅内放油 25 g，用旺火加热至 80 ℃ 时，放入干红辣椒、泡红辣椒、姜块、葱段 10 g 炒
出香味、油变红色，放入鸡块炒匀，加入鲜汤、精盐、胡椒粉、料酒、醪糟汁、糖色、花椒、
八角、味精，加热至沸后撇去浮沫，改用小火加热至汁浓、鸡肉软熟，拣去姜、葱、八角、部
分泡辣椒和干红辣椒，加入剩余的葱段和匀，改用中火收汁至汁干亮油，起锅装盘成菜。

注意事项：

1. 炸鸡块时注意火候，以紧皮定型浅黄色为好。

2. 烧制时要注意火力的调节。

3. 最后放入葱段，使其保持绿色美观。

特点：色泽金黄，质地熟软，咸鲜香辣味厚。

五、烩

烩是指多种易熟或经初步熟处理的原料，直接或经刀工处理后一起放入锅内，经短时间加热调味、勾芡成菜的烹调方法。烩制的菜肴具有色泽美观、质地软嫩、清淡鲜香的特点。适合烩制菜肴的原料以鸡鸭、猪肉、鱼、海产品、笋、菌、根茎类蔬菜等为主。

烩的烹制程序和操作要领与烧基本相同，它因调味品颜色分为红烩和白烩。烩制时应注意以下几个问题：

（1）原料要求新鲜无异味、滋味鲜美。

（2）生料下锅的原料应为易熟原料，其余的在熟处理时一定要达到所需的成熟程度，使原料烩制时受热时间一致。

（3）烩制菜肴的复合味主要是咸鲜味。

（4）原料熟处理时要注意保色、保形，保持鲜香度，保持细嫩质感。

（5）在烩制前一般都用姜葱炝锅取香味，在成菜前捡出不用。

（6）烩制原料可以上浆。

【菜例】 白果烩虾仁 烩鸭四宝

● 白果烩虾仁

主料：虾仁 200 g、白果 100 g

辅料：嫩豌豆 50 g、西红柿 100 g

调料：精盐 3 g、料酒 10 g、胡椒粉 1 g、味精 1 g、鲜汤 25 g、香油 3 g、蛋清淀粉 30 g、
水淀粉 15 g、色拉油 500 g（实耗 50 g）

烹调方法：

1. 白果去芯，放入沸水中焯水捞出漂凉；西红柿用沸水烫后撕去表皮，去籽切成小丁；嫩豌豆放入沸水中焯水至熟捞出漂凉待用。

2. 虾仁去虾线，用精盐 1 g、料酒 3 g 码味，再用蛋清淀粉上浆，放入 80 ℃ 温油中滑油至熟捞出沥油。

3. 锅内放油，用中火加热至 80 ℃ 时，放入白果、嫩豌豆略炒，加入鲜汤、精盐、料酒、胡椒粉、味精、虾仁和匀，用水淀粉勾清二流芡，放入西红柿、香油和匀起锅成菜。

注意事项：

1. 西红柿加热时间宜短，临起锅前加入才能保持其颜色。

2. 控制好汤量，保持成菜清爽。

3. 虾仁码芡要适量，要掌握好滑油的温度及时间。

特点：色彩鲜艳，咸鲜清爽，质地软嫩。

● 烩鸭四宝

主料：鸭脯肉 100 g、鸭肫 150 g、鸭舌 150 g、鸭掌 200 g

辅料：小白菜心 125 g

调料：姜片 10 g、葱段 20 g、精盐 6 g、料酒 15 g、胡椒粉 1 g、味精 1 g、蚝油 15 g、
     鲜汤 150 g、蛋清淀粉 30 g、水淀粉 15 g、鸡油 20 g、色拉油 30 g

烹调方法：

1. 将鸭脯肉片成薄片；鸭肫片去板筋，切成薄片；鸭掌去骨，剥去表面黄色老皮后洗净；鸭舌洗净，去掉舌骨和舌后根。

2. 将鸭脯肉用精盐 1 g、料酒 3 g 码味，再用蛋清淀粉上浆，然后放入沸水中氽熟后捞出漂凉，沥干水分；鸭肫片放入沸水中焯水捞出；将鸭舌、鸭掌分别放入碗中，加入精盐 1 g、料酒 1 g、姜片 2 g、葱段 5 g、鲜汤 50 g，放入蒸柜中蒸至软熟时取出漂凉，拆尽舌骨和舌后根、鸭掌骨待用。

3. 锅内放油，用旺火加热至 80 ℃ 时，放入姜片、葱段炒香，加入鲜汤、精盐、料酒、胡椒粉、蚝油、味精，加热至沸后撇去浮沫，拣去姜葱，放入小白菜心煮断生捞出，沥干汤汁，装入盘中垫底。再将鸭脯、鸭舌、鸭肫、鸭掌放入汤汁中煮入味后分别取出，整齐摆放于盘中。锅内汤汁用水淀粉勾清二流芡，加入鸡油和匀，浇淋在原料上即成。

注意事项：

1. 控制各种原料的成熟度，加热时间不宜过久。

2. 此菜汤汁较宽，勾芡不宜太浓。

3. 装盘时注意成菜整齐美观。

特点：质地软嫩，鲜味浓厚。

六、煮

煮是指将加工处理后的原料或半成品放入汤汁或开水中加热成熟的烹调方法。一般先用旺火烧沸，再用中火或小火加热调味成菜。煮制菜肴具有质地细嫩、汤宽味鲜、汤菜合一的特点。鱼、猪肉、豆制品、蔬菜等类原料都适用于煮制菜肴。

1. 烹调程序

原料选择→初步加工→切配→直接或熟处理→煮制调味→成菜

（1）加工切配。要选择新鲜无异味、质嫩易熟的原料。蔬菜类原料应削去粗皮、撕去老筋，猪肉原料要清洗干净。适合煮制的原料规格主要是丝、片。部分原料如带皮猪肉、鱼、豆制品、少数蔬菜，要经过初步熟处理再煮制。

（2）煮制调味。锅内加入鲜汤，放入加工处理后的原料，加入所需调味品调味，用旺火加热至沸腾，改用小火或中火继续加热至断生或刚熟、软熟起锅成菜。

2. 操作要领

（1）煮制菜肴要求成菜速度快，才能保持良好的色香味效果，所以原料要细嫩，刀工要一致。

（2）煮制菜肴时加入葱、姜、花椒等调味品能除异增香，成菜前拣去，可使菜肴整洁美观。

3．注意事项

（1）煮制菜肴成熟后要及时起锅成菜，过分煮制会严重影响质量。

（2）煮制菜肴要掌握好汤菜的比例，避免菜少汤多或汤少菜多。

（3）川菜中，还有一种水煮的方法，是用鸡、鱼、猪肉、牛肉切片码味上浆、直接滑油后放入调好味的汤汁中煮熟，勾芡或不勾芡，使汤汁浓稠。装碗时，先将辅料（一般为蔬菜类）炒熟垫碗底，再盛入主料，撒上剁细的辣椒、花椒粉，再泼热油成菜。如水煮牛肉、水煮猪肉、水煮鱼、水煮凤脯等麻辣风味的系列菜肴，即是用上述方法烹制而成。

【菜例】 鸡汤煮干丝　水煮肉片

● **鸡汤煮干丝**

主料：豆干皮 300 g、熟鸡丝 50 g、冬笋片 25 g、虾仁 50 g、熟鸡肫片 25 g、熟鸡肝片 25 g、
　　　熟火腿丝 10 g

辅料：豌豆苗 10 g

调料：精盐 8 g、酱油 5 g、料酒 5 g、味精 1 g、蛋清淀粉 10 g、鸡汤 500 g、色拉油 75 g

烹调方法：

1. 豆干皮先片成薄片，再切成细丝，放入沸水碗内浸烫，轻轻拨散，滗去沸水，再舀沸水浸烫两次，滗去水分，留在碗内。豌豆苗用沸水烫至断生、再用清水漂凉。

2. 虾仁用精盐 1 g、料酒 5 g 码味，再用蛋清淀粉上浆后放入 80 ℃温油锅中滑油至熟，盛入碗内。

3. 锅内加入鸡汤，放入干丝、鸡丝拌和，又将肫、肝、笋片放入锅内的一边，加入色拉油，旺火煮约 5 分钟；待汤浓厚时，加酱油、精盐、味精，加盖又煮约 2 分钟，将锅端离火口，将干丝、鸡丝盛入盘中，把肫、肝、笋、豌豆苗分放在干丝的一周，上放火腿丝、虾仁，灌上原汤成菜。

注意事项：

1. 注意各种原料的用量和质感。

2. 调味要突出复合味感。

特点：干丝洁白，口感独特，味鲜适口。

水煮肉片

● **水煮肉片**

主料：猪瘦肉 150 g

辅料：青笋尖 100 g、芹菜 50 g、蒜苗 50 g

调料：郫县豆瓣 40 g、干红辣椒 10 g、花椒 3 g、精盐 5 g、酱油 10 g、料酒 10 g、味精
　　　1 g、水淀粉 50 g、鲜汤 300 g、色拉油 150 g

烹调方法：

1. 青笋尖切成约 6 cm 长的薄片；芹菜、蒜苗切成约 6 cm 长的段；干红辣椒切成 3 cm 长的节；豆瓣剁细；猪瘦肉切成约 4.5 cm 长、3.3 cm 宽、0.15 cm 厚的薄片。

2. 猪肉片用精盐 1 g、料酒 3 g 码味，再用水淀粉 30 g 上浆。

3. 锅内放油 10 g，用旺火加热至 80 ℃时，放入干红辣椒、花椒炒香成棕红色捞出，稍

晾后用刀剁细成双椒末。

4. 锅内放油 40 g，用旺火加热至 150 ℃ 时，放入青笋片、芹菜、蒜苗、精盐 2 g 炒至断生，装入碗内垫底。

5. 锅内放油 50 g，用旺火加热至 80 ℃ 时，放入豆瓣炒香炒红，加入鲜汤、料酒、酱油、味精，加热至沸后将肉片分散放入，用筷子轻轻拨散，待肉片熟透后盛入碗内，盖在辅料上，再撒上双椒末。

6. 锅内放油，用旺火加热至 80 ℃ 时，淋入碗内双椒上，烫出麻辣香味成菜。

注意事项：

1. 肉片上浆较厚。

2. 防止干辣椒、花椒炒糊。

特点：色泽红亮，麻辣烫鲜，肉片细嫩，别具风味。

七、蒸

蒸又叫笼锅，是指将经加工切配、调味盛装的原料，放入蒸柜（笼、锅）内，利用蒸汽加热使之成熟或软熟入味成菜的烹调方法。由于蒸柜（笼、锅）内水蒸气的湿度已达到饱和并有一定的压力，所以蒸制的菜肴受热均匀，滋润度高；同时蒸制过程中原料都不翻动，所以成菜后具有形整美观、原汁原味的特点。其适用范围非常广泛，无论是大型或小型、整形或散形、流态或半流态原料，还是质老难熟、质嫩易熟的原料，都可以运用此法成菜。根据原料的性质和菜肴的要求，蒸制过程中要正确掌握火候，正确使用不同的火力，控制蒸汽的大小和加热时间的长短。蒸既是一种简便易行的烹调方法，又是一种技术复杂、要求很高的烹调方法。原料的性质不同，其蒸制时间的长短、火力等要求也不同，具体如下：

（1）旺火沸水速蒸。这种方式蒸制适用于质地细嫩易熟的原料，只需菜肴蒸熟，不要蒸至软熟。蒸制要求火旺、水宽、蒸汽足，迅速使菜肴原料断生或刚熟即可。否则，原料变老，食用时菜肴质感发柴、粗糙起渣。此法适合蒜茸开边虾、清蒸鳜鱼等菜肴。

（2）中火沸水长时间蒸。这种方式蒸制适用于质地老韧、体大形整，又需蒸制成软熟酥糯的成熟程度的原料。蒸制要求中火、水宽、蒸汽足，一气蒸成，不能断汽、不能闪火。蒸制时间的长短要视原料质地老嫩、形体大小而定，一般在 2 ~ 3 小时。此法适合清蒸葫芦鸭、荷叶粉蒸鸡等菜肴。

（3）小火沸水慢蒸。这种方式蒸制适用于蛋类或加工成泥、茸的动物性原料，经细致加工装饰定型，要求保持鲜嫩的菜肴。如芙蓉嫩蛋、鸡糕、兔糕等菜肴。蒸制时要求火力较小，控制好蒸汽，不能太足，使原料徐缓受热变熟。

不论何种方式，所用原料必须新鲜无异味，因为蒸制菜肴要求保持原汁原味。如果不新鲜，原料的不良腥膻味等异味就不易除尽。

根据菜肴的蒸制方法及风味特色，通常将蒸分为清蒸、旱蒸和粉蒸三种。

（一）清 蒸

清蒸是指主料经半成品加工后，加入调味品、鲜汤蒸制成菜的一种烹调方法。此类蒸法制作的菜肴质地细嫩或软熟、咸鲜醇厚、清淡爽口，汤汁体现本色、清香汁宽的特点。适用于鸡、鸭、鱼、猪肉等原料。

1. 烹调程序

原料选择→初加工→熟处理→刀工→盛装→调味→蒸制→成菜

（1）加工处理。清蒸对原料的新鲜程度要求较高，要具有良好的鲜香滋味。初步加工要洗净血污异味。原料在清蒸前一般需要进行焯水处理。对于整形或大块原料，一般用旺火沸水长时间蒸制；对于整形的鱼类或丝、条、片的小型原料，一般用旺火沸水短时间蒸制。

（2）装盘调味。清蒸菜肴装盛分为明定和暗定两类。"明定"是指原料有顺序、按一定形态装盛，蒸制成菜后以原器皿上桌。"暗定"是指原料紧贴在蒸制器皿的一面，有顺序、按一定形态装盛，蒸制成菜后取出，翻扣在另一盛器内上桌。换言之，明定的装饰在器皿表面，暗定的装饰在器皿底面；明定不翻扣，暗定要翻扣入另一器皿。清蒸的复合味型以咸鲜味为主，也有家常味、剁椒味、豉汁味等味型。常用的调味品有精盐、胡椒粉、味精、姜、葱、小米椒、野山椒、豆豉茸、黄椒酱等，根据菜肴品种来决定所需的味型。

（3）蒸制成菜。对于要求成熟程度是软熟的菜肴，多用旺火沸水长时间蒸制；对于细嫩质感的菜肴，多用旺火沸水速蒸或中火沸水慢蒸。要掌握好菜肴的成熟程度，选用相宜的蒸制方法。清蒸菜肴要求成菜后及时上桌食用。

2. 操作要领

（1）鸡、鸭、肘子等原料焯水时以 60 ℃ 左右热水下料较好，汤沸时要撇尽浮沫。要控制焯水的加热程度，一般以断生为好。捞出原料可再用 30 ℃ 左右温水洗涤干净，保持原料色泽鲜亮。

（2）清蒸菜肴的色泽对其质量影响较大，一般咸鲜味的菜肴多为原料本色；甜味或咸甜味的菜肴以橙红色、浅黄色为主；咸鲜醇厚的菜肴以浅茶色为宜。

（3）一定要根据成菜后的质感选择相宜的蒸制方法。

3. 注意事项

（1）清蒸类菜肴最好放置在蒸柜（笼）的上层，防止菜肴色泽被污染或串味。

（2）清蒸菜肴上桌前，应拣去姜、葱、花椒等，保持菜肴清爽。

【菜例】 清蒸全鸡　清蒸鲜鱼

● 清蒸全鸡

主料：仔母鸡 1 000 g（1 只）

调料：姜片 5 g、葱段 10 g、精盐 8 g、料酒 20 g、胡椒粉 1 g、味精 1 g

烹调方法：

1. 将鸡斩去翅尖、脚爪、嘴壳，剜去肛门，清洗干净，放入沸水内焯水至紧皮后捞出。

2. 将鸡盛入汤盆内，加入姜片、葱段、精盐、料酒、胡椒粉、味精、清水，放进蒸柜中蒸 90 分钟至软熟，取出拣去姜葱成菜。

注意事项：

1. 焯水要除尽血污。

2. 蒸好后要拣去姜、葱，使成菜清爽。

特点：淡黄润泽，质嫩软熟，鲜香味醇。

- **清蒸鲜鱼**

主料：草鱼 600 g（1 尾）

调料：姜 10 g、葱段 15 g、精盐 6 g、料酒 15 g、胡椒粉 0.5 g、蒸鱼豉油 50 g、味精 1 g、
鲜汤 100 g、色拉油 15 g

烹调方法：

1. 姜 3 g 切细丝，其余切成片；葱段 5 g 切成粗丝，用清水浸泡待用。

2. 鱼加工清洗后，在鱼身两侧各斜剞 5 刀，用精盐 3 g、料酒 5 g、姜片、葱段码味 15
分钟。

3. 将码味后的鱼放入蒸盘中，淋上由精盐、料酒、胡椒粉、味精、鲜汤调成的味汁，放
入蒸柜中蒸 10 分钟熟透取出，淋入蒸鱼豉油，撒上姜丝、葱丝。

4. 锅内放油，用旺火加热至 120 ℃ 时，淋在鱼身上，烫出姜葱香味成菜。

注意事项：

1. 鱼蒸熟透即可。

2. 鱼加工时不要弄破苦胆，码味要重，尽量除去腥味。

特点：肉质细嫩，味鲜醇厚。

（二）粉　蒸

粉蒸是指将加工切配后的原料用各种调味品调味后，加入适量的大米粉拌匀，用汽蒸至
熟软滋糯成菜的一种烹调方法。粉蒸菜具有质地软糯滋润、醇浓鲜香、油而不腻等特点。适
宜鸡、鱼、猪肉、牛肉、羊肉和部分根茎类、豆类蔬菜原料。

1. 烹调程序

原料选择→刀工处理→调味→拌入米粉→直接或加入辅料装入盛器→蒸制→成菜

（1）选料切配。应选用质地老韧无筋的牛羊肉或鲜香味足、肥瘦相间的带皮猪五花肉，
或质地细嫩无筋、受热易熟的鸡、鸭等原料。刀工以条、片、块等规格为主。

（2）调味。粉蒸的菜肴调味后要放置一定时间，使调味品渗透入味。粉蒸菜肴的复合味
型较多，常用的有咸鲜味、五香味、家常味、麻辣味等。要根据原料的特性和成菜要求决定
味型，突出菜肴的风味特色。

（3）拌入米粉。要根据原料质地老嫩和肥瘦比例来决定加入米粉的量。原料与米粉的比
例一般控制在 10∶1 左右。个别菜肴要加入适量的油脂和鲜汤，加入的量要适当，确保其干
稀度恰当，才能保持菜肴的特色风味和滋润性。

（4）装入盛器蒸制。盛装原料要尽量疏松，不能压紧压实，以免成熟不均匀和影响成菜
后疏松程度。牛羊肉等质感细嫩软糯的菜肴，以旺火沸水速蒸为主。带皮猪肉、鸡鸭等质感
软熟滋糯的菜肴，以旺火沸水长时间蒸为主。带皮原料定碗应皮向下摆放整齐，辅料盖在面
上，蒸熟后翻扣在盘碗中。

2. 操作要领

（1）原料刀工以片、条、块等为主，要厚薄、粗细、大小均匀。调味时，应按复合味的需要，先将调味品与原料调拌均匀，再加入米粉、适量鲜汤拌匀，然后根据原料的大小浸渍适当时间，使调味品渗透入味。

（2）米粉的质量对粉蒸的效果有直接的影响，一般选用籼米作为蒸菜米粉，不用糯米或粳米，这样成菜后米粉疏松、滋糯、爽口。

（3）牛肉、羊肉、鸡肉、鱼肉和根茎豆类蔬菜等原料缺乏脂肪，在调味时要加入适当的油脂，成菜后才有良好的滋润质感和脂香味。一般牛肉、羊肉等原料加入生菜籽油或花生油较好，根茎豆类蔬菜则用猪化油较恰当。

（4）拌入的米粉要均匀地黏附在原料表面，其干稀度应以原料油润稀和、不现汤汁为准。成菜后的质感与味感应达到软熟、鲜香、醇厚、滋糯、爽口的要求。

3. 注意事项

（1）粉蒸类菜肴加热要一气呵成，中途不能断火、断汽或加入没有沸腾的水，否则会严重影响菜肴质量。蒸制成菜后要及时上桌食用，才能表现粉蒸菜肴在色、香、味、质感上的最佳效果。

（2）制作米粉时，先将大米放入锅内，用小火加热炒出米香味，再加入少量的八角、茴香、花椒等香料，继续用小火炒至米粒呈微黄色起锅晾凉，磨成细末即可。

【菜例】 粉蒸肉　粉蒸鸡

● 粉蒸肉

粉蒸肉

主料：猪连皮五花肉 150 g

辅料：嫩豌豆 150 g、大米粉 30 g

调料：姜末 5 g、葱叶 5 g、花椒 1 g、郫县豆瓣 30 g、料酒 5 g、白糖 5 g、精盐 2 g、酱油 5 g、味精 0.5 g、醪糟汁 5 g、豆腐乳汁 3.5 g、糖色 6 g、辣椒油 10 g、菜籽油 30 g、鲜汤 30 g

烹调方法：

1. 花椒用温水泡软捞出，和葱叶一起剁成碎末，成刀口花椒；郫县豆瓣剁细。

2. 猪肉切成约 10 cm 长、4 cm 宽、0.3 cm 厚的片，装入盆内，加入精盐 2 g、酱油、醪糟汁、豆腐乳汁、郫县豆瓣、姜末、刀口花椒、糖色、味精、鲜汤拌匀，再加入大米粉 20 g 拌匀，最后加入辣椒油、菜籽油拌匀，静置 5 分钟，将肉片摆入蒸碗内成"一封书"形。

3. 豌豆放入拌肉的盆内，加入精盐、大米粉、鲜汤适量拌匀，装在肉片的面上，放入蒸柜中蒸 60 分钟至肉片软糯取出，翻扣在盘内成菜。

注意事项：

1. 猪肉拌好味后浸渍一段时间，原料易入味。

2. 蒸制时蒸汽要足，忌中途停汽。

特点：色泽红亮，咸鲜微辣，醇香味厚，软糯化渣。

- **粉蒸鸡**

主料：仔鸡400 g（半只）

辅料：大米粉70 g

调料：姜末5 g、葱叶5 g、花椒1 g、精盐5 g、料酒15 g、酱油10 g、白糖5 g、味精1 g、
胡椒粉1 g、豆腐乳汁15 g、醪糟汁15 g、糖色10 g、鲜汤100 g、菜籽油50 g

烹调方法：

1. 花椒用温水泡软捞出，和葱叶一起剁成碎末，成刀口花椒。

2. 仔鸡斩成约5 cm长、1.5 cm粗的条，装入盆内；加入精盐、料酒、酱油、醪糟汁、豆腐乳汁、姜末、刀口花椒、糖色、味精、胡椒粉、鲜汤拌匀，再加入大米粉拌匀，最后加入菜籽油拌匀，静置5分钟；整齐地（鸡皮紧贴碗底）摆于蒸碗内，盖上糯米纸，放入蒸柜中蒸60分钟至软熟，取出翻扣入盘内成菜。

注意事项：

1. 注意调味品用料恰当。

2. 蒸制时用糯米纸盖在蒸碗上，可防止蒸汽进入菜肴中。

特点：色泽棕黄，醇厚滋美，鲜香熟软。

（三）旱　蒸

旱蒸又称扣蒸，是指原料经过加工切配调味后直接蒸制成菜的烹调方法。部分菜肴蒸制前还需要加盖或用皮纸封口。旱蒸菜肴具有形态完整、原汁原味、鲜嫩或熟软的特点。适用于鸡、鸭、鱼、猪肉、部分水果、蔬菜等原料。

1. 烹调程序

原料选择→加工处理→调味蒸制→装盘→成菜

（1）加工处理。旱蒸应选用新鲜无异味、鲜嫩、具有熟软质感的原料；动物性原料洗涤干净后焯水，再加工成条、块、片状；水果、蔬菜要削皮或剜核。

（2）调味蒸制。旱蒸的动物性原料除部分菜肴如咸烧白、灯笼鸡等调制复合味后蒸制直接成菜外，大部分菜肴蒸熟后还需要辅助调味才能成菜。调味宜淡不宜浓。蒸制时应根据菜肴的具体要求，直接蒸制或加盖，或用猪网油盖面，或用皮纸封口。但均不加汤汁。

（3）装盘成菜。旱蒸成菜后，有的直接翻扣入盘成菜，如咸烧白、龙眼烧白等；有的要灌清汤或奶汤后上菜，如竹荪肝膏汤、带丝肘子等；有的菜品要淋糖液或撒白糖，如八宝瓤梨等；有的要淋味汁或配味碟，如姜汁中段、旱蒸脑花鱼等。

2. 操作要领

（1）旱蒸的原料在焯水时，其成熟程度要根据菜肴质感来决定。一般鲜嫩质感的原料焯水以紧皮为度，软熟质感的原料焯水以断生或熟透为宜。至于是否上色和上色的深浅，要根据菜肴需要的色泽来决定。

（2）旱蒸菜肴需要灌汤、挂汁、淋味汁的，调味要准确，用量要恰当。

3. 注意事项

（1）蒸制成菜扣盘前，要拣去姜、葱、花椒、网油、皮纸等杂质，保持菜肴整洁。

（2）成菜后的装饰不能损害原料的形态；灌汤、淋味汁、挂糖汁、撒白糖等手法要讲究艺术，保证成菜美观。

【菜例】 咸烧白　旱蒸姜汁中段

● **咸烧白**

主料：猪连皮五花肉 250 g

辅料：芽菜 200 g

调料：姜片 5 g、马耳朵葱 15 g、马耳朵泡红辣椒 10 g、花椒 0.2 g、豆豉 10 g、精盐 1 g、料酒 8 g、胡椒粉 0.1 g、酱油 10 g、味精 1 g、糖色 10 g、鲜汤 15 g、色拉油 500 g（实耗 20 g）

烹调方法：

1. 芽菜淘洗干净，切成 1 cm 长的节。

2. 猪肉入锅煮至断生，捞出晾干水气，趁热抹上糖色，放入油锅炸至皮呈棕红色捞出晾凉。

3. 将猪肉切成 10 cm 长、0.3 cm 厚的片，皮朝下整齐摆入蒸碗内呈"一封书"形，将姜、马耳朵葱、马耳朵泡红辣椒、花椒、豆豉、芽菜拌匀，盖在肉片上；加入精盐、料酒、酱油、胡椒粉、味精、糖色、鲜汤调成的味汁，放入蒸柜中蒸 45 分钟至软熟，取出翻扣在盘内成菜。

注意事项：

1. 糖色要趁热抹才均匀，上色效果才好。

2. 炸制上色时注意安全，防止热油飞溅烫伤。

特点：色泽棕红，鲜香醇厚，软糯不腻。

● **旱蒸姜汁中段**

主料：草鱼中段 500 g

辅料：猪网油 250 g（1 张）

调料：姜片 10 g、葱段 15 g、精盐 6 g、料酒 15 g、胡椒粉 1 g、姜汁味汁 25 g

烹调方法：

1. 在中段鱼身两侧各剞 4 刀，深度为 3 cm，然后用精盐、姜片、葱段、料酒、胡椒粉码味 15 分钟。

2. 将中段盛入盘内，盖上猪网油，放入蒸柜中蒸 15 分钟至刚熟，取出拣去网油，再将鱼轻轻地滑入条盘内，淋上姜汁味汁成菜。

注意事项：

1. 蒸制时间不宜过久，刚熟即可。

2. 控制好鱼码味时的咸度。

特点：肉质细嫩，姜汁味浓郁，清爽不腻。

八、炸

炸是指将经过加工处理的原料放入大油量的热油锅中加热使之成熟的烹调方法。炸的应用范围很广，既能单独成菜，又能配合其他烹调方法成菜，如熘、烧、蒸等。炸的技法以旺火、大油量、无汁为主要特点。炸时油量一定要淹没原料，否则原料受热不均匀，不能形成油炸菜肴特有的外皮酥脆的质感。用于炸的油温变化幅度很大，有效油温在 80 ℃~230 ℃。炸的火力有旺火、中火、小火之分，还有先旺后小或先小后旺之别。油的热度，有旺油、热油、温油之分，还有先热后温或先温后热之别。原料炸时要善于用火，调节油温，控制加热时间，掌握油炸的次数，才能炸制出不同风味的可口菜肴。

炸制菜肴采用复油炸、浸油炸等方式，一般是将原料放入油锅初炸，先炸到一定的成熟程度，捞出原料，重新升高油温，再放原料复炸一下（炸的时间比第一次短），以达到炸制菜肴的应有效果。有的原料要保证骨酥脆，将原料放入油锅初炸定型后，再保持一定的油温炸至骨酥脆时捞出原料。对炸法的分类，各地有所不同。根据菜肴制作方法和质感风味的不同，主要分为清炸、酥炸、软炸、卷包炸等几种。

（一）清 炸

清炸是指将原料加工处理后，不经挂糊上浆，只用调味品码味浸渍，直接放入油中用旺火加热使之成熟的烹调方法。清炸菜肴的特点是色泽金黄、外脆内嫩、鲜香可口。适合清炸的原料主要是新鲜易熟、质地细嫩的仔鸡、兔、猪里脊肉、猪腰、猪肚仁、鸡鸭肫肝等。

1. 烹调程序

原料选择→加工处理→码味→清炸→装盘配味→成菜

（1）加工处理。原料经过清洗后进行刀工处理，部分原料保持整形或剞成花形，要求形体大小均匀，剞刀的深度一般为原料的 2/3；整形或较大的原料如鸡腿要用刀尖在原料上均匀地戳几刀，便于入味和清炸时容易成熟。

（2）码味。清炸的原料必须进行码味，浸渍一定时间。浸渍时间应根据原料性质和形状的大小来确定。码味一般都选用精盐、姜、葱、料酒等调味品。

（3）清炸。原料基本上都采用复油炸。第一次初炸用旺火，150 ℃ 左右油温炸至断生并定型，第二次复炸用旺火，220 ℃ 左右油温炸至外香脆捞出盛盘。整形原料因形体较大、不易熟透，应选用间隔炸使之成熟，以复油炸达到外脆内嫩质感。

（4）装盘成菜。整形原料装盘时要用干净的毛巾包裹住轻轻挤压定型；一般都配上相应的味碟或者配上生菜才能成菜。

2. 操作要领

（1）原料码味要均匀，浸渍时间要足，成菜后味感才符合要求。

（2）要根据原料的不同形态控制好油温和油炸时间。第一次油炸，油温低，时间长；第二次复油炸，油温较高，时间短。由于整形原料体积较大，成熟时间较长，宜用温油较长时间浸炸，使其内熟透外皮不焦，保证质嫩鲜香；复炸用高油温炸至原料表面达到菜肴要求的质感和颜色。

（3）成菜装盘后要进行辅助调味，部分菜肴可配糖醋生菜。但多数菜肴单独放置味碟即可，如椒盐末、甜面酱、西红柿沙司、辣酱油、鱼香味汁、甜酸汁等。

3. 注意事项

（1）清炸原料宜用料酒码味。成菜色香味均佳，不要用醪糟汁、甜酒代替，慎用或不用酱油，防止原料经油炸上色变黑。

（2）清炸成菜后是整形原料的，要迅速刀工装盘，及时上桌，以保证菜肴质感。

【菜例】 清炸仔鸡　清炸里脊

● 清炸仔鸡

主料：仔鸡 600 g（1 只）

调料：姜 10 g、葱段 10 g、葱花 10 g、精盐 10 g、料酒 15 g、胡椒粉 1 g、味精 1 g、色拉油 1 000 g（实耗 80 g）、香油 5 g、椒盐末 2 g

烹调方法：

1. 仔鸡剖成两片，去掉大骨，斩成 5 cm 长、2 cm 宽的条。椒盐末、味精和匀调成椒盐味碟。

2. 将鸡条与姜片、葱段、精盐、料酒、胡椒粉拌匀，码味 15 分钟后拣去姜葱。

3. 将鸡条放入 150 ℃ 中温油锅中炸至断生定型、色浅黄捞出，待油温回升至 220 ℃ 时再复炸至皮酥呈金黄色，滗尽油脂，放入香油和匀起锅装盘，配椒盐味碟即成。

注意事项：

1. 码味要足。

2. 掌握好炸制的火候。

特点：色泽金黄，皮酥肉嫩，咸鲜醇厚。

● 清炸里脊

主料：猪里脊肉 250 g

调料：姜片 5 g、葱段 10 g、精盐 6 g、料酒 10 g、酱油 4 g、味精 1 g、色拉油 1 000 g（实耗 80 g）、椒盐末 2 g

烹调方法：

1. 猪里脊肉剞十字花刀，切成对角长 2.5 cm 的菱形块，用姜片、葱段、精盐、料酒、酱油拌匀，码味 15 分钟。

2. 椒盐末、味精和匀调成椒盐味碟。

3. 将里脊肉块放入 150 ℃ 中温油锅中炸至断生定型、色浅黄捞出，待油温回升至 220 ℃ 时再复炸至皮酥呈金黄色，滗尽油脂，放入香油和匀装盘，配椒盐味碟即成。

注意事项：

1. 猪肉码味时咸度恰当。

2. 掌握好炸制的火候。

特点：色泽金黄，外香酥内鲜嫩。

（二）酥　炸

酥炸是指将原料加工码味后经熟处理至软熟，或将原料加工成糊状半成品，直接或挂糊拍粉后放入高油温锅中加热成菜的烹调方法。酥炸菜肴具有外酥松内软熟、细嫩的特点。适宜酥炸的原料选择范围较广，有家禽、家畜、鱼虾等动物性原料和糕状半成品。

1. 烹调程序

原料选择→初步加工→码味或制泥→蒸、烧、煮或糕蒸→
直接或挂糊或拍粉→酥炸→装盘成菜

（1）原料加工。酥炸原料的初加工方法有很多种，部分需要出骨，还有些需要整料出骨。

（2）码味或制泥。原料在熟处理前需要码味，用调味品将原料内外抹匀，浸渍一定时间使其入味。部分原料需加工成泥茸，再与鸡蛋、淀粉、清水、精盐等调、辅料搅拌制成泥糊状。

（3）原料熟处理。酥炸的原料必须经过蒸、煮、烧、卤等熟处理制成软熟状态，如鸡、鸭、猪、牛、羊肉等，或细嫩质感的半成品如鸡、兔、鱼、虾等糕类，凉透后切成厚片或条形。

（4）挂糊或拍粉。一般需挂糊或拍粉的都是无骨或肉糕的半成品，适合酥炸的糊有全蛋淀粉糊和脆浆糊等。拍粉包括面粉、淀粉、面包糠、芝麻粉等，根据菜肴需要选择使用。挂糊或拍粉的方式有单纯挂糊或拍粉，也有先挂糊再拍粉。

（5）酥炸。不论是否挂糊拍粉，酥炸都采用复油炸。第一次初炸用旺火，150 ℃左右油温炸定型、微黄捞起；第二次复炸用旺火，220 ℃左右油温炸至外皮酥松发脆、色泽金黄捞起装盘。

（6）装盘。整形菜肴酥炸后要立即刀工，处理成条、块或片状，装盘还原成型，及时上桌食用。

2. 操作要领

（1）需整料出骨的鸡鸭，整料出骨时要符合成菜要求，以保证熟处理后酥炸的效果。

（2）半成品挂糊的干稀厚薄、拍粉的多少要根据半成品的质地与糊粉的性质而定。一般富含油脂或软熟程度良好的可多拍一些粉，脆浆糊可重一点，全蛋糊应恰当，面粉、面包糠可多粘一点，淀粉应恰当。既要表现出半成品的质感，又要突出酥松的特色。

（3）酥炸的原料熟处理后一定要细嫩或软熟，鲜香味浓，咸淡恰当。刀工要整齐均匀、厚薄一致。掌握好油温和油炸的程度。体形较大的整形原料一般不挂糊不拍粉，炸时油温要高，要保持外皮完整。

（4）酥炸菜肴装盘时，根据需要可淋香油增香，或随配椒盐、葱酱等味碟，或配糖醋生菜，起到调剂口味、增加风味的作用。

3. 注意事项

（1）肉类泥糊经搅拌后，应先取少量试蒸，调剂好细嫩程度后再进行糕蒸，以保证成菜的质感。

（2）烧、煮、卤等熟处理过程中，要掌握好汤量、火力、加热时间三者关系，并调味准确，防止鲜香味损失。

（3）半成品原料在酥炸前要揩干水分，趁热油炸，防止因原料粘有水分而引起油爆溅伤人。

【菜例】 香酥仔鸭　椒盐酥皮兔糕

● 香酥仔鸭

主料：仔鸭 750 g（1 只）

调料：姜片 10 g、葱 60 g、花椒 30 g、精盐 15 g、料酒 40 g、白糖 5 g、味精 1 g、五香
粉 2 g、胡椒粉 0.5 g、甜面酱 50 g、香油 20 g、色拉油 1 500 g（实耗 120 g）

烹调方法：

1. 葱白（30 g）切成 5 cm 长的段，两端各切割 5 刀，放入清水内浸泡成花状待用。

2. 仔鸭洗净，斩去翅尖、脚爪，用姜片、葱段（10 g）、精盐、料酒、花椒、五香粉、
胡椒粉在鸭身内外拌匀，码味 30 分钟后放入蒸柜中蒸 60 分钟至软熟取出。

3. 将甜面酱、白糖、味精、香油（10 g）调匀，分盛于两个小碟内，放上"葱花"成葱
酱味碟。

4. 将仔鸭放入 220 ℃ 高温油锅中炸至皮酥呈金黄色捞出，刷上香油装盘，配葱酱味碟即成。

注意事项：

1. 码味咸度适当。

2. 炸制时注意安全，防止热油飞溅烫伤。

特点：色泽金黄，皮酥肉软，鲜香味美。

● 椒盐酥皮兔糕

主料：兔背脊肉 200 g

辅料：鸡蛋清 75 g、荸荠 50 g、面包粉 100 g、猪肥膘肉 80 g

调料：姜葱水 25 g、精盐 5 g、椒盐末 3 g、味精 1 g、鲜汤 75 g、水淀粉 60 g、蛋清淀粉
50 g、色拉油 1 000 g（实耗 50 g）

烹调方法：

1. 将兔背脊肉、猪肥膘肉、鸡蛋清、姜葱水、精盐、水淀粉、鲜汤放入搅拌机中搅打成
泥茸。荸荠去皮切成绿豆大的粒。椒盐末、味精和匀调成椒盐味碟。

2. 将荸荠加入兔泥茸中和匀，平摊于盘内，1.5 cm 厚，放入蒸柜中蒸熟成兔糕取出晾凉，
切成 5 cm 长、1.5 cm 粗的条。

3. 将兔糕条粘裹一层蛋清淀粉后放入面包粉中，逐一粘裹均匀面包粉，放入 150 ℃ 中
温油锅中炸定型，至色浅黄捞出；待油温回升至 220 ℃ 时再复炸至皮酥呈金黄色，捞出装盘，
配椒盐味碟即成。

注意事项：

1. 兔糕要晾凉后再刀工。

2. 蒸制兔糕前应先试老嫩。

特点：色泽金黄，外酥内嫩，醇香可口。

（三）软　炸

软炸是将质嫩的原料加工处理成较小的形状，经码味、挂糊后放入中温油锅中加热至酥
软成菜的烹调方法。软炸菜肴具有外香酥内鲜嫩的特点。适合软炸的原料主要是鲜嫩易熟的

鱼虾、鸡肉、猪里脊肉、猪腰、猪肚仁、鸡鸭胗肝、土豆、口蘑等。

1. 烹调程序

原料选择→加工处理→码味→挂糊→油炸→装盘→成菜

（1）加工处理。软炸的原料需要去骨去皮，除净筋膜。为了增强味的渗透和细腻质感，可先在坯料上剞一定深度的刀口，再按菜肴的要求切成小块、小条等形状。

（2）码味。常用的调味品有精盐、胡椒粉、料酒、姜、葱。这些调味品增香除异效果好，也不会影响成菜后的颜色。码味时咸味程度要高一些，基本达到成菜咸味的标准，但也应该保证成菜后蘸椒盐或甜面酱、辣酱等复合调味品时，不觉得味咸。码味浸渍的时间在 10~20 分钟，保证入味效果。

（3）挂糊。软炸所挂的糊主要是蛋清糊、全蛋糊。应根据原料的水分含量、细嫩程度，掌握好糊的干稀稠度，一般以保持糊在入油锅前不流、不掉为准。挂糊的厚薄以油炸中能控制原料水分、保证细腻，成菜后达到外酥香、内鲜嫩、有原料本鲜味为准。

（4）炸制。软炸以复油炸为主，第一次用中火，五成热油温，将原料分散入锅，炸至八成熟、定型、呈浅黄色捞起；第二次用旺火，约八成热油温，炸至刚熟、外皮酥、呈金黄色捞出，滗尽炸油，淋香油簸匀装盘。

（5）装盘。一般软炸菜肴装盘都要配糖醋生菜、椒盐味碟或葱酱味碟，应根据菜肴原料的性能和菜肴间组合的需要进行选择，以突出原料的性能和达到菜肴的最佳食用效果。

2. 操作要领

（1）选料新鲜。要选择新鲜无异味、富有质感效果的原料。

（2）剞刀规范。控制剞刀的深浅度，使刀工后的条、块有完整的规格形态。

（3）码味适宜。码味常用精盐、料酒。要掌握好料酒的用量，成菜后不能表现出酒味。码味时要将各种调味品拌匀，使调味品渗透均匀。

（4）挂糊得当。花形原料挂糊宜干宜少，既要保证原料翻花，又要达到软炸的效果。原料码味后，在油炸之前才挂糊，挂糊后立即放入油锅内炸制。

（5）第一次油炸后捞出原料，可放置适当时间，以保证对原料的热传递效果，防止外焦里不熟。第二次复油炸要掌握酥皮色泽的效果及成熟程度。

3. 注意事项

（1）软炸用植物性油脂，熟菜油、花生油的质感最好。使用的油脂要干净，保证色、香、味的效果。

（2）原料入锅油炸初期，如发现黏结，可捞出撕散后再炸制。

（3）淋香油前要滗净炸油，防止成菜后太油腻。

【菜例】 椒盐里脊　软炸大虾

● 椒盐里脊

主料：猪里脊肉 250 g

调料：姜片 5 g、葱段 10 g、精盐 5 g、料酒 5 g、味精 1 g、全蛋淀粉糊 150 g、色拉油 1 000 g
　　　（实耗 80 g）、椒盐末 4 g

烹调方法：

1. 猪里脊肉剞十字花刀，切成小一字条，用姜片、葱段、精盐、料酒拌匀，码味5分钟。

2. 椒盐末、味精和匀调成椒盐味碟。

3. 将里脊肉条与全蛋淀粉糊拌匀，再将肉条分散逐一放入150℃中温油锅中炸至断生呈浅黄色捞出，待油温回升至220℃时复炸至皮酥呈金黄色捞出装盘，配椒盐味碟成菜。

注意事项：

1. 初炸时要防止粘连。

2. 码味时注意咸度适当。

特点：色泽金黄，外酥内嫩，鲜香醇厚。

● 软炸大虾

主料：对虾肉150 g

辅料：鸡蛋100 g、面粉75 g

调料：精盐3 g、料酒10 g、椒盐末2 g、香油8 g、色拉油1 000 g（实耗60 g）

烹调方法：

1. 将对虾对剖成四块，洗净泥沙，揾干水分，与精盐、料酒拌匀码味浸渍。鸡蛋、面粉调匀成蛋浆，加入色拉油，放入对虾肉块拌匀。

2. 炒锅内放色拉油，旺火加热至150℃，将虾肉块分散逐一放入，炸至断生捞出；待油温回升至220℃，又放入虾肉块，炸至表面呈杏黄色，滗尽余油，加入香油簸匀盛盘，撒上椒盐末成菜。

注意事项：要掌握炸制的油温。

特点：色泽杏黄，软嫩适口，味极鲜香。

软炸里脊

（四）卷包炸

卷包炸是卷炸、包炸的合称，指将原料加工成丝、条、片形或粒、泥状，与调味品拌匀后，再用包卷皮料包裹或卷裹起来，入油锅中加热至成菜的烹调方法。卷包炸菜肴具有外酥脆内鲜嫩的特点。用于包裹、卷裹的皮料必须用可食性蛋皮、猪油网、腐皮、面皮、糯米纸等。适合卷包炸的原料主要是鱼虾、鸡鸭肉、猪肉、猪腰、冬笋、火腿、蘑菇、荸荠（慈姑）等嫩脆原料。

1. 烹饪程序

原料选择→刀工处理→调味→卷包→油炸→装盘→成菜

（1）原料加工。用于包炸的原料大多切成丝、小条、片形，用于卷的原料宜加工成小丁、粒、泥状。

（2）调味。卷包炸的馅料适宜调制成咸鲜味，醇厚鲜美。要控制好原料的嫩度和稠度。

（3）卷包裹制。卷包的皮料都是可食的，卷裹时做到粗细厚薄均匀，以卷裹两层为宜，皮料的交口处抹蛋清淀粉粘牢。卷包的皮料以糯米纸、面皮、蛋皮为主。

（4）炸制装盘。卷包后的半成品直接油炸或改刀后再炸，部分还需先蒸制断生，再用高温热油炸至色金黄皮酥脆成熟，捞出改刀装盘；包裹的半成品应在临上菜前现包裹现油炸，趁热装盘上菜。卷炸的菜肴装盘后，有的还应配葱酱或椒盐碟或糖醋生菜等同时上桌食用。

2. 操作要领

（1）选好主辅料。卷包炸要求选择新鲜细嫩、无异味的主料和色泽鲜艳、富有质感、鲜香味美的辅料。

（2）掌握好主料的肥瘦比例。有些原料如鸡、鸭、鱼、虾等，要酌情添加猪肥肉以保证卷包炸菜肴滋润细嫩的质感。

（3）宜用中火。不论卷炸还是包炸，都用中火温油浸炸至断生即可。有些卷炸的菜肴也可恰当升高油温，重油炸至皮酥起锅。

3. 注意事项

（1）卷裹的原料如果是生料，一般需改刀后再放入油锅；如果是熟料，一般经油炸后再改刀装盘。

（2）包炸起锅后，为方便食用，可将包裹的结头部分解开再行装盘。

【菜例】 蚝油纸包鸡 香酥蛋卷

● **蚝油纸包鸡**

主料：鸡脯肉 300 g

辅料：熟火腿 30 g、香菇 30 g、熟蘑菇 30 g、青豌豆 30 g、荸荠 30 g、糯米纸 12 张

调料：姜 5 g、葱 8 g、精盐 3 g、料酒 20 g、味精 2 g、香油 20 g、蚝油 50 g、蛋清淀粉 50 g、色拉油 1 000 g（实耗 100 g）

烹调方法：

1. 鸡脯肉去皮，切成约 0.5 cm 大的颗粒；熟火腿、熟蘑菇、荸荠分别切成 0.4 cm 大的颗粒；青豌豆焯水后漂凉；香菇焯水后漂凉，切成 0.4 cm 大的颗粒。

2. 将以上原料放入盆中，加入精盐、料酒、味精、蚝油、姜、葱拌匀码味 3 分钟。

3. 将码好味的馅料加入少量蛋清淀粉拌匀。逐一用糯米纸将馅料包裹成长方形后，抹上蛋清淀粉封好口。

4. 将纸包鸡放入 50 ℃ 中温油锅中浸炸，不时翻动炸至刚熟捞出沥油，装盘成菜。

注意事项：

1. 卷包好后应尽快炸制，防止馅料渗水使糯米纸变形粘连。

2. 卷包时尽量包紧，以防炸制时胀气。

3. 炸制的油温不宜过高。

特点：色泽淡黄，质地细嫩，香味扑鼻。

● **香酥蛋卷**

主料：猪肥瘦肉 150 g

辅料：鸡蛋皮 4 张、荸荠 50 g、黄瓜 100 g、蛋清淀粉 120 g

调料：精盐 6 g、料酒 10 g、胡椒粉 1 g、甜酸柠檬汁适量、色拉油 1 000 g（实耗 100 g）

烹调方法：

1. 将荸荠切成 0.8 cm 豌豆大的粒；猪肥瘦肉剁成细粒，与精盐、料酒、胡椒粉、清水、蛋清淀粉搅拌均匀，加入荸荠粒拌匀成肉馅；黄瓜切成 5 cm 长、1 cm 粗的条，放入甜酸柠檬汁浸渍入味。

2. 取鸡蛋皮一张，均匀地抹上蛋清淀粉后再抹一层厚约 0.5 cm 的肉馅，又在肉馅上抹上蛋清淀粉；取鸡蛋皮一张盖在上面，抹上蛋清淀粉，再抹一层厚约 0.5 cm 的肉馅，再抹上蛋清淀粉；相对两端同时对卷成如意形，用蛋清淀粉将相交的中缝黏合，用干净的纱布固定好形状，放入平盘内。另外两张鸡蛋皮用以上相同方法制成如意形蛋卷，上笼蒸熟取出晾凉，横如意形切成约 1.5 cm 厚的片。

3. 将如意形蛋卷放入 150 ℃ 中温油锅中炸至皮酥呈杏黄色捞出，盛于盘子的一端，另一端配黄瓜条成菜。

注意事项：

1. 卷包时注意形状，原料交接处用蛋清淀粉黏合牢固。

2. 炸制时注意火候，不能炸焦煳。

特点：色形美观，蛋卷皮酥内嫩，黄瓜酸甜爽口。

九、煎

煎是指在锅内加入少量油，放入经加工成泥、粒状的饼或挂糊的片形等半成品，用小火加热至一面或两面酥黄内熟嫩成菜的烹调方法。成菜具有色泽金黄、外酥内嫩的特点。适用于猪肉、牛肉、鸡、鸭、鱼、虾、鸡蛋等和部分嫩脆植物原料。

1. 烹调程序

原料选择→刀工处理→调味挂糊→煎制→装盘→调味成菜

（1）原料选择。由于加热方式较独特，原料受热成熟较慢，故一般选择新鲜无异味、质地细腻、嫩脆易熟的原料，如禽畜鱼虾、鲜豌豆、蚕豆、火腿、荸荠、冬笋等。

（2）刀工处理。为了易于成熟，一般将原料加工成颗粒、肉泥及饼、片等形状。

（3）调味挂糊。主辅料加工成颗粒、肉泥等形状的，要用鸡蛋、水淀粉、味精、精盐等搅拌成较稠的糊状半成品，塑成饼状或用吐司、肥肉、馒头片等作底板进行煎制；而加工成饼、片等形状的半成品，直接粘裹全蛋淀粉糊或先拌入鸡蛋液后再粘裹一层干淀粉、面粉、面包糠或馒头粉进行煎制。

（4）煎制装盘。将调味挂糊处理后的饼或半成品放入专用煎锅，加入少量油，用小火煎至一面或两面酥黄内熟嫩即可装盘。

（5）调味：

① 装盘后配上椒盐味碟、糖醋生菜成菜；

② 装盘后浇上烹制好的复合味汁，如鱼香味汁、茄汁味汁等。

2. 操作要领

（1）原料经刀工后成形颗粒大小一致，一般以绿豆粒和米粒大小为宜；肉泥中不能有筋膜。饼、片规格要厚薄均匀、大小一致，否则会影响菜肴的成熟程度和质感。

（2）在颗粒原料中加入适量熟猪肥膘粒，可增加滋润醇香口感；要控制半成品的稠度，防止成饼后变形。

（3）饼、片原料所挂的糊，要控制干稀厚薄，使其成菜美观，质感风味符合要求。

3. 注意事项

（1）煎制时不时转动锅或原料，使其受热一致、火候均匀。

（2）调味要在煎制前做好准备，方能缩短成菜时间，保证煎制菜肴外酥内嫩的风味效果。

（3）煎法又是一种常用的初步熟处理方法，可与烧、蒸、焖、烹、熘等烹调方法配合烹制成菜。

【菜例】 椒盐虾饼　锅贴鱼片

● 椒盐虾饼

主料：净鱼肉 250 g

辅料：熟火腿 80 g、冬笋 80 g、熟猪肥膘肉 250 g、莲白 125 g

调料：精盐 5 g、蛋清淀粉 80 g、味精 1 g、香油 5 g、椒盐末 4 g、糖醋味汁 30 g、色拉油 50 g、姜片 5 g、葱段 10 g、料酒 10 g、干豆粉 50 g

烹调方法：

1. 将鱼肉片成长 5 cm、宽 4 cm、厚 0.3 cm 的片，加入姜、葱、精盐、料酒码味 15 分钟；用一方盘抹上干淀粉；肥膘肉片成长 5 cm、宽 4 cm、厚 0.3 cm 的片，然后用刀后跟撮几下，用热帕子撮干表面油脂，后放入洒有干豆粉的方盘中；冬笋、火腿分别切成 0.4 cm 大的颗粒；

2. 将肥膘肉表面抹上蛋清淀粉，然后放上熟火腿、冬笋粘牢，再将鱼片粘贴在上面，即成锅贴鱼片坯。

3. 煎锅洗净置中火上，放入油，用中小火加热至 80 ℃，逐一将锅贴鱼片坯放入，煎制成底版酥黄刚熟时，淋入香油，盛入盘的一端，莲白丝拌入糖醋味汁成糖醋生菜放入条盘另一端，再配椒盐碟一起上桌成菜。

注意事项

1. 片肥膘撮刀后一定要撮干表面油脂，肥膘底部要粘干淀粉。

2. 制坯时原料间一定要粘牢。

3. 煎制时火力不能过大，防止外焦内不熟的现象。

4. 熟肥膘也可用吐司代用。

特点：底面色泽金黄，酥脆细嫩相间，咸鲜醇厚爽口。

鱼香虾饼

● 鱼香虾饼

主料：鲜虾仁 200 g

辅料：鲜蚕豆 50 g、荸荠 80 g、猪肥膘肉 50 g、蛋清淀粉 80 g

调料：精盐 6 g、姜 5 g、蒜 10 g、葱 20 g、泡红辣椒 50 g、酱油 5 g、料酒 10 g、白糖 20 g、醋 12 g、味精 10 g、水淀粉 8 g、鲜汤 80 g、色拉油 100 g

烹调方法：

1. 将虾仁洗净，与鲜蚕豆、荸荠分别切成 0.8 cm 豌豆大的粒；熟猪肥膘肉切成 0.5 cm 绿豆大的粒；泡红辣椒剁细，姜蒜切成末，葱切成葱花。

2. 虾仁粒与精盐、料酒、蛋清淀粉拌匀上浆，再加入鲜蚕豆粒、荸荠粒、肥膘肉粒和蛋清淀粉拌匀成虾仁馅。

3. 将精盐、酱油、白糖、醋、味精、水淀粉、鲜汤兑成调味芡汁。

4. 煎锅洗净置中火上，下色拉油烧至三成熟，逐一将虾仁馅捏成肉丸放入，压成直径约 3 cm、厚约 1 cm 的饼，煎制成底酥黄、面细嫩、刚熟的虾仁饼，盛入盘内。

5. 另取炒锅放油，用旺火加热至 80 ℃ 时，放入泡红辣椒末炒香至油呈红色，放入姜末、葱花、蒜末炒出香味，烹入兑好的调味芡汁，收汁亮油时放入葱花和匀盛入调味碗中，随煎制好的虾仁饼一同上桌成菜。

注意事项：

1. 调制虾仁馅时要将虾仁的水分尽量去掉，以防调味后吐水，使虾仁馅过稀。

2. 煎制虾仁饼时注意形状。

特点：酥脆细嫩，鱼香味浓，可口。

十、煸

煸又称干煸，是指将加工切配后的原料放入锅内加热，不断翻拨，使之脱水成熟、干香滋润成菜的烹调方法。煸制菜肴具有色泽红亮、干香滋润、软嫩化渣的特点。多用于纤维较长或结构紧密的动物性原料如牛肉、猪肉、鱿鱼、鳝鱼等，以及质地鲜嫩水分较少的根茎果类原料如茄子、苦瓜、豆角、豆芽、冬笋、茭白等。辅料多选用蒜薹、冬笋、芹菜、韭黄、豆芽等富含辛香味和质地脆嫩的原料，帮助增加干煸菜肴的香味，形成良好的质感。

1. 烹调程序

原料选择→切配处理→码味→滑油或直接煸→干煸烹制→调味→装盘

（1）原料选择。适宜干煸的原料应选择细嫩无筋的动物性原料和新鲜细嫩或辛香味浓的根茎类蔬菜。

（2）切配处理。原料一般切成丝、条、滚料块形状，如鳝鱼、牛肉、苤蓝、苦瓜等，或像豆芽的自然细小形状，有利于把原料水分煸干。

（3）码味。多数原料在烹制前都需要码味，以除去腥膻臊味或多余的水分，保持原料脆嫩质感。码味的调味品通常是精盐、料酒。

（4）滑油煸制。一般动物性原料和部分植物性原料在干煸前宜放入 4～5 成热油中进行滑油处理，滤油后再反复煸炒至干香滋润油亮。滑油处理利于迅速煸干原料水分，缩短干煸时间，又能保持原料色泽和质感。注意有些植物原料不需滑油，直接用旺火煸干水分即可。

（5）调味装盘。原料干煸至所需程度，加入辅料炒断生，再加入调味品，翻炒均匀即成。

2. 操作要领

（1）原料选择恰当。适合干煸的动物性原料必须是细嫩无筋的，植物性原料必须是新鲜细嫩或辛香味浓的根茎类蔬菜。

（2）刀工要求规格一致。

（3）掌握好码味和烹制时加入调味品的时间，码味和调味准确。

（4）调节好油温和火候。

3. 注意事项

（1）动物性原料在滑油或直接煸制前可加入适量色拉油，利于原料散籽。

（2）成菜后动物性原料要突出酥软、干香、化渣的特点，植物性原料要突出嫩、脆、鲜的特点。

【菜例】 干煸牛肉丝　干煸鱿鱼丝　干煸四季豆

干煸牛肉丝

● **干煸牛肉丝**

主料：牛里脊肉 300 g

辅料：蒜苗 50 g、芹菜 75 g

调料：姜丝 15 g、郫县豆瓣 30 g、精盐 2 g、料酒 20 g、酱油 10 g、味精
　　　 1 g、花椒粉 3 g、香油 5 g、色拉油 75 g

烹调方法：

1. 将牛里脊肉切成粗丝，芹菜切成 4 cm 长的节，蒜苗对剖后切成 4 cm 长的节，豆瓣剁细。

2. 锅内放油，用旺火加热至 150 ℃ 时放入牛肉丝煸炒，炒至牛肉水分将干时，放入豆瓣继续煸炒，边炒边加入剩余的油，炒至牛肉将酥时，放入姜丝、料酒、精盐、酱油炒出香味，放入芹菜节、蒜苗节炒断生，加入味精、香油和匀起锅装盘，撒上花椒粉成菜。

注意事项：

1. 选料要准确。

2. 锅要炙好，以免影响菜肴质量。

3. 掌握好煸炒火候，成菜质地要求干香化渣。

4. 牛肉丝可先进行过油处理，除掉多余水分后再煸制，可以缩短成菜时间。

特点：色泽红亮，肉质干香化渣，麻辣味厚。

● **干煸鱿鱼丝**

主料：干鱿鱼 200 g

辅料：猪瘦肉 100 g、绿豆芽 50 g、干辣椒 10 g

调料：精盐 3 g、酱油 10 g、白糖 3 g、胡椒粉 1 g、料酒 10 g、味精 0.5 g、香油 5 g、色
　　　 拉油 75 g

烹调方法：

1. 干鱿鱼用温水泡软，去头、尾、骨，横着切成二粗丝；猪瘦肉切成粗丝；干辣椒去籽切成粗丝；绿豆芽取中段。

2. 锅内放油，用旺火加热至 120 ℃ 时，放入鱿鱼丝煸炒至熟，烹入料酒炒匀捞起待用。

3. 锅内放油，用旺火加热至 150 ℃ 时，放入猪肉丝继续煸炒，炒至猪肉丝水分将干时，加入精盐、料酒、酱油、白糖、胡椒粉炒匀至肉丝干香，再加入绿豆芽炒断生，最后加入鱿鱼丝、干辣椒丝、味精、香油和匀，起锅装盘成菜。

注意事项：

1. 干鱿鱼泡软即可。

2. 鱿鱼刀工处理时要横着切，如果顺着切，加热后会卷曲成圆圈。

3. 绿豆芽下锅炒制时间宜短，断生即可，使其保持嫩脆。

特点：色泽金黄，干香味美，风味独特。

● **干煸四季豆**

主料：四季豆 250 g

辅料：猪肉末 50 g、碎米芽菜 15 g

调料：精盐 2.5 g、味精 0.5 g、葱花 10 g、酱油 3 g、白糖 4 g、香油 2 g、色拉油 1 000 g（实耗 60 g）

烹调方法：

1. 四季豆撕去边筋，用手摘成 6 cm 长的段。

2. 锅内放油，用中火加热至 80 ℃ 时放入猪肉末炒香，再加入精盐、酱油炒至干香待用。

3. 将四季豆放入 150 ℃ 中温油锅中炸至色碧绿、略皱皮、刚熟捞出。

4. 锅内放油，用中火加热至 120 ℃ 时放入炸后的四季豆煸炒，加入芽菜、肉末、精盐、白糖等炒出香味，加入香油、味精、葱花和匀，起锅装盘成菜。

注意事项：

1. 四季豆过油时注意保持颜色翠绿，不能炸焦黄。

2. 煸炒时间较短，应保持四季豆脆嫩口感。

特点：色泽碧绿，质地脆嫩，干香醇厚。

十一、烤

烤是指利用柴、炭、煤、天然气等燃烧或通过辐射产生的热能使原料成熟的烹调方法。成菜具有色泽美观、皮酥内嫩或内外软嫩、鲜香可口的特点。适用于禽畜肉类、鱼类、海产品等动物原料和多数根茎果实类植物原料。部分原料烤制前要先进行码味处理；烤制时间视原料的形体大小、质地、风味特色要求而定；部分菜肴烤制成菜后需要配味碟食用。根据烤制工具的不同，烤分为暗炉烤和明炉烤。

（一）暗炉烤

暗炉烤又称焖炉烤，是将原料挂在烤钩上，或放在烤盘里，再放入封闭的烤炉里烤制成菜的方法。此法的优点是温度稳定，原料受热均匀，烤制时间较短。一般生料多挂在烤钩上烤，烤半熟及带卤汁的原料多用烤盘。烤箱烤制也属暗炉烤。

（二）明炉烤

明炉烤又称叉烤，是指将原料用烤叉叉好，在敞口的火炉或火盆上烤制成熟，或放在烤盘（炙子）上反复烤制熟透的方法。此法的优点是设备简单、方便易行、火候易于掌握。但因火力分散，烤制的时间较长，所以技术上的难度也较大。适用于乳猪、全羊、牛肉、猪方肉、鸡、鱼等大块或整形原料，墨鱼须、扇贝、羊肉串、鸡翅等各种小型动物原料，以及多数根茎果实类植物原料。

1. 烹调程序

原料选择（大块形状）→加工处理→码味→烤制→
刀工处理→装盘（配味碟）成菜

原料选择（小型原料）→刀工处理→直接或码味→烤制→装盘或配味碟成菜

（1）原料选择。动物原料要求是刚宰杀的、新鲜无异味，植物原料要求是当天采摘的新鲜原料。

（2）加工处理。原料在烤制前必须进行适当的整理。动物原料要进行码味处理或烫皮、涂饴糖上色、凉皮处理；部分原料还可用猪网油、面粉、黄泥等包裹后再行烤制；大部分动物原料和植物原料要经过刀工处理、码味后才能烤制。

（3）烤制。根据不同的原料采用不同的烤制方式。

（4）装盘成菜。大型原料装盘前都要进行刀工处理，多数菜肴还要配上各种味碟一起食用。

2．操作要领

（1）码味时间要足，基础味要准确。

（2）暗炉烤要将火力控制好，要掌握好各种原料的烤制时间，注意成菜颜色。

（3）明炉烤要经常翻动原料，使其受热成熟和上色均匀。

3．注意事项

（1）速冻肉类原料和死鱼等不宜烤制食用。

（2）饴糖的多少会影响色泽和口感。

（3）火力大小要与原料的成熟度匹配，防止原料外皮烤焦而里面未成熟。

【菜例】 烤全鱼　串烤鸡串

● 烤全鱼

主料：鲤鱼 750 g（1 尾）

辅料：猪肥瘦肉 100 g、火腿 25 g、冬笋 25 g、碎米芽菜 25 g、猪网油 200 g

调料：姜 10 g、葱 25 g、精盐 6 g、料酒 10 g、酱油 50 g、蛋清淀粉 20 g、香油 30 g、色拉油 25 g

烹调方法：

1. 鲤鱼加工洗净后两面剞 4 刀，深度为 2 cm；用姜片、葱段、精盐、料酒码味 10 分钟取出，揾干水分；猪肉、芽菜洗净剁成末；火腿、冬笋分别剁成粒。

2. 锅内放色拉油，加热至 80 ℃时放入肉末炒香后放入芽菜、火腿、冬笋炒香，加入精盐、酱油、料酒和匀起锅，晾凉后装入鲤鱼腹部。

3. 将猪网油平铺于案板上，用刀修平油梗，抹上一层蛋清淀粉。

4. 将鱼用猪网油包裹好，放在烧烤炙子中夹好，放在调整好的杠炭火上烤制，相隔一定时间翻面并刷香油；待两面烤至金黄色出香味时取出，用刀划破网油，将鱼取出保持整形装入盘中即成。

注意事项：

1. 猪网油包裹鱼时一定要裹紧。

2. 烤制时火力不要过旺，防止烤煳。

特点：鲜香味浓，咸鲜可口。

● 串烤鸡串

主料：鸡脯肉 400 g

辅料：猪肥膘肉 100 g

调料：精盐 6 g、五香粉 10 g、味精 1 g、孜然粉 10 g、干辣椒末 15 g、花椒粉 5 g、色拉油 50 g

烹调方法：

1. 将干辣椒末、花椒粉、精盐 3 g、味精调成干辣椒碟。

2. 将鸡脯肉切成 1 cm 宽、8 cm 长、0.4 cm 厚的长方形片；猪肥膘肉切成 2 cm 见方的丁；用盐、料酒码味 10 分钟。

3. 将鸡脯肉串在竹签上，两头串上猪肥膘肉，放于烤炉炙子上烘烤，边烘烤边撒调味品并刷油。至表面将干且成熟时取出，粘上干辣椒碟中的调味品即成。

注意事项：

1. 原料码味时底味不宜过浓。

2. 烤制时火力不要过大，防止焦煳。

3. 烧烤过程中注意刷油及调味。

特点：色泽红亮，麻辣味浓，外酥香内熟软。

十二、拔　丝

拔丝是指将水果类或淀粉含量较高的根茎类原料，经刀工处理后直接或经挂糊、拍粉，放入油锅中炸成半成品，再粘裹一层能起丝的糖汁成菜的烹调方法。拔丝呈琥珀色，具有明亮晶莹、外脆里嫩、口味甜香的特点。适用的原料有土豆、香蕉、苹果、红苕、梨、莲米、山药、百合等原料。

1. 烹调程序

原料选择→刀工处理→挂糊、拍粉或直接→炸制→熬糖汁→装盘→拔丝成菜

（1）刀工处理。选择新鲜成熟水果，去皮去核，切成大丁、块、条或自然形态。其他原料要求去皮后再进行刀工处理。

（2）挂糊、拍粉炸制。大部分拔丝菜肴需要挂糊，个别的只拍粉，少部分直接炸。一般用蛋清淀粉糊、全蛋糊、蛋泡糊等，采用重油炸的方法炸制两次，至外酥脆、内软嫩的质感。

（3）熬糖拔丝。在干净的锅中放入少量油，加入白糖，用小火加热，使白糖完全溶化成琥珀色发亮的糖汁；放入刚炸好的原料，轻轻翻动，使糖汁均匀地黏附在原料表面，盛入涂过油脂的盘中，用筷子迅速夹起原料向上提，拔起糖丝，配一碗凉开水同时上桌成菜。

2. 操作要领

（1）不挂糊的原料，直接入油锅炸熟至外表酥脆，捞出滴干油分，随即放入熬好的糖汁中粘糖拔丝。原料挂糊油炸时，糊的干稀稠度要掌握好，防止糊脱落，影响原料形态美观。同时要滴干原料的油分，使糖汁的黏性更强。

（2）一般第二次油炸要与熬糖同步进行，两者紧密配合，增强粘糖效果，保证拔丝菜肴的质感特色。

（3）原料放入糖汁中翻动裹匀后及时起锅入盘，增强拔丝效果。并配上一碗凉开水同时上桌。客人食用时，用筷子夹住一块原料入凉开水中浸泡一下即可食用。

3. 注意事项

（1）刀工处理后要防止原料色泽褐变。

（2）拔丝时让原料保持一定的温度。原料温度太低，不易拔丝。

（3）熬制糖汁，一般用白糖和油脂采用油炒的方式，也可用清水、油脂、白糖一起水油合炒，也可以采用清水与白糖的水炒方式，还可以只用白糖干炒。

（4）成菜后立即上桌食用。食用时蘸凉开水降温，才能保证香脆质感。

（5）熬制糖汁时可加入一两滴白醋或柠檬酸，增加拔丝的长度。

【菜例】 拔丝香蕉　拔丝土豆

● 拔丝香蕉

主料：香蕉 200 g

辅料：面粉 15 g、干淀粉 45 g、蛋清 75 g

调料：白糖 100 g、凉开水 100 g、色拉油 1 500 g（实耗 50 g）

烹调方法：

1. 将蛋清用筷子抽打成蛋泡，加入面粉、干淀粉调制成松糊。

2. 香蕉剥皮后切成滚料块。凉开水分别装入两个小碗内。

3. 将香蕉块逐个挂糊，放入 110 ℃ 油锅中炸定型捞出；待油温回升至 180 ℃ 时，将香蕉放入油锅内复炸至外酥色金黄捞出沥油；圆盘预热并淋上热油待用。

4. 锅内放油 10 g，加入白糖炒至糖溶化转为浅黄色时，将锅端离火口，倒入炸好的香蕉迅速翻动，使糖液均匀地粘裹在香蕉上，然后装入圆盘内，配两碗凉开水上桌成菜。

注意事项：

1. 香蕉剥皮、挂糊、炸制时间间隔不宜过久。

2. 香蕉炸制与熬糖要结合起来，才能保证质感符合要求。

3. 盛器要预热、淋油，否则易炸裂、粘连。

特点：色泽金黄，拔丝晶莹，外酥脆内软嫩，甜香可口。

● 拔丝土豆

原料：土豆 200 g

调料：白糖 100 g、凉开水 100 g、色拉油 1 500 g（实耗 50 g）

烹调方法：

1. 土豆削皮后切成滚料块，放入清水中浸泡。

2. 将土豆块沥干水分，放入 150 ℃ 中温油锅中炸定型至熟捞出；待油温升至 220 ℃ 时，放入土豆块复炸至外酥色金黄捞出沥油；圆盘预热并淋上热油待用。

3. 锅内放油 10 g，加入白糖炒至糖溶化转为浅黄色时，将锅端离火口，倒入炸好的土豆迅速翻动，使糖液均匀地粘裹在土豆上，然后装入圆盘内，配两碗凉开水上桌成菜。

注意事项：

1. 土豆在炸制前易褐变，注意保色。

2. 炸制油温不宜过高，防止颜色过深。

特点：色泽金黄，拔丝晶莹，外酥内软，甜香可口。

从传统的烹调方法分类来看，还有很多烹调方法，如熏、酱、炝、扒、煨、炖、焖、灼、涮、烹、蜜汁等，实质上都是从以上烹调方法演变而来，同学们可以自己查找资料学习，找出不同点和操作难点。

基本功训练

基本功训练一 "拌"的基本功训练

训练名称 怪味鸡丝的制作

训练目的 通过制作怪味鸡丝，掌握拌烹调方法的操作过程及操作要领，了解和掌握拌制的原料初加工的方法及操作要领。

成菜要求 质嫩鲜香，咸甜麻辣酸鲜具备，风味独特。

训练原料 鸡腿一只 350 g、葱 20 g、酱油 10 g、白糖 25 g、花椒油 10 g、辣椒油 40 g、香油 15 g、醋 15 g、芝麻酱 15 g、熟芝麻 4 g、味精 2 g、精盐 1 g

训练过程

1. 鸡腿、姜、葱洗净入锅，温水 1 500 g 烧沸，撇去浮沫，将鸡腿焖入水中，小火煮至刚熟捞出，刷上香油 5 g 放凉。

2. 鸡腿去骨，切成 0.4 cm 粗的头粗丝；葱切成丝。

3. 葱丝放盘中，上面放入鸡丝；将精盐和芝麻酱用醋、酱油解澥，加入白糖、味精、花椒油、辣椒油、香油 10 g 调匀，淋在鸡丝上，再放入熟芝麻即可。

训练总结

基本功训练二 "炸收"的基本功训练

训练名称 糖醋排骨的制作

训练目的 通过制作糖醋排骨，掌握炸收烹调方法的操作过程及操作要领。

成菜要求 色泽棕亮，干香滋润，甜酸醇厚。

训练原料 猪排骨 200 g、姜 10 g、葱 20 g、花椒 0.5 g、精盐 0.5 g、料酒 10 g、白糖 75 g、醋 25 g、熟芝麻 3 g、香油 3 g、鲜汤 250 g、色拉油 1 000 g（实耗 50 g）（以每人为训练单位）

训练过程

1. 姜切片，葱切段，猪排骨斩成 5 cm 的段。

2. 排骨放入沸水中焯水除去血污，捞出装入碗中，加入精盐、花椒、姜片 5 g、葱段 10 g、料酒 5 g、鲜汤，放入蒸柜中蒸至软熟时取出，捞出排骨，沥干水分。

3. 将排骨放入 180 ℃ 高温油锅中炸成金黄色捞出。

4. 另取锅加入油，加热至 80 ℃ 时放入姜片 5 g、葱段 10 g 炒香，加入鲜汤、白糖、精盐、料酒 5 g、排骨，加热至沸后撇去浮沫，改用小火继续加热收汁至汁浓稠时加醋，继续收汁至味汁粘裹于原料表面、亮油时起锅，淋香油拌匀，装入盆内，晾凉后撒上熟芝麻装盘即成。

训练总结

基本功训练三 "腌"的基本功训练

训练名称 珊瑚雪莲的制作

训练目的　　通过制作珊瑚雪莲，掌握腌渍烹调方法的操作过程及操作要领。

成菜要求　　色泽洁白，质地脆嫩，甜酸爽口。

训练原料　　莲藕200 g、精盐2 g、白糖100 g、果酸2 g、凉开水400 g（以每人为训练单位）

训练过程

1. 将藕刮去皮后切成厚0.2 cm的片，用清水冲洗后，放入盐水中浸泡备用。

2. 用果酸、凉开水、精盐、白糖调成甜酸味汁备用。

3. 将藕片放入沸水锅中焯水至断生捞出，放入凉甜酸味汁中浸凉备用。

4. 将藕片从味汁中捞出，装入盘中，淋上浸渍的甜酸味汁即成。

训练总结

<h2 style="text-align:center">基本功训练四　"炒"的基本功训练</h2>

训练名称　　鱼香肉丝的制作

训练目的　　通过制作鱼香肉丝，掌握滑炒烹调方法的操作过程及操作要领，同时了解和掌握相类似烹调方法的操作过程。

成菜要求　　色泽红亮，肉质细嫩，鱼香味浓，姜葱蒜味突出。

训练原料　　猪臀肉150 g、青笋25 g、水发木耳25 g、姜米6 g、蒜米12 g、葱花18 g、泡红辣椒末25 g、精盐1.5 g、酱油5 g、料酒1 g、白糖8 g、醋10 g、味精1 g、鲜汤25 g、水淀粉20 g、色拉油50 g（以每人为训练单位）

训练过程

1. 将猪肉、青笋切成二粗丝，水发木耳切成粗丝。

2. 将精盐1 g、料酒2 g、酱油、醋、白糖、味精、鲜汤、水淀粉10 g兑成调味芡汁。

3. 猪肉丝用精盐、料酒码味，再用水淀粉上浆；青笋丝用盐腌渍，自然滴干水分待用。

4. 锅内放油，用旺火加热至120 ℃时，放入肉丝，快速翻炒至断生，加入泡红辣椒末、姜米、蒜米炒香炒红，再放入青笋丝、木耳丝炒至断生，烹入调味芡汁炒匀，待收汁亮油时放入葱花和匀，起锅装盘成菜。

训练总结

<h2 style="text-align:center">基本功训练五　"爆"的基本功训练</h2>

训练名称　　火爆鱿鱼卷的制作

训练目的　　通过制作火爆鱿鱼卷，掌握火爆烹调方法的操作过程及操作要领，同时了解和掌握相类似烹调方法的操作过程。

成菜要求　　色泽浅黄、成形美观、质地嫩脆、咸鲜爽口、微带甜酸。

训练原料　　鲜鱿鱼300 g、水发兰片15 g、菜心15 g、姜5 g、蒜10 g、马耳朵葱20 g、马耳朵泡红辣椒10 g、精盐4 g、白糖8 g、醋10 g、胡椒粉1 g、味精1 g、料酒5 g、酱油3 g、香油2 g、水淀粉15 g、色拉油75 g、鲜汤30 g（以每人为训练单位）

训练过程

1. 鱿鱼撕去外膜，洗净后直刀剞成刀距0.3 cm、深度为原料的三分之二的十字花形，然后再改成长5 cm、宽4 cm的块；水发兰片斜刀片成薄片；姜蒜切成指甲片；葱切成马耳朵形；泡红辣椒去籽去蒂后切成马耳朵形；菜心洗净后摘成小段。

2. 用一个小碗加入精盐、料酒、胡椒粉、味精、白糖、醋、酱油、香油、水淀粉、鲜汤兑成荔枝味感的调味芡汁。

3. 锅内烧清水至沸腾，放入切好的鱿鱼块焯水至蜷曲成卷捞出。

4. 锅内放油，用旺火加热至170℃时，放入姜片、蒜片、马耳朵葱、马耳朵泡辣椒、鱿鱼爆炒，再加入水发兰片、菜心炒匀断生，烹入兑好的调味芡汁炒匀收汁入味起锅，盛入盘中即可。

训练总结

基本功训练六 "熘"的基本功训练

训练名称 鲜熘肉片的制作

训练目的 通过制作鲜熘肉片，掌握鲜熘烹调方法的操作过程及操作要领，同时了解和掌握相类似烹调方法的操作过程。

成菜要求 色泽美观，质地嫩脆，咸鲜可口。

训练原料 里脊肉200 g、西红柿100g（1个）、冬笋15 g、菜心25 g、精盐4 g、料酒3 g、味精1 g、胡椒粉0.5 g、水淀粉8 g、蛋清淀粉40 g、鲜汤40 g、色拉油750 g（实耗60 g）（以每人为训练单位）

训练过程

1. 猪里脊肉切成5 cm长、3 cm宽、0.15 cm厚的肉片；西红柿去皮和内瓤后切成荷花瓣形，用清水冲洗一下；冬笋焯水后斜刀片成薄片。

2. 肉片用精盐1 g、料酒码味，再用蛋清淀粉上浆备用。

3. 将精盐、味精、胡椒粉、水淀粉、鲜汤兑成调味芡汁。

4. 锅内放油，用中火加热至80℃时，放入肉片，用筷子轻轻将其拨散，待其散籽发白后滗去锅中多余的油，放入冬笋片、菜心炒断生，将调好的芡汁烹入锅中炒匀，收汁亮油后加入西红柿片和匀，起锅装盘成菜。

训练总结

基本功训练七 "烧"的基本功训练

训练名称 红烧牛肉的制作

训练目的 通过制作红烧牛肉，掌握红烧烹调方法的操作过程及操作要领，同时了解和掌握相类似烹调方法的操作过程。

成菜要求 色泽红亮，咸鲜微辣，家常味浓。

训练原料 牛肋肉200 g、土豆50 g、姜5 g、葱15 g、干辣椒5 g、花椒0.5 g、郫县豆瓣25 g、五香料（八角、桂皮、小茴、香叶）3g、精盐4 g、料酒10 g、味精0.5 g、白糖2 g、糖色10 g、鲜汤200 g、香菜5 g、色拉油2 000 g（实耗50 g）（以每人为训练单位）

训练过程

1. 牛肉切成小方块；土豆削皮，切成滚料块；姜切成片，葱切成段；干辣椒去籽，切成节；豆瓣剁细；香菜切成节。

2. 将牛肉块放入180℃高温油锅中滑油捞出待用。

3. 锅内放油，用旺火加热至 80 ℃ 时，放入豆瓣、干辣椒、花椒、姜片、葱段炒香炒红，加入鲜汤、精盐、白糖、料酒、味精、糖色、五香料、牛肉块，加热至沸后撇去浮沫，改用小火继续加热至牛肉熟软后，拣去姜葱、干辣椒、五香料，放入土豆烧至熟透，改用大火将汁收浓，起锅装盘撒上香菜即成。

训练总结

基本功训练八 "蒸"的基本功训练

训练名称 清蒸鲜鱼的制作

训练目的 通过制作清蒸鲜鱼，掌握清蒸烹调方法的操作过程及操作要领，同时了解和掌握相类似烹调方法的操作过程。

成菜要求 肉质细嫩，味鲜醇厚。

训练原料 草鱼 600 g（1尾）、姜 10 g、葱段 15 g、精盐 8 g、料酒 15 g、胡椒粉 0.5 g、蒸鱼豉油 50 g、味精 1 g、鲜汤 100 g、色拉油 20 g（以每人为训练单位）

训练过程

1. 姜 3 g 切细丝，其余切成片；葱段 5 g 切成粗丝，用清水浸泡待用。

2. 鱼加工清洗后，在鱼身两侧各斜剞四刀，用精盐 3 g、料酒 5 g、姜片、葱段码味 15 分钟。

3. 将码味后的鱼放入蒸盘中，淋上由精盐、料酒、胡椒粉、味精、鲜汤调成的味汁，放入蒸柜中蒸 10 分钟熟透取出，淋入蒸鱼豉油，撒上姜丝、葱丝。

4. 将 150 ℃ 热油淋在鱼身上，烫出姜葱香味成菜。

训练总结

基本功训练九 "炸"的基本功训练

训练名称 椒盐里脊的制作

训练目的 通过制作椒盐里脊，掌握软炸烹调方法的操作过程及操作要领，同时了解和掌握相类似烹调方法的操作过程。

成菜要求 色泽金黄，外酥内嫩，鲜香醇厚。

训练原料 猪里脊肉 150 g、姜片 5 g、葱段 10 g、精盐 4 g、料酒 5 g、味精 1 g、全蛋淀粉糊 100 g、色拉油 1 000 g（实耗 50 g）、椒盐末 3 g（以每人为训练单位）

训练过程

1. 猪里脊肉切成 1 cm 厚的片，剞十字花刀，切成小一字条，用姜片、葱段、精盐、料酒拌匀，码味 5 分钟。

2. 椒盐末、味精和匀调成椒盐味碟。

3. 将里脊肉条与全蛋糊拌匀，分散逐一放入 150 ℃ 中温油锅中炸至断生呈浅黄色捞出，待油温回升至 220 ℃ 时放入里脊肉条复炸至皮酥呈金黄色捞出装盘，配椒盐味碟成菜。

训练总结

基本功训练十 "拔丝"的基本功训练

训练名称 拔丝香蕉的制作

训练目的 通过制作拔丝香蕉，掌握拔丝烹调方法的操作过程及操作要领，同时了解和掌握蜜汁、糖粘等烹调方法的操作过程。

成菜要求 色泽金黄，拔丝晶莹，外酥脆内软嫩，甜香可口。

训练原料 香蕉 100 g、面粉 10 g、干淀粉 25 g、蛋清 50 g、白糖 75 g、凉开水 100 g、色拉油 1 500 g（实耗 50 g）（以每人为训练单位）

训练过程

1. 将蛋清用筷子抽打成蛋泡，加入面粉、干淀粉调制成松糊。

2. 香蕉剥皮后切成滚料块。凉开水分别装入两个小碗内。

3. 将香蕉块逐个挂糊，放入 110 ℃ 油锅中炸定型捞出，待油温回升至 180 ℃ 时将香蕉放入油锅内复炸至外酥色金黄捞出沥油；圆盘预热并淋上热油待用。

4. 锅内放油 10 g，加入白糖炒至糖溶化转为浅黄色时，将锅端离火口，倒入炸好的香蕉迅速翻动，使糖液均匀地粘裹在香蕉上，然后装入圆盘内，配两碗凉开水上桌成菜。

训练总结

📋 本章小结

中国的烹调方法多种多样，本章选取最基础、最常用的烹调方法，主要从其操作流程、制作要领、注意事项、菜肴举例等方面加以介绍，让大家掌握常用烹调方法的操作过程和技巧。同时，通过一定数量的实习训练，让学生能较灵活地运用知识和技能，完成相应菜肴的制作。

📋 复习思考题

1. 列出常用的烹调方法并简述各自的操作要领。

2. 烹调方法"炒"和"爆"在操作过程和成菜要求上有什么异同点？

3. 每一种烹调方法制作出来的菜肴，其成菜特点是什么？

第十一章

菜肴装盘造型工艺

学习目标

通过本章的学习，掌握菜肴装盘造型艺术原则，热菜装盘形式和餐具选择及盛菜的手法，凉菜装盘造型和设计。凉菜装盘的构思和卫生要求，装盘工艺的基本的内容，熟悉菜肴装盘造型的要求。

装盘是菜肴成菜的最终体现，菜肴评定标准是以色、香、味、型、器五种评定为依据。菜肴造型分为凉菜和热菜造型，真实体现菜肴的完美性和烹饪技术的艺术性、文化性、美观性、食欲性、卫生和营养性。

菜肴的造型是刀工配料、烹制、火候、风味调配及装盘装饰的综合体现，是评价菜肴质量的一项指标，也是体现厨师精湛厨艺的一个重要方面，与色泽、质感、温度等属于评价菜品优劣的物理风味特色的指标。菜肴的造型离不开厨师的切配技术、烹调技术、艺术修养和装盘技术。刀工切配技术体现菜肴的"形"的变化，烹调技术使菜品原料的"形"的变化更完美，而且使菜品形状确定，菜品的色彩更加鲜艳并促进食欲。出锅装盘后进行美化处理后上桌，更加体现菜品的档次和厨师的技术和艺术手法，真实体现餐饮企业厨师队伍较强的技术水平。

一、菜肴装盘造型的作用

菜肴装盘造型是将烹饪原料的天然美与刀工的艺术美相结合。菜肴的装盘造型，从饮食心理学讲，是顾客通过美食的感观产生喜好，并对菜肴产生心理上的反射来影响食欲。菜肴造型和装盘的艺术给菜肴增添了更高的价值，提高了餐饮企业的声誉和影响力。菜肴装盘造型的美，是菜肴提升档次的标志，也是餐饮企业技术水平的体现。

二、菜肴装盘的种类

菜肴装盘丰富多彩，菜肴烹制方法不同，成菜色泽不同，味型不同，形状不同，在装盘形式上的变化也不同。烹饪原料的自然形状各有差异，经过刀工技术手法，加工成符合菜肴要求形状造型的烹饪半成品。自然原料造型的有金橘、金瓜、雪梨、鸽子、全鱼、整鸡、虫草鸭、全鱼等。都有自然之美，在装盘上采用大条盘或大圆盘。如按现代用餐形式，较高接待要求采用小型餐具，并采用分餐形式。上桌后客人先观赏，再由服务员进行分餐，这样更卫生。烹饪原料解体切割后成块、片、丝、条、雀翅等形状。在菜肴成菜后，可做菜肴围边装饰，使菜肴更丰满美观。出色的厨艺，需要一个有创意的装盘设计来衬托，配合上别致的餐盘，简单的点缀，不同的食材，也能立马与菜肴融为一体，形成一道道精美菜肴。

第一节　装盘的基本要求

做好个人穿戴卫生、刀具卫生、菜墩卫生、手巾卫生、餐具卫生等，特别是熟食菜肴工作间对卫生要求更加严格，要求无尘，地面洁净，工作间四周及顶部清洁无污痕，调味用具清洁而放置整齐，盘、碟、盒等用具摆放整齐，必备一次性手套。加工装盘工作人员工作时一定要戴上口罩，餐盘应放入消毒柜中进行消毒杀菌处理，这是对凉菜工作间的特定要求。

装盘是将烹制好的菜肴装到盛器中供上桌食用的操作方法，是菜肴制作的最后一个步骤，是一项具有一定技术性和艺术性的操作工序。在操作过程中，要注意以下要求：

一、注意清洁卫生

菜肴经过前面的各种处理，已经达到消毒杀菌的作用，成品符合食用要求，在装盘时必须严防细菌、灰尘等污染菜肴，应做到以下几点：

（1）装盘的盛具必须严格清洗消毒，无水迹。符合饮食卫生要求。

（2）装盘时手不能直接接触菜肴，应使用厨具夹（勺、筷）。需用手装盘的造型的菜品，必须带上一次性卫生手套。

（3）操作者工装洁净，凉菜操作间应无尘无菌，在操作时应戴上口罩，保证菜肴安全卫生。

（4）热菜装盘时，锅边不能靠近盘边，不要用炒勺敲锅。保持锅与盘有 10 cm 左右的距离。防止锅底上的灰落入盘内，影响菜肴美观及风味。

（5）菜肴按要求装在盘中正确地方，保持盘边清洁卫生。如不慎将汤汁或油汁溅在盘的边沿上，应立即用干净毛巾或餐巾纸擦干净。一般来说装盘时做到圆盘装菜形成宝塔，条盘装菜形成椭圆形，个别酥炸类、烤制类、煎制类菜品如"锅贴鱼片""酥炸鸭方""一品鸡糕"等菜肴，装盘注重外形整齐美观，菜肴占盘子中间位置的 2/3，余 1/3 放置生菜或味汁，并保持一定的距离。炒、爆、熘、烧、烩等菜品的油和味汁不能超过盘内的腰线。

二、装盘丰满，突出主料

装盘应主次分明、层次明显、突出主料，一般不将菜肴向四面摊开，或者只留出盘边，更不能将盘边遮盖住。菜肴的主料应装在明显的位置，使主料突出、醒目，切不可将辅料盖着主料。如白油肉片，主料是肉片，辅料是青笋和木耳，配料是泡红辣椒及姜、蒜、葱，调味汁咸鲜风味，调味品采用无色调味料，在装盘时首先应将片形好的肉片放在上面一部分，再将翠绿色青笋片、黑色木耳、红色泡红辣椒节放在肉片旁边，使其色泽美观、层次分明，突出主料和菜肴整体风味特色。又如火爆腰花，刀工技术在前，经过加热后花形更加明显，主题更加明确。所以应将花形好、符合要求的主料放在上面，做到主料显现，辅料衬托主料，各料色泽分明。总之，要想在装盘中体现主次分明，就必须要有娴熟的握锅技巧和勺工技术，做到辅料放盘中，主料盖面，以突出主料。

三、注重菜肴色形美观

菜肴装盘时应注意色、形的和谐美观，主辅料配合得当，色彩鲜艳，形态美观。恰当运用盛器，其形状、色泽、质地需符合菜肴要求，装盘美化菜肴，尽可能达到"美食配美器"。例如清汤鸡丸的盛器应选择色泽洁白或青花、格调素雅、材质精美的细陶瓷餐具，成菜后鸡丸大小均匀、色白，浮于汤面，质感滑嫩，汤清澈见底，味感鲜美清淡，配上翠绿鲜嫩的菜心、红色的西红柿，使此菜更加美观艳丽。

四、分量得当

一道菜肴装入盘中，应注意菜肴分量与餐具大小相适应，成菜后给人感觉要大气。有时菜肴数量虽然不多，又需要较大餐具盛装，这就要求对菜肴进行恰当的装饰围边，突出菜肴。有时在一锅成菜，分份盛装时要注意每盘菜肴的数量相当。这在烹制宴席菜肴以及就餐高峰时段最为常见。一般都是由打荷人员完成。在分份装盘时应先按所需的份数大体分装均匀，再将每盘菜肴分均匀，突出主料。

第二节　装盘的方法

一、凉菜的装盘方法

凉菜有时也叫开席菜，最先与消费者见面。凉菜装盘的好坏直接影响着消费者对餐厅的印象，所以，在菜肴制作过程中都非常注意对凉菜的装盘。凉菜装盘与刀工处理紧密相关，原料经过刀工处理后，根据成菜的具体要求进行适当的装盘。

（一）凉菜装盘的三个步骤

1. 垫　底

装盘时将辅料或刀工不成形的主料放入盘中垫底，使最后装盘显得丰满，如五香牛肉装盘时，将较为碎散不成形的牛肉放入盘中，集中摆放垫底（见图11-1）。

2. 装　边

装边又称盖边，注重大小规格，讲究刀法技巧。采用比较整齐的熟料，或加工处理后的可食性原料，刀工处理后摆放在垫底原料的周围，做到原料形状长短、大小、厚薄一致，整齐规范（见图11-2）。

图 11-1　垫底

图 11-2　装边

3. 装刀面

装刀面又称盖面。把质量最好的熟料或加工处理后的可食性原料均匀地排叠在熟菜墩上，右手握刀，将熟料铲放在刀上，左手掌托起放在盘中间盖在最上面。盖面的原料经过严格的刀工操作，刀口整齐一致，原料表面刀口平整、厚薄均匀、长短一致、排列美观整齐。如五香牛肉，可将卤制好的牛肉，修掉边角料，采用直刀法切成片，整齐摆放，再盖在菜肴的最上面，盖住上一步留下的缺口，成菜美观整齐（见图 11-3）。

图 11-3　装刀面

（二）冷菜装盘的六种手法

1. 排

排是指将原料规格地排列，再用刀铲起，用手压住原料准确地放在盘中（见图 11-4）。各种熟料可以取各种形状和不同排法，有的适宜排成锯齿形、桥形、一封书或三叠水，有的适宜逐层和配色间隔排列等。

2. 堆

原料成形多样，有丁、丝、块、片、粒、十字花形等，在装盘方法上，就是把菜肴堆入盘中（见图 11-5）。在堆的技法上，应先将形好的放在一边，再将成形较差且不够均匀的放在盘中，把形好的放在上面。可以堆放成宝塔形、正方形、三角形等各种形状。

图 11-4　排

图 11-5　堆

3. 叠

先将原料加工成片状，整齐地叠放起来，再叠成梯形、长方形、正方形等形状（见图 11-6）。叠时需要与刀工紧密结合，切一片叠一片，或切数片摆放在一边，然后用刀铲起盖在已垫底围边的原料上。叠的原料以韧性和软脆性原料为主，如卤牛肉、叉烧肉、老腊肉等。要求间距整齐、厚薄相等、规格一致、保持刀路。

图 11-6　叠

4. 围

围是指将切好的原料排列整齐，右手用刀铲起原料，左手压住原料，放到垫底原料周围，形成环状，排列整齐围绕一圈（见图 11-7）。

另一种"围"是将凉菜分三个步骤完结后，采用和主料颜色相反的原料如水果、西红柿、黄瓜等层层围绕，显示出层次和花纹。在主料周围围上一圈不同的颜色叫"围边"。有的将主料围成花朵形、树叶形、荷花形，中间点缀一点配料成花心，叫"排围"。此种方法使菜肴更富技术性和艺术性，突出了菜肴的美观。

5. 摆

摆又称贴，是用来拼装花色冷盘的技法，运用不同的刀工技法，采取不同色彩原料，使用不同形状，按照菜肴名称拼摆成各种花式或图案形象，如金鸡报晓、蝴蝶恋花、大地回春等（见图 11-8）。这需要有一定的操作技巧和艺术修养才能将菜肴摆成形态逼真、生动活泼、富有艺术的工艺式菜肴。要求烹饪工作者具备一定的美术知识和艺术修养，同时有娴熟的刀工技术，在工作态度上要做到心静、细心、认真。

图 11-7　围

图 11-8　摆

6. 覆

覆又称扣。先将原料通过严格的刀工，然后把原料排列整齐放入碗中，摆成和尚头、风车形、三叠水等，再翻扣在平盘内，这种方法叫覆（见图 11-9）。如红油鸡片类菜肴，将加工成片符合规格要求的鸡片，放入碗中摆放整齐，再翻扣在盘中成菜。

图 11-9　覆（扣）

二、热菜的装盘方法

（一）炒、爆、熘、炸菜肴的装盘方法

此类烹调方法要求原料形小、易熟，烹饪技术要求快捷熟练，成菜时间要求短。其装盘有三种方式。

炒、爆、熘、炸菜肴的装盘方法

1. 端锅左右交叉轮拉法

该法一般适用于形态较小的不勾芡或勾薄芡的单份菜肴的装盘。菜肴烹制完成后，将洁净餐盘摆放好，将菜肴用炒勺推匀，端锅翻转菜肴，用炒勺装菜入盘。

也可将锅倾斜，用炒勺将菜肴慢慢擫入盘中堆放，形成有一定高度的坡度形，再将形色好的、较大的堆放在上面。装盘时形小的主料垫在下面，形色好的、较大的堆放在上面，使菜肴装盘得体、美观大方、形状饱满。

2. 端锅倒入法

该法一般适用于原料质嫩易碎勾芡的菜肴。菜肴烹制完成后，将盛菜盘摆放好，迅速将菜肴较轻地全部倒入盘中。

另外，菜肴在翻锅时，应先转动菜肴，翻转菜肴一次完成，翻料时精力集中，翻锅和推料手法正确，两手配合灵巧，动作迅速。要控制翻料高度，防止油汁溅出伤人。

3. 分主次倒入法

这类方法一般适用于主辅料较明显的菜肴，在装盘时先将烹制好的辅料装入盘中，再将主料放在辅料上面覆盖，最后用炒勺浇上味汁成菜，使菜肴明显突出主料。

（二）烧、炖、焖、煨菜肴的装盘方法

这些烹调方法多使用形较大或块形、质地较老韧以及整形的鱼、甲鱼、鸭、鸡、猪肘、猪蹄等原料。除有些炖、焖、烧、煨的菜肴需要用煨锅、砂锅上桌外，在盛具选择上，多采用大号圆凹盘，或大号长凹盘。装盘的方法一般有以下几种：

烧、炖、焖、煨菜肴的装盘方法

1. 拖入装盘法

拖入法一般适用于整形原料，以烧制鱼类菜肴装盘较为普遍。

鱼烹制成熟时，先将鱼头向左，再将锅成一定斜度（鱼头方放低，鱼尾部略高）放置。然后左手拿鱼盘，右手拿竹筷插进鱼鳃处，迅速将整鱼拖入盘中。拖时锅不宜离盘太高，盘一方与锅平行，盘另一方略高，否则鱼易碎，影响鱼的完整性。另外，盘也不能紧靠锅边，防止锅边污物掉入盘内，影响菜肴美感。

2. 覆盖盛入法

该法一般适用由多种不易散碎的刀工处理的小形食材，适用于无汤汁、无芡汁炒，爆，熘，煸，炝等菜肴。起锅要先翻锅，使菜肴集中。在进行最后一次翻锅时，与炒勺配合协调将菜肴翻入勺中，再将锅中菜肴全部盛入，主料覆盖在上，使其饱满集中，体现主料。装盘时应注意：

（1）先转动锅，准确地将较小的或形状较差的原料盛入炒勺中，再将原料装入盘中。接着将大块、形状好、美观艳丽的原料放在上面，并将不同原料搭配均匀。

（2）在翻接原料时不能将原料戳破、戳烂。翻料时应掌握翻料和炒勺接料的配合，翻料时采用炒勺接料，减少原料戳烂的现象。

（3）盛料时应尽量避免器具污染，做到炒锅和盛器保持一定距离，保证菜肴卫生和装盘质量要求。

3. 扣入法

根据菜肴的不同需要和要求，适用于已成熟的汤菜或蒸碗菜。扣入碗中或盘中，要求迅

速翻扣在碗中或盘正中，将蒸碗拿掉。采用浇汁、放味补味、灌汤等手法，菜肴在碗中排列整齐，搭配合理配色形成菜肴，经加热成熟后，装盘时采用倒扣入盘的方法。扣入法盛装时应掌握四点：

（1）将菜肴摆放整齐，形成多种形式，有三叠水、一封书、风车等形状，紧密地排放在碗中装好。

（2）排放时应将原料的表皮放入碗底，先排好的、后排差的，先排主料、后排辅料，盛装入盘时端起菜肴反扣即成。

（3）菜肴原料排放时以平碗口为好，原料不能太多，多则易散塌，影响美观。但排放时原料也不能太少，少会使菜肴翻扣时下陷不丰满。

（4）原料排放好后，可放辅料、调料或汤料蒸制，也可浇部分味汁。出菜时一手端起蒸碗，一手拿盛器配合协调，迅速翻扣入盘中，再将蒸碗拿掉，形成菜肴。

采用扣入法装盘的菜肴可以成菜后调味、浇汁或灌汤等。

4. 扒入法

该法一般适用于排列整齐的菜肴，成菜装盘后仍保持原有形状。此类装盘应掌握：

锅洗净，先淋入适量的油，再将排列整齐的原料放入，转动炒锅，采用大翻，保持锅中的原料形态完好，成菜后趁热迅速将菜肴扒入盘中，不破坏排列的形状。装盘时应将锅倾斜，锅不宜离盘太高，一面转动锅，一面将锅斜放使原料向锅边移动，瞬间迅速放入盘中，不破坏菜肴形状，轻松而整齐地将其扒入盘中，保持排列时的完整形状。

（三）整只或大块原料的装盘方法

1. 整鸡、整鸭的装盘方法

整鸡、整鸭装盘时要掌握：

（1）鸡、鸭的胸部肌肉丰满，背部脊骨突出，应该将胸部向上、背部向下。

（2）鸡、鸭的颈部较长，头应弯转紧贴在背部和翅膀旁边，使形态自然丰满（见图11-10）。

图11-10　整鸡的装盘方法——秘制烤鸡

2. 整鱼的装盘方法

整鱼装盘应掌握三个方面：

（1）整鱼大多装入条盘中。装盘时应将剖腹处向下，完整的背部向上。如两条鲫鱼装在同一个盘中，装盘时应采用鱼背向盘外，两条鱼的腹部紧贴，装盘饱满。

（2）凉菜双拼全鱼应选用大小一致、长短相等的两条鱼，肚腹部向盘中、背部向外，相互紧靠在一起，如葱酥鲫鱼。

（3）鱼装盘后，对于要淋汁的全鱼，头部可多浇淋一些味汁，其余部位应浇淋均匀（见图11-11）。

3. 蹄髈的装盘方法

蹄髈外皮圆润饱满，应将皮向上、肉骨向下。方形五花肉也同样肉皮向上，如焦皮肘子，外皮起皱、色泽棕红、皮色油润光亮。在装盘时应将外皮面放在表面，体现蹄肘丰满圆润、外形美观（见图11-12）。

图 11-11　整鱼的装盘方法——糖醋脆皮鱼

图 11-12　蹄髈的装盘方法——东坡肘子

（四）汤菜的盛装方法

汤菜的味感分甜咸两种，装盘方法一致，盛具选择盆、碗、盅等，规格较高的宴席羹汤菜，采用精美的小汤碗、小茶碗、小盅等。盛装时应掌握：

（1）汤汁一般应占盛具容积的八成，不能装得过多或过少，做好保温不失风味。

（2）大型原料应先将菜肴整齐地翻扣入汤碗或汤盆中。然后用炒勺盖上原料中心部分，将汤汁缓慢倒入，保持菜肴整齐完整。有些高档汤菜，在原料盛入碗中或盆中后，再将汤汁通过细网或汤筛过滤后淋入或倒入，这样使汤汁清澈透明、色泽美观。

（3）羹汤分勾芡和不勾芡（自然浓稠）两种。羹汤菜在盛装时，应先将固定性状的原料从锅中捞出；将锅中汤汁沿碗边缓缓倒入，不影响形状，避免汤汁溅出碗外，将易碎和小型原料放入后，用炒勺将汤从炒勺上慢慢倒下，突出主料，使汤菜形态美观（见图 11-13）。

图 11-13　汤菜的盛装方法——胡辣汤

第三节　菜肴装盘造型的原则与方法

菜肴装盘造型，就是将烹制好的菜肴装入合适的餐具中，并针对具体菜品作恰当的装饰和美化，使呈现给消费者的菜肴更美观，给消费者产生视觉和心理上的艺术享受。菜肴装盘的首要原则应秉持"食用为本，口味为先"。菜肴装盘造型是烹调师综合素质的集中体现，具有较高的艺术性。菜肴装盘造型首先必须注意清洁卫生，确保菜肴食用安全。特别是用艺术方法处理经制熟了的菜肴，安全卫生一定要得到保证。

菜肴通过烹调形成菜品，已经达到杀菌的作用。对菜肴装盘造型时务必保证菜肴的食用卫生安全。所以，在装盘造型的过程中，应当做到以下几点：

（1）注重个人穿戴卫生、环境卫生、用具卫生。

（2）菜肴在装盘造型过程中烹调师要戴上口罩，手不能直接接触菜品、餐具和其他装饰品，应戴上专用的一次性卫生手套。擦盛具的毛巾应选用干净的白色毛巾，专用，有条件的应高温消毒处理。

（3）菜肴装盘造型使用的原料应符合卫生安全要求，应尽量选用可食用的原料作为装饰物，同时围边装饰物应与菜肴保持一定的距离，确保菜肴卫生安全。

一、菜肴装盘造型的原则

1. 装盘要符合菜肴要求

装盘造型的原料应与菜肴特征相符，中国烹饪技法多样，用于装盘美观的技法有炒、煎、炸、烤等类菜肴，成菜无汁，无油，最适合菜肴的美化和装饰。而对于烧、蒸、烩、炖等类菜肴不宜围边美观，只适合在成菜后点缀葱花、香菜等原料，否则会产生不协调感。菜肴对配形没有具体要求，应根据菜肴的内容作相应的装饰，如采用鲜花，雕刻的虫、鱼、鸟、兽进行点缀；有时装饰物还可以深化菜肴的内容，使消费者对菜肴有更深的了解，如鱼类菜肴装饰时可点缀一个雕刻的渔翁，取名"渔翁垂钓"，既使菜肴主题鲜明，又富有诗意。又如"酥皮兔糕"色泽金黄，外酥内嫩，成菜后用鸽蛋做小白兔围边，放绿菜松代表青草围边，使兔糕更富有美感。

2. 色彩要协调

装盘造型的色泽应和菜肴的色泽相协调，目的是衬托菜肴，增强进餐人员的就餐氛围，使就餐者从视觉、味觉等方面感觉到与菜品美妙结合。在色彩的协调上，菜点色泽较深如棕红、棕褐色、红色、炭褐色，以及菜肴成形多样、数量多样、色彩多样的，在装饰上可选色彩素雅清淡的。总之，装饰的色彩和菜肴成菜色彩要有一定反差和区别，才能突出菜肴，使色彩协调。

3. 口味要一致

菜肴装盘造型的目的是使菜肴美观大方，使就餐者对美食产生兴趣、增加食欲。菜肴成菜盛盘后，为了更加美观，可以进行造型。在造型细节上，造型原料应与菜肴口味一致，尽可能不与菜肴产生味的反差性。如甜味菜肴装饰应考虑配水果及蜜饯类，如银耳、水蜜桃、龙眼荔枝等。八宝饭翻扣入盘，菜肴感觉单调，可考虑装饰配色，围边时放小樱桃点缀，达到装饰美化菜肴的效果。又如酱肉丝，只有主料无辅料，成菜色棕红，上桌前加一点绿中带白的葱丝，既增加了风味又丰富了色彩，菜肴的整体效果得到了改善。总之，甜菜和甜羹类菜品配水果类、蜜果类、甜品类、瓜果类等。

4. 与菜肴档次相符合

菜肴装盘造型要和菜肴档次相符合，原料价格高、菜肴质量好的，装饰应精细美观；同样一个菜肴质价不同，装盘的规格也不同，如"宫保鸡丁"装盘时配上花草装饰菜肴，增美增色。如规格档次再高，可用食料炸一个鸟巢，把"宫保鸡丁"盛入鸟巢内，再围边装饰，规格档次会进一步提高。总之，一般菜肴装饰不需过于烦琐，要简洁明快。

5. 符合卫生安全要求

菜肴装盘造型，用餐具餐叉要符合卫生要求，盘、毛巾要求清洁，无油渍。卫生安全的好坏，直接关系到顾客的健康，所以菜肴装盘卫生安全，是对烹饪工作人员的基本要求。也给就餐者提供艺术和美食的享受，同时又必须确保菜肴符合卫生安全要求。

首先，整个操作过程必须严格按照卫生安全要求进行，注意操作规范。

其次，选择装盘造型的原料必须以卫生、安全为前提，不能把有害人体安全和健康的原料作为造型装饰原料。采用鲜花装饰应选用可食鲜花，而且要求新鲜。

最后，装盘造型时菜肴不能长时间暴露在常温条件下，要求操作时间短，动作迅速。

二、菜肴装盘造型的方法

菜肴装盘造型的方法多样，但最终目的都是美化菜肴。使盛器、装盘、装饰、造型多色多彩。从而使菜肴趣味横生，生机盎然，使顾客更有食欲，具体有以下方法：

1. 以菜点装饰

在菜肴中表现得尤为普遍，菜点装饰是将两个菜肴或一菜一点放于同一餐具中（见图11-14），其中一菜或一点围在另一菜的周围，如群龙烩燕，周围是用对虾制作的茄汁大虾，中间是燕菜，两种原料相互映衬，使菜肴显得大气。这类菜肴较多，如粉蒸肉配荷叶饼、鱼香碎滑肉配玉米窝窝头、北京烤鸭配春卷饼、蒜泥白肉配四川凉面等。

2. 以可食性烹饪原料装饰

将可食性烹饪原料经过娴熟的刀法处理，可形成许许多多的风格不同的菜肴（见图11-15）。做适当的造型或装饰，再将菜肴主料置于恰当位置，起到画龙点睛的作用。如百花鱼肚，先将虾仁制成虾糁，放入12个调羹中，每个面上摆成不同的花形，将其放入蒸笼中蒸熟取出成"百花"；将制好的"百花"装饰于大圆盘中，再将制作好的鱼肚菜肴放于中央，形成百花鱼肚菜肴。总之，反对混色、混味、生熟不分。

图 11-14　以菜点装饰——鸡汁锅贴

图 11-15　以可食性烹饪原料装饰——东坡肉

3. 以雕刻物装饰

以植物原料做装饰，在高档的宴席中采用的较为广泛（见图11-16）。如"一品冬瓜盅"需要选冬瓜形好，体小均匀，构思应突出宴席主题。雕刻完成后挖去冬瓜心，再将冬瓜盅放入笼中蒸制后，把上等原料放入"冬瓜盅"内放入盘中，大大提升了冬瓜的价值。在食材的运用中，常采用根茎类和瓜类，如西瓜雕刻成"西瓜灯"，用南瓜雕凤凰和龙，用黄瓜雕竹和花卉等，并将其置于餐具中，再将其作一定装饰，最后将菜肴置于适当位置。前面介绍的"渔翁垂钓"菜肴就运用了此种方法。

图 11-16　以雕刻物装饰——鸟语花香

4. 一种或几种烹饪原料拼摆造型装饰

摆盘造型装饰一般以圆形、椭圆形、多边形、叶片形为主，盘中的装饰纹样多沿盘子四周均匀分布，一是对称，二是四方，三是各方匀称，有较强烈的稳定性（见图 11-17）。图案要求摆放整齐，又有特殊的曲线美、对称美、节奏美。多种菜肴组成，形成五彩斑斓，美食美色的美食享受，如四川金牌菜的"孔雀灵芝"采用香菇、菜心、鸽蛋等原料制作成孔雀身和尾，采用胡萝卜雕刻成孔雀头，再经过初步熟处理后，放入盘中，使整个菜肴真实性强，体现出烹饪工作者的艺术修养和高超的烹饪艺术水平。这是菜肴围边时经常采用的方法。将原料稍做加工，再进行一定的拼摆，形成一定图案，最后将菜肴摆放于图案的适当位置，突出菜肴。如将黄瓜、胡萝卜等切成半圆形的片，在较大的白色平盘中摆成一个心形，菜肴放于心形中间。

5. 以冻装饰

冻是将琼脂洋粉通过加水、加热、溶解放味后调制成一定的植物颜色及食用色剂。作为菜肴的装饰，多用于凉菜或工艺菜肴的装饰（见图 11-18）。如金鱼闹莲，使用冻作为湖水进行装饰，衬托菜肴，形象逼真。又如皮冻，采用猪皮刮洗、改刀后焯水后清洗，再放入容器中加水煮，焖成粑烂的浓胶汁，再捞起皮渣取汁，分别放入天然植物色汁，经过冻制形成各种缤纷的颜色，使菜品富有美感。

图 11-17　一种或几种烹饪原料拼摆造型装饰——三色素烩　　图 11-18　以冻装饰——竹报平安

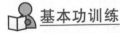 基本功训练

基本功训练　冷热菜肴围边装饰训练

训练名称　菜肴围边装饰方法训练

训练目的　通过菜肴围边装饰方法训练，熟练掌握冷热菜肴围边的基本方法及装饰技巧。

训练原料　黄瓜 150 g（1 根）、广东胡萝卜 150 g（1 根）、香菜 50 g、柠檬 75 g（1 个）、精盐 2 g（以每人为训练单位）

训练过程

1. 凉菜围边装饰训练：根据自己的构思，对凉菜进行围边装饰制作，要求美观大方、色彩和谐。

2. 热菜围边装饰训练：根据自己的构思，对热菜进行围边装饰制作，要求有一定新意、美观大方、色彩和谐。

训练总结

本章小结

　　菜肴装盘直接关系到成菜的美观效果。本章从菜肴装盘和菜肴美化装饰等方面讲述了菜肴装盘的要求、各类菜肴装盘的方法及菜肴装饰的原则，要求同学们将本章所讲的各种技法熟练运用于菜肴制作中。

复习思考题

1. 菜肴装盘有什么要求？
2. 凉菜装盘的方法有哪些？
3. 热菜装盘的方法有哪些？
4. 菜肴装饰应注意哪些问题？

参 考 文 献

[1]　周晓燕. 烹调工艺学[M]. 北京：中国轻工业出版社，2000.

[2]　冯玉珠. 烹调工艺学[M]. 2 版. 北京：中国轻工业出版社，2007.

[3]　罗长松. 中国烹调工艺学[M]. 北京：中国商业出版社，1997.

[4]　马清余. 中式烹调师（川菜）[M]. 成都：四川科学技术出版社，2008.

[5]　季鸿昆. 烹饪学基本原理[M]. 上海：上海科学技术出版社，1995.

[6]　陈苏华. 中国烹饪工艺学[M]. 上海：上海文化出版社，2006.

[7]　中国烹饪百科全书编委会，中国大百科全书编辑部. 中国烹饪百科全书[M]. 北京：中国大百科全书出版社，1995.

[8]　阎喜霜. 烹调原理[M]. 北京：中国轻工业出版社，2000.

[9]　季鸿昆. 烹调工艺学[M]. 北京：高等教育出版社，2003.

[10]　马素繁. 川菜烹调技术（上）[M]. 成都：四川教育出版社，2009.

[11]　阎红. 烹饪原料学[M]. 北京：高等教育出版社，2005.

后 记

本书自出版以来，得到了各中高职学校教师和学生的好评。但随着社会的发展和教学手段的进步，修订再版的呼声也很高。在"十四五"规划到来之际，编者根据读者的意见和出版社的建议，对本书内容重新编写修订，使其更符合新时代烹饪职业教学的要求。

为了能更好地体现专业教学特点，在组织编写修订时，我校组织教学经验丰富、烹饪技艺高超的双师双能型教师参与编写修订，尽量使教材"实用""够用"还"好用"。

本书全面、系统地介绍了烹饪工艺的相关理论和知识，同时对烹饪工艺中的基本技能也做了详细的阐述，增加了部分操作图片和视频，希望能在教学过程中充分体现理论与实践相结合的原则。本书是高职高专烹饪专业教材，适合高职高专烹饪专业学生使用；同时也可作为中职、社会办学、企事业单位等培养培训高技能烹饪人才的教材，供教学使用。

在编写修订过程中，周世中教授担任主编，负责拟定全书的编写提纲和质量审核；彭涛教授担任副主编，负责全书的统稿和图片视频审核。第一章由冯飞副教授编写修订，第二章由童光森副教授编写修订，第三章由江祖彬大师编写修订，第四章由欧阳灿老师编写修订，第五章由乔兴副教授编写修订，第六章由尹敏教授编写修订，第七章、第八章由乔学彬副教授编写修订，第九章由彭涛教授编写修订，第十章由卢黎副教授编写修订，第十一章由张小东老师（眉山职业技术学院）编写修订。书中部分图片由欧阳灿大师和西南交通大学出版社提供。在编写修订过程中，本书吸收了很多同类教材的成果，参考了很多专家、学者、大师的论著，特别是冯玉珠的《烹调工艺学》、陈苏华的《中国烹饪工艺学》、周晓燕《烹调工艺学》、罗长松《中国烹调工艺学》、马清余《中式烹调师（川菜）》等，在此，我们对专家、学者、大师表示真挚的感谢。

书中原料除新鲜活禽、鱼虾外，均已加工干净，可直接使用；所列质量来源于我校实验室使用品牌在实验中的数据。

编写修订中难免存在不足，敬祈各位老师、同仁给予批评指正。

四川旅游学院编写组

2021 年 7 月 8 日